形式逻辑

（重版）

金岳霖主编

（高等学校文科教材）

人民出版社

前　言

本书是集体编写的,由金岳霖同志任主编。担任编写工作的有(按姓氏笔画顺序):方华、向刘骏、吴允曾、周礼全、赵民、晏成书、诸葛殷同与麻保安。本书初稿完成于1963年。

王宪钧、汪奠基两位同志经常参加初稿的讨论。

1965年,周礼全对初稿作了一次总的修改。

由于林彪和"四人帮"推行文化专制主义,许多本来可以出版的稿子长期被积压。只是在党中央粉碎了"四人帮"后的今天,本书才有出版的机会。

在这次付印前,又在个别地方作了必要的修改。除了向刘骏同志与赵民同志由于不在北京未能参加外,其他担任编写工作的同志都参加了本书的最后一次修改工作。

在本书编写过程中,全国许多高等院校和科研机构中从事逻辑工作的同志提出了不少的宝贵意见,谨此致谢。

《形式逻辑》编写组

一九七九年二月

目　　录

第一章　形式逻辑的对象和作用

第一节　形式逻辑的对象

形式逻辑是一门以思维形式及其规律为主要研究对象，同时也涉及一些简单的逻辑方法的科学。

任何具体思维都有它的内容，也有它的形式。任何具体思维，都涉及一些特定的对象。例如，数学中的具体思维，就涉及数量与图形这些特定的对象；物理学中的具体思维，就涉及声、光、电、力……这些特定的对象；政治经济学中的具体思维，就涉及生产关系、商品、价值……这些特定的对象。各个不同领域中的具体思维所涉及的对象是不相同的。但是，在各个不同领域的具体思维中，又存在着一些共同的因素。例如，在各个不同领域的具体思维中，都要应用"所有……都是……"、"如果……那么……"这些思维因素。各个不同领域的具体思维都需要应用的共同思维因素，就是具体思维的形式，或者说，就是思维形式。各个不同领域的具体思维所涉及的特殊对象，就是具体思维的内容，或者说，就是思维内容。

我们可以通过几个例子具体地加以说明。

(1)所有商品都是有价值的。

(2)所有金属都是有光泽的。

(3)所有帝国主义都是要侵略的。

上面是三个判断。判断(1)是属于政治经济学领域的具体思维，它涉及“商品”与“有价值的”这些特殊的对象。判断(2)是属于物理学领域的具体思维，它涉及“金属”与“有光泽的”这些特殊对象。判断(3)是属于政治领域的具体思维，它涉及“帝国主义”与“要侵略的”这些特殊的对象。这三个判断所涉及的特殊对象，就分别地是这三个判断的思维内容。

但是，以上这三个判断都具有“所有……都是……”这样一个共同因素。“所有……都是……”是各个不同领域的具体思维都需要应用的共同思维因素。所以，它就是上面三个判断所具有的思维形式。

我们用“S”与“P”来分别地代表“所有”后面的“……”与“都是”后面的“……”。“S”与“P”都是变项，“S”叫做主项，“P”叫做谓项，我们可以用任何的具体概念去代换它们。这样，上面三个判断所具有的思维形式就是：

所有S都是P。

我们再看底下几个例子：

(4)如果一个产品不是为了出售而是为了生产者自身的消费，那么这个产品不是商品。

(5)如果金属遇热，那么金属会膨胀。

(6)如果一切正偶数都大于1，那么1小于一切正偶数。

(4)、(5)、(6)也是三个判断。这三个判断各涉及不同的对象。判断(4)涉及产品……；判断(5)涉及金属……；判断(6)涉及正偶数……。判断(4)、(5)、(6)所涉及的这些不同的对象，就分别是判断(4)、(5)、(6)的思维内容。

但是，判断(4)、(5)、(6)却具有一个共同的思维因素，即“如果……，那么……”。“如果……，那么……”是各个不同领域的具体思维都需要应用的共同思维因素。所以，它就是上面三个判断的思维形式。

我们用“p”与“q”,来分别代表“如果”后面的“……”与“那么”后面的“……”。“p”与“q”都是变项,我们可以用任何具体判断去代换它们。这样,判断(4)、(5)、(6)的形式就是:

如果 p,那么 q。

以上所举的例子都是关于判断方面的,下面我们举两个关于推理的例子。

(7)所有金属都是有光泽的;

所有铁都是金属;

所以,所有铁都是有光泽的。

(8)所有正义的事业都是一定要胜利的;

所有反对帝国主义的民族民主革命都是正义的事业;

所以,所有反对帝国主义的民族民主革命都是一定要胜利的。

(7)和(8)是两个推理。我们研究一下这两个推理,就会发现,它们有着一些共同的因素。它们都是由三个具有“所有……都是……”形式的判断组成的。而且这三个判断都有这样的关系:第一个判断的主项和第二个判断的谓项是相同的概念,第一个判断的谓项和第三个判断的谓项也是相同的概念,第二个判断的主项和第三个判断的主项也是相同的概念。

如果我们用“M”,“P”与“S”去分别代表上述那些相同的概念,上面这两个推理的共同因素就是:

所有 M 都是 P;

所有 S 都是 M;

所以,所有 S 都是 P。

这个共同因素,不仅是上述两个推理的共同因素,而且还是各个不同的思维领域都需要应用的思维因素。因此,这个共同的思维因素是上述两个推理的思维形式。

(7)这个推理的思维内容涉及:“金属”、“有光泽的”与“铁”。(8)这个推理的思维内容涉及:“正义的事业”、“一定要胜利的”与“反对帝国主义的民族民主革命”。

从上面所举的例子中我们可以看出,在具体思维中,思维形式和思维内容总是联系着的。即是说,在具体思维中,没有不具有思维内容的思维形式,也没有不具有思维形式的思维内容。这是一方面。另一方面,我们也看出,思维形式和思维内容是有区别的,思维形式对于思维内容又有相对独立性。即是说,同一个思维形式可以具有不同的甚至相反的思维内容。因此,否认思维形式和思维内容的密切联系,是一种错误的观点。但是,否认思维形式与思维内容的区别,否认思维形式的相对独立性,也是一种错误的观点。

各门具体科学都是从客观世界的统一体中,抽出某个方面作为自己的研究对象。例如,天文学是从客观世界的统一体中,抽出天体结构和演化作为自己的研究对象。政治经济学是从客观世界的统一体中,抽出人类社会在各个发展阶段上支配物质资料的生产和分配的规律作为自己的研究对象。形式逻辑则是从实际思维中抽出思维形式作为自己的主要研究对象。涉及思维内容方面的问题不是形式逻辑所研究的对象,而是其他具体科学所研究的对象。

形式逻辑只研究思维形式而不研究思维内容,这不是要把思维形式和思维内容割离开来。相反的,形式逻辑研究思维形式,正是为了使人们自觉地掌握思维形式的规律,从而更好地把思维形式和思维内容结合起来,正确地反映客观现实。把思维形式和思维内容割离开来,是形而上学思想方法的结果,这是与形式逻辑毫不相干的。

形式逻辑是从真假值的角度来研究思维形式及其规律的。即是说,形式逻辑只研究思维形式的真假条件,只研究当具有某一个思维形式的思想是真的时候,具有另一个思维形式的思想是真的或假的。形式逻辑不研究某一个具体的思想究竟事实上是真的或假的。例如,形式逻辑只研究"所有S都是P"和"有S是P"这些思维形式的真假条件,只研究当具有"所有S都是P"这个思维形式的思想(例如"所有金属都是有光泽的")是真的时候,具有"有S是P"这个思维形式的思想(例如"有金属是有光泽的")是真的或假的。形式逻辑不研究"所有金属都是有光泽的"这个具体判断究竟事实上是真的或假的,也不研究"有金属是有光泽的"这个具体判断究竟事实上是真的或假的。形式逻辑虽然要应用真假这些概念,但是形式逻辑却根本不断定某个具体思想的真假。

形式逻辑提出了许多关于思维形式的规律,其中同一律、矛盾律与排中律是形式逻辑的基本规律。

同一律的内容是:如果一个思想反映某客观对象,那么它就反映这个客观对象;如果一个思想是真的,那么它就是真的;如果它是假的,那么它就是假的。

矛盾律的内容是:一个思想不能既反映某客观对象而又不反映这个客观对象;一个思想不能既是真的又是假的。

排中律的内容是:一个思想或者反映某客观对象或者不反映这个客观对象;一个思想或者是真的,或者是假的。

形式逻辑的基本规律和其他规律,要求思想有确定性、明确性、无矛盾性与一贯性。

形式逻辑除了以思维形式及其规律为主要研究对象外,也还研究一些简单的逻辑方法。例如定义、划分、实验、假说等。它们和思维形式及其规律有着密切的联系,因而它们是形式逻辑研究对象中不可缺少的部分。

形式逻辑的规律是不以人们意志为转移的;它们不是人们能够随意创造的,也不是人们能够随意取消的。

在思维形式及其规律的性质这个问题上,唯物主义与唯心主义是根本对立的。唯心主义者康德认为,逻辑规律是思想本身所固有的先验的规律。逻辑实证主义者卡尔纳普认为,逻辑规律就像玩牌与下棋的规则一样,是人们任意约定的。这些唯心主义的观点显然是不合事实的、反科学的。

和唯心主义者的逻辑理论相反,辩证唯物主义者认为:思维形式及其规律虽然只是思维本身的规律,而不是客观事物的规律,但思维形式及其规律是有客观基础的,归根到底,它们仍然是客观事物在思想中的反映。

列宁说:"逻辑形式和逻辑规律不是空洞的外壳,而是客观世界的反映。"(《列宁全集》第38卷,第192页。)

列宁又说:"最普通的逻辑的'格'……是事物的被描绘得很幼稚的——如果可以这样说的话——最普通的关系。"(《列宁全集》第38卷,第189页。)

思维形式及其规律是根据于客观事物的确实性和客观事物的一些最简单的关系,例如一般和个别的关系,类与类的包含关系,因果关系等等。确实性是客观事物最基本的性质,上述那些最简单的关系是客观事物的最普通的关系。因此,以事物的确实性和一些最简单的关系为客观基础的思维形式及其规律,就具有普遍的意义。

形式逻辑所研究的思维形式及其规律和一些最简单的逻辑方法,是没有阶级性的。不同的阶级都同样地应用这些思维形式和这些简单的逻辑方法,来反映现实、表达思想和交流思想。任何一个阶级和任何一个人,如果不应用这些思维形式及其规律,不应用这些简单的逻辑方法,就不可能反映现实、表达思想和交流思想,从而就不能生存下去。

形式逻辑这门科学的基本内容是没有阶级性的，对社会上各阶级都是一视同仁的。但是，这并不等于说这门科学和阶级斗争丝毫没有关系。一个逻辑学家总是属于一定的阶级并且具有这个阶级的世界观。他总是要用他的世界观，来解释形式逻辑的基本内容，来决定形式逻辑的研究方向。这里就会产生唯心主义和唯物主义的对立，就会产生脱离实际的研究路线和结合实际的研究路线的对立。恩格斯说："形式逻辑本身从亚里士多德直到今天都是一个激烈争论的场所。"(《马克思恩格斯选集》第3卷，第465—466页。)

形式逻辑这门科学的历史和现状，都完全证实了恩格斯这个论断的正确性。当前在形式逻辑这门科学的范围内，也还存在着辩证唯物主义与唯心主义、形而上学的斗争。资产阶级的哲学家和逻辑学家，还在继续利用形式逻辑作为他们散布谬论的场所。无产阶级的哲学家和逻辑学家，则以辩证唯物主义为指导，正在消除那些搀杂在形式逻辑科学中的唯心主义和形而上学的成分，纠正已往形式逻辑中脱离实际的错误倾向，并且在吸取历史上形式逻辑著作中一切合理成分的同时，特别注意从今天的实际思维中总结出新的逻辑形式及其规律，来丰富和发展形式逻辑。

第二节 形式逻辑、数理逻辑与辩证逻辑

形式逻辑、数理逻辑与辩证逻辑是不同的但又有联系的三门学科。了解了它们之间的关系，对于了解形式逻辑这门学科的性质是有帮助的。

数理逻辑是近三百年，特别是近百年才发展起来的一门学科。

数理逻辑在它发展的初期，是用数学的方法来研究形式逻辑中的某些问题。例如，用数学中原来代表数量的变项“x”、“y”与“z”，来代表概念；用数学中原来代表数量运算的符号“+”、“-”与“×”来代表概念间的关系。这样，就把由概念构成的判断形式转变为类似数学的公式。

到了十九世纪末叶，数理逻辑的研究对象就转移到数学证明与公理方法方面，用公理方法构造出一些命题演算与谓词演算的系统。命题演算与谓词演算，就是用少数的恒真的命题(即正确的推理形式)作为公理，根据少数的推理规则推出许多恒真的命题。

到了本世纪三十年代，数理逻辑又转移到研究公理系统的某些更普遍的性质。例如，数理逻辑研究公理系统的无矛盾性问题，即是说，研究一个公理系统会不会推出一对互相矛盾的命题。

到了本世纪四十年代，数理逻辑开始在开关线路、自动化系统及计算机设计等方面获得应用。

数理逻辑和形式逻辑(确切地说数理逻辑和传统逻辑)在以下三点上是不同的：

第一，数理逻辑与形式逻辑的研究对象不是完全相同的。形式逻辑的有些研究对象，例如归纳、类比与假说等，就是数理逻辑所尚未充分研究的。同时，数理逻辑的有些研究对象，例如一个公理系统的完全性与无矛盾性，就是形式逻辑所不研究的。即使有些对象是形式逻辑与数理逻辑都研究的，它们研究的重点也还是有所不同。

第二，数理逻辑与形式逻辑的研究方法是不同的。形式逻辑用日常语言来表现思维形式以及思维形式之间的关系。例如，用“所有S都是P”与“如果p，那么q”来分别地表现全称肯定判断和假言判断。这里的“所有……都是……”与“如果……那么……”就是日常语言。为了避免日常语言的歧义和其他的不确定的因素，数理逻辑应用了形式语言来构造逻辑系统。数理逻辑应用(x)(Fx→Gx)和(p→q)来分别表现全称肯定判断与假言判断。"x"、"F"、"G"、"p"、"q"与"→"这些符号的意义,在形式语言中都是明确地规定的。此外,形式逻辑所用的方法都是比较直观的,而数理逻辑则大量地应用了形式化方法。

第三,数理逻辑与形式逻辑在人们认识中所起的作用是不同的。由于在研究对象与研究方法方面的不同,数理逻辑是数学研究中的有用工具,而形式逻辑则是一般思维中的便利工具。当然,这只是一个比较的说法。对于一般思维中的某些问题,我们有时也可以并且也需要应用数理逻辑来加以解决;同时,在数学和其他科学的研究中,我们通常也大量地应用了日常语言,因而也应用了以日常语言来表现的形式逻辑。

数理逻辑在思维形式方面的研究是极有成效的。形式逻辑应当根据它本身的特点,适当地吸取数理逻辑的某些研究成果。但是,如果把数理逻辑中的一套硬搬到形式逻辑中来,甚至用数理逻辑来代替形式逻辑,则是错误的。

辩证逻辑是目前正在开始研究的一门学科。关于辩证逻辑的一般特征与具体内容,人们还没有取得一致的意见。大体说来,辩证逻辑也是把思维形式与思维规律作为自己研究的对象,但是,形式逻辑和辩证逻辑在以下两点上是不同的:

第一,形式逻辑只从思维形式方面研究思想本身的准确性、明确性、无矛盾性与一贯性。形式逻辑不研究思维形式如何正确反映客观现实的运动、变化与发展问题。但是,辩证逻辑却要研究这些问题。辩证逻辑要研究思维形式如何正确反映客观事物的运动变化,如何反映事物的内部矛盾、有机联系和转化等问题。所以,列宁说:"逻辑(指辩证逻辑——引者)不是关于思维的外在形式的学说,而是'关于一切物质的、自然的和精神的事物'的发展规律的学说,即关于世界的全部具体内容及对它的认识的发展规律的学说,即对世界的认识的历史的总计、总和、结论。"(《列宁全集》第38卷,第89—90页。)

第二,形式逻辑只从真假值的角度,研究各种思维形式之间的真假关系。即是说,形式逻辑只研究当具有某一个思维形式的思想是真的时候,具有另一个思维形式的思想是真的或假的。形式逻辑不研究各种思维形式在认识发展过程中的联系和转化问题。但是,辩证逻辑却要研究这些问题。例如,形式逻辑只研究在分别具有"这个S是P"、"有S是P"与"所有S都是P"这三个思维形式的思想中,如果有一个思想是真的,那么其余的思想是真的或假的。但是,辩证逻辑却要研究这些思维形式在认识发展过程中的联系和转化问题。恩格斯在《自然辩证法》中曾经谈到,人们先认识到"摩擦是热的一个源泉",再进一步认识到"一切机械运动都能借摩擦转化为热",又再进一步认识到"在每一情况的特定条件下,任何一种运动形式都能够而且不得不直接或间接地转变为其他任何运动形式"。恩格斯通过这个例子,说明了在认识发展过程中个别性的判断要转化为特殊性的判断,进而再转化为普遍性的判断。

在形式逻辑中,各种思维形式之间的关系,只是真假值的关系,而不表现认识发展的顺序与认识深化的程度。在这个意义上,形式逻辑中的各种思维形式可以说是平列的。相反地,辩证逻辑考虑到各种思维形式在认识发展过程中的联系和转化,从而把各种思维形式互相隶属起来,组成一个由低级到高级的有机体系。恩格斯说:"辩证逻辑和旧的纯粹的形式逻辑相反,不像后者满足于把各种思维运动形式,即各种不同的判断和推理的形式列举出来和毫无关联地排列起来。相反地,辩证逻辑由此及彼地推出这些形式,不把它们互相平列起来,而使它们互相隶属,从低级形式发展出高级形式。"(《马克思恩格斯选集》第3卷,第545—546

页。）

恩格斯这段话扼要地说明了：形式逻辑和辩证逻辑是分别地研究思维形式之间不同方面的关系的。

形式逻辑和辩证逻辑是既有区别又有联系的两门学科。在整个认识过程中，既需要用形式逻辑，更需要用辩证逻辑，二者是相辅相成的。

第三节　形式逻辑的作用

形式逻辑这门科学，是从具体科学和日常思维中，特别是思想斗争的辩论中总结出来的。掌握了形式逻辑的知识，可以帮助我们正确地进行思维和准确地表达思想。这对于我们的学习、工作与实际斗争都有重要的意义。形式逻辑的作用可以归结为下面两点：

第一，**形式逻辑是认识客观世界的辅助工具**。

思维要正确地反映客观世界，就必须以辩证唯物主义为指导，通过丰富的实践得到真实可靠的感性材料，并对这些感性材料进行科学的抽象和概括，从而形成概念、作出判断与进行推理，上升到理性认识。在人们认识客观世界的过程中，丰富的实践与正确的辩证唯物主义世界观起着主要的作用。但是，形式逻辑的知识也是不可缺少的辅助工具。正确反映客观世界的思维，必然是内容真实而形式又正确的思维，而形式逻辑就是关于正确思维形式的科学。因此，掌握了形式逻辑的知识，就能帮助我们进行正确的思维，就能帮助我们的思维正确地反映客观世界。

人们认识的泉源是实践。但是，人们根据经过实践验证过的真实知识，通过正确的推理，也可以得出原来不知道的知识。欧几里德的几何学，从少数几条公理，通过形式逻辑的推理，推出了许多人们原来不知道的定理。这就是形式逻辑能从已知推出未知的最显明的例证。恩格斯说:"如果我们有正确的前提,并且把思维规律正确地运用于这些前提,那末结果必定与现实相符。"(《马克思恩格斯全集》第20卷,第661页。)

在人们认识活动中,形式逻辑的规律是普遍有效的。无论是认识简单的事物或复杂的事物,无论是认识相对静止的事物或迅速变化的事物,都需要遵守形式逻辑的规律。形式逻辑,从应用范围来说,是没有局限性的。但是,从它在认识中所起的作用来说,它又是有局限性的。形式逻辑撇开了思维的内容,撇开了思维的发展,它所能提供的知识只是关于思维形式方面的知识。离开了实践,离开了各门具体科学,离开了辩证唯物主义的指导,仅仅应用形式逻辑就不能解决认识真理和认识现实的问题。因此,否认形式逻辑作为认识的辅助工具的作用,显然是错误的;但是,夸大形式逻辑的作用,把它看作认识世界的主要方法或主要工具,也是错误的。

第二,**形式逻辑是论证思想和表达思想的必要工具**。

形式逻辑是关于思维形式及其规律的科学。因此,掌握了形式逻辑的知识,就能使我们善于应用恰当的思维形式来论证和表达我们的思想,就可以把我们的思想明确地、准确地和有条有理地组织起来和表达出来。

说话和作文应当具有准确性、鲜明性与生动性。这里既涉及思想内容方面和语法修辞方面的问题,也涉及形式逻辑方面的问题。掌握了形式逻辑的知识,对于提高我们说话与作文的准确性、鲜明性与生动性是有很大帮助的。

有不少的人,虽然没有学过形式逻辑,但是,由于他们的思维能力在长期的思维活动中得到了某种程度的锻炼,他们的思维常常是合乎形式逻辑的。但是,这是不自觉的。一遇到复杂的问题,他们就容易犯逻辑错误。现在有不少文章,存在着概念模糊、推理错误与条理混乱的缺点。这里原因是很多的,但是,缺乏形式逻辑的知识和训练,却是其中的重要原因之一。

形式逻辑在政治论战中,也可以起一定的作用。现代修正主义者(包括林彪和“四人帮”)为了散布反动观点,冒充马克思列宁主义,就经常玩弄偷换概念和偷换论题等诡辩手法。我们必须根据马克思列宁主义的普遍原理和各国人民的革命实践,通过摆事实讲道理,对现代修正主义进行深入的批判。在批判中,如果我们又善于运用形式逻辑,那么就可以把我们的道理讲得更清楚、更严密、更有说服力,而把现代修正主义的错误揭露得更显明、更彻底。

第二章　概　　念

第一节　概念的特征

在客观世界中，有许许多多的个别事物，它们之间又有各种各样的联系。

每一个个别事物都有许多的性质，一个个别事物的形状、颜色、气味、动作以及其他的较复杂的运动形态，都是它的性质。例如，一个苹果，就是一个个别事物，它有一定的形状，如球形的；它也有一定的颜色，如红色的；它也有一定的气味，如香的……。这些就是这个苹果的性质。

一个个别事物，除了有许多性质以外，还与另一些事物有一定的关系。这个苹果大于那个苹果。“大于”就是这个苹果与那个苹果之间的一种关系。这个苹果在桌子上。“在……上”就是这个苹果与桌子之间的一种关系。人们喜欢吃苹果。“喜欢吃”就是人们与苹果之间的一种关系。

关系可以存在于两个事物之间，也可以存在于好几个事物之间。老张送给老李一本好书，这里“送给”这种关系，就是老张、老李与这本好书这三个事物之间的关系。

以上所讲的，都是事物的简单性质与简单关系，事物可以有复杂的性质与复杂的关系。例如，苹果是非常有营养的，这里“非常有营养的”就是一种复杂或比较复杂的性质。黑格尔的哲学是唯心主义的，这里“唯心主义的”也是一种复杂的或比较复杂的性质。

老张比老李更有经验,这里,“比……更有经验”是一种复杂的或比较复杂的关系。无产阶级与资产阶级之间有对抗性矛盾,这里“对抗性矛盾”是一种相当复杂的两个阶级间的关系。

一个个别事物,总是有许许多多的性质与关系,我们把一个事物的性质与关系,都叫做事物的属性。

事物与属性是不可分的,事物都是有属性的事物,属性也都是事物的属性。

一个事物与另一个事物的相同或相异,也就是一个事物的属性与另一事物的属性的相同或相异。

由于事物属性的相同或相异,客观世界中就形成了许多不同的事物类。具有相同属性的事物就形成一类,具有不同属性的事物就分别地形成不同的类。

苹果是一类事物,它是由许多具有相同属性的个别事物组成的。梨也是一类事物,它也是由许多具有相同属性的个别事物组成的。苹果和梨是两个不同的类。苹果这个类的共同属性是不同于梨这个类的共同属性的。

组成某类的那些个别事物,叫做某类的分子。分子与类之间,有“属于”这种关系,即是说,某分子属于某类。

某事物,或者说属于某类的事物,是有许多属性的。在这些属性中,有些是某类的特有属性,有些却是某类的偶有属性。某类事物的特有属性,就是某类事物都具有而别的事物都不具有的那些属性。某类事物的偶有属性,就是某类中的某些事物所具有但不是某类中所有事物都具有的那些属性。一类事物的特有属性,是该类事物普遍地,必然地具有的属性;一类事物的偶有属性,不是该类事物普遍地,必然地具有的属性。

例如,人的特有属性,就是能制造和利用生产工具、能思维、有语言……这些属性。因为,这些属性是所有的人都具有而别的事物都不具有的属性。但是，有某种肤色、属于某个民族，有某个年龄、有某种文化程度……这些属性，却是人的偶有属性，因为，这些属性都是一部分人所具有而不是所有人都具有的属性。

在事物的特有属性中，又有些是本质属性，有些是固有属性。

某类事物的本质属性，就是某类事物的有决定性的特有属性；某类事物的固有属性，就是某类事物的派生的特有属性。例如，能制造和利用生产工具的动物这个属性与两足直立这个属性，都是人的特有属性，但是，能制造和利用生产工具的动物这个特有属性是有决定性的，而两足直立的动物这个特有属性却是派生的。因为，人经常需要运用两手，来制造和利用生产工具，人才逐渐地变成两足直立的。所以，能制造和利用生产工具是人的本质属性，而两足直立却是人的固有属性。又例如，三条直线所构成的封闭平面图形这个属性与三内角之和等于180°的平面图形这个属性，都是三角形的特有属性。但是前者是本质属性，后者是固有属性，因为由前者可以推导出后者来，前者是有决定性的特有属性，而后者是派生的特有属性。

人们对客观事物的认识，是一个不断深化的过程。人们的认识发展，是由生动直观到抽象思维，由感性认识到理性认识的过程。感觉、知觉与印象，属于生动直观与感性认识的阶段；概念、判断与推理，属于抽象思维与理性认识的阶段。

感觉知觉，是人们感官接触当前事物所引起的对事物的形象反映。人们应用某一感官认识当前事物，便认识到事物某方面的属性。我们用眼睛看事物，便看见一些颜色；用鼻子嗅事物，便闻到一些气味。这就是感觉。在多次与多种感觉基础上，我们就会发现各种属性之间的关系，从而能认识到关于当前事物的一个完整的形象。这就是知觉。例如，我们用眼睛看当前的一个苹果，如果我们所认识到的只是某种颜色，这就是感觉。但是，如果我们认识到的不只是某种颜色，而且是一个具有颜色、香味、硬度……的苹果，这就是知觉。

感觉是与知觉不同的。在感觉中，我们认识到的，只是个别事物的某方面的属性；但是，在知觉中，我们认识到的，却是一个具有各种属性的个别事物。

由于记忆作用，人们对事物有了多次的感觉知觉以后，便在头脑中保留了事物的形象，这就是印象。印象不完全是在某一次感觉知觉中所认识到的形象，而常常是把多次感觉知觉所认识到的形象加以一定程度综合的结果。

印象已经具有抽象性与普遍性的萌芽。

在感觉、知觉与印象的基础上，借助于语言的抽象作用，人们便形成了反映事物的概念。由于我们多次应用同一的语词去表示同一类中的许多个别事物，就使我们能从这些个别事物中抽象出这类事物的特有属性。我们指着一辆拖拉机对一个人说："这是拖拉机"，这样一次或几次以后，这个人就能抽象出拖拉机的特有属性，从而形成一个关于拖拉机的概念。

概念的产生，是人们认识过程中的质变。概念和感觉、知觉、印象有质的区别。感觉、知觉与印象，都是反映事物的具体形象的；在这些具体的形象中，事物的特有属性与偶有属性是浑然不分的。但是，概念却不是一个具体的形象；概念只反映事物的特有属性，而不反映事物的偶有属性。

由于感觉、知觉与印象是反映事物的具体的形象的，而这些具体形象是通过直观得到的，所以，感觉、知觉与印象具有直观性。由于概念是反映事物的特有属性，而特有属性是从具体事物中抽象出来的，所以，**概念具有抽象性**。

由于感觉、知觉与印象所反映的形象是个别事物的形象，所以，感觉、知觉与印象具有个别性。由于概念所反映的特有属性是一类事物普遍具有的属性，所以，**概念具有普遍性**。

直观性与个别性是感觉、知觉与印象的特点；抽象性与普遍性是概念的特点。感觉、知觉与印象属于生动的直观，概念则属于抽象的思维。

由以上讨论，可以看出：

概念是反映事物的特有属性（**固有属性或本质属性**）**的思维形态**。

关于金属的概念，是反映金属的特有属性的；关于三角形的概念，是反映三角形的特有属性的；关于人的概念，是反映人的特有属性的。

认识是不断发展的，概念也是不断发展的。对于某类事物，开始我们总是认识到它的外部特征，总是认识到那些派生的特有属性。这时我们对某类事物的概念，只是一个初步的概念。在长期的丰富的实践基础上，我们才逐渐地认识到某类事物的内在本质，才逐渐认识到某类事物的决定性的特有属性；这时我们对某类事物的概念，才是深刻的概念。人们认识的发展，是由认识事物派生的特有属性到认识事物决定性的特有属性的发展；人们的概念的发展，是由初步概念到深刻概念的发展。

几千年以前，我们对人就有了一个概念，它反映了人的派生的特有属性，例如，两足直立的动物这种属性。这是一个关于人的初步概念。经过了一个长期的认识发展，特别是到了马克思主义出现以后，我们才系统地认识到人的有决定性的特有属性，才认识到人的本质属性，即能制造和使用生产工具的动物，从而形成了一个关于人的深刻的概念。

对于月食这类事物，开始时我们也只有一个初步的概念，它反映月球失光这些派生的特有属性。经过了一个长时期的认识发展过程，我们后来才形成一个关于月食的深刻的概念，它反映了月食的决定性的特有属性或本质属性，即由于地球运行在太阳与月球之间而引起的月球失光。

客观事物是可以认识的。人们的感觉知觉是事物真实的映象。但是，在特殊的情况下，人们也可以产生错觉与幻觉。与此类似，人们的概念，也有真实的与虚假的。真实概念是正确地反映了事物的特有属性的概念；客观世界中存在着与真实概念相应的事物；虚假概念是没有正确地反映事物的特有属性的概念，客观世界中不存在与虚假概念相应的事物。

由于历史条件的限制，或者由于阶级偏见与个人偏见，人们常常会形成一些虚假概念。古代人震惊于风雨雷电的变化，而又不明白这些变化的原因，于是产生“鬼神”这些虚假概念。资产阶级的“理论家”为了保持他们的阶级利益，就胡诌出所谓“人民资本主义”这样的虚假概念。随着人类社会的向前发展，随着人们认识水平的提高，虚假概念要相对地减少，真实概念要相对地增多。人类认识的发展过程，也就是一个由真实概念逐渐代替虚假概念，深刻概念逐渐代替初步概念的过程。

概念是思维的一个形态，概念与其他的思维形态——判断、推理与论证——是有密切联系的。人们必须先具有关于某事物的概念，然后才能作出关于某事物的判断、推理与论证。判断是由概念组成的，推理与论证又是由判断组成的。在这个意义上，概念是判断，推理与论证的基础，概念是思维的起点。这是一方面。但是，另一方面，人们通过判断、推理与论证所获得的新认识，又要形成新的较深刻的概念。在这个意义上，概念又是判断、推理与论证的结晶，概念又是人们某个阶段的认识的终结。

第二节　概念与语词

概念与语词是密切联系的。概念的产生和存在，必须依附于语词；不依附于语词的赤裸裸的概念是没有的。概念是人们头脑中的思想，是既看不见也摸不着的。要把我们头脑中的概念传达给别人，也必须借助于有声的或有形的语词。这是概念依赖于语词的一方面。

语词是表示事物的一些声音或笔画，这些声音或笔画之所以能够表示其他的事物，就是由于在人们头脑中有相应的概念。这是语词依赖于概念的一方面。

所以，**语词是概念的语言形式，概念是语词的思想内容**。

概念与语词虽然是有密切联系的，但是，它们之间又有着质的区别。概念是反映客观事物的思想，是人们认识的结果；而语词却是一些表示事物或表达概念的声音与笔画，是民族习惯的产物。不同的民族对于同一事物的正确反映是相同的。但是，不同的民族用来表示同一事物的语词却可以是不同的。中国人与外国人对于三角形的概念是相同的，但是，中国人与外国人用来表示三角形的语词，却是不同的。我们是用"三角形"这个词来表示三角形，而苏联人却用"треугольник"，英国人却用"triangle"，德国人却用"treieck"这些词来表示三角形。

就是在同一个民族语言中，也常常用不同的语词去表示同一的事物，表达同一的概念。在汉语中，"大夫"与"医生"是两个不同的词；但是，它们却表示同一的事物，表达同一个概念；"土豆"与"洋山芋"也是不同的词；但是它们也表示同一的事物，表达同一个概念。

不但不同的语词可以表示同一的事物，表达同一的概念，而且同一的语词也可以表示不同的事物,表达不同的概念。在汉语中,“白头翁”这个词,它有时表示一种鸟,有时也表示一种植物,有时也表示白头发的老人。“逻辑”这个词,它有时表示思维的规律,有时也表示关于思维规律的科学,有时也表示客观事物的规律性。

同一个概念可以用不同的语词来表达,同时,同一个语词也可以表达不同的概念,这个事实就表明了概念与语词是有区分的。

一般语法书中,把语词分为实词与虚词两大类。实词又分为名词、动词、形容词与量词等。虚词又分为介词、连词、语气词等。

一般说来,实词是表达概念的,名词如“人”、“国家”、“人民公社”、“正义行为”,都是表达概念的。形容词如“红的”、“美的”、“进步的”、也都是表达概念的。动词如“打”、“走”、“批评”、“革命”,也都是表达概念的。

一般说来,虚词是不表达概念的。虚词中的“儿”,只是名词的标记;“吗”、“呢”、“啊”,只是疑问句或惊叹句的标记。这些虚词,只有语法上的意义,它们本身并不表达概念。

但是,也有一些虚词是表达概念的。例如,虚词中的连词:“如果,那么”,“或”,“并且”。这些虚词反映了事物之间或事物情况之间的关系。例如,“如果,那么”就反映两个事物情况之间的条件关系或因果关系。

相应于连词的概念,对于形式逻辑是十分重要的。形式逻辑要从真假值这个角度,去研究连词所表达的概念的性质。“如果,那么”、“或”、“并且”,分别地表达了假言判断、选言判断与联言判断的逻辑概念。

由于语词与概念有着质的区别,语言学中对词的分类与逻辑学中对概念的分类就有所不同。在语言学中,名词、动词与形容词的分别是十分重要的。但是,在形式逻辑中,相应于名词、动词与形容词的这三类概念之间的分别,就是不重要的。在语言学中把及物动词与不及物动词都归于动词一类。但是,在形式逻辑中,相应于及物动词的概念与相应于不及物动词的概念之间的分别,却是十分重要的。相应于不及物动词的概念,反映事物的性质;而相应于及物动词的概念,却反映事物的关系。关于性质的逻辑规律与关于关系的逻辑规律却是很不相同的。

语词与概念是既有联系又有区别的。由于语词与概念有密切的联系,许多语词方面的问题,同时也就是概念方面的问题。例如,语词应用的混乱,就同时也是概念的混乱;定义一个语词,就同时也是定义一个概念。因此,形式逻辑要求概念的明确与准确,同时也就是要求我们明确地与准确地应用语词。

第三节 概念的内涵与外延

概念有两个重要的方面,这是概念的内涵与外延。

前面讲过,概念是反映事物的特有属性的思维形态。因之,一个概念总是反映了事物的某些特有属性的。例如,“人”这个概念就反映了能制造和使用生产工具、有语言、能思维、两足直立的动物这些特有属性。“资本主义国家”这个概念就反映了资产阶级专政的国家这些特有属性。

事物总是有属性的事物,而属性总是事物的属性。因之,概念在反映事物的特有属性的同时,也就反映了具有这些特有属性的事物。这就形成了概念的内涵与外延两个方面。

概念的内涵,就是概念所反映的事物的特有属性。

概念的外延,就是具有概念所反映的特有属性的事物。

例如,“人”这个概念的内涵,就是能制造和使用生产工具、有语言、能思维、两足直立的动物这些特有属性;而“人”这个概念的外延,就是具有这些特有属性的事物,如屈原、曹操、李白、孙中山以及其他的具体的人。“资本主义国家”这个概念的内涵,就是资产阶级专政的国家这些特有属性;而“资本主义国家”这个概念的外延,就是具有这些特有属性的事物,如美国、英国、日本、印度以及其他的资本主义国家。

概念所反映的事物的特有属性与客观存在的事物的特有属性是有分别的,这也就是说,概念的内涵与事物的特有属性是有分别的。概念的内涵是属于思想方面的认识内容,事物的特有属性是属于事物方面的认识对象。概念的内涵要根据于事物的特有属性,并且日益正确地反映事物的特有属性,但是,它们两者仍然不是等同的。

首先,概念的内涵就有是否正确反映事物的特有属性的问题。古代人对于自然界的风雨雷电的概念,带有迷信的成分,就没有正确反映风雨雷电的特有属性;只有今天我们认识了风雨雷电的客观规律,才形成了正确反映这些现象的特有属性的概念。这就说明:属于思想方面的概念内涵与属于事物方面的特有属性不是等同的。

其次,由于实践要求不同,人们可以从不同的方面去认识同一类事物,因而,对于同一类事物,人们就可以形成几个不同的概念;这些不同概念的内涵,分别地反映同一类事物不同方面的特有属性。例如,对于同一类植物,农学家就着重认识它的生长与栽培方面的特有属性,药学家就着重认识它在医治疾病方面的特有属性,而生物学家就着重一般地认识它的组织与生理方面的特有属性。从而农学家、药学家与生物学家对于同一类植物,就形成了不同的概念,这些概念的内涵分别地反映了这类植物不同方面的特有属性。

概念的内涵,是概念必须具有的内容,因而任何一个概念都是有内涵的。不但真实概念是有内涵的,虚假概念也是有内涵的。

例如“纯银山”是一个虚假的概念，它的内涵就是纯银所形成的山。

概念的外延，是客观世界中具有概念所反映的特有属性的事物。因而，真实概念，由于客观世界中存在着相应的事物，是有外延的；虚假概念，由于客观世界中不存在相应的事物，是没有外延的。例如，“人”这个真实概念是有外延的，因为，客观世界中存在着相应的事物，如，屈原、曹操、李白、孙中山……等。“国家”这个真实概念也是有外延的，因为，客观世界中存在着相应的事物，如中国、苏联、美国、英国……。“共产主义社会”也是一个真实概念，虽然今天世界上还没有一个社会进入了共产主义社会，但是，根据社会发展的规律，将来全世界必然都要发展到共产主义社会。虚假概念，如“鬼神”，“人民资本主义”，是主观的虚构，是违反客观规律的；不但客观世界中今天没有相应的事物，而且将来也不可能有相应的事物。

一个概念的外延，是由具有这个概念所反映的特有属性的那些事物所组成的类。虚假概念是没有外延的，在客观世界中没有一个相应于虚假概念的事物类。

概念明确，是正确思维的首要条件。没有明确的概念，就不会有恰当的判断，就不会有合乎逻辑的推理与论证。所谓一个概念明确，就是这个概念的内涵与外延都明确。也就是说，这个概念反映了哪些特有属性与表示了哪些事物，这两者都是明确的。

在思维过程中，我们应当经常从内涵与外延两个方面来检验我们所用的概念是否明确。例如，我们要检验“文学作品”这个概念是否明确，我们首先要问，文学作品有哪些特有属性，这是从内涵方面来检验概念；其次我们要问，哪些事物是文学作品，这是从外延方面来检验概念。如果我们能够明确地指出文学作品的特有属性是用语言为表现工具的艺术作品，同时，也能明确地指出哪些是文学作品，那么，我们关于文学作品的概念，就是明确的。反之，就是不明确的。

概念不明确,不仅会导致不正确的思维,同时,在表达思想时,也会说出许多不通的语句。例如:

黄村住着一个鳏寡孤独的王大妈。

加上了这一段,反而使文章减少了逊色。

这两个不通的语句,都是由于概念不明确引起的。鳏就是老而无妻的人,孤是幼而无父的人,独是老而无子的人,王大妈既然是一个老妇人,怎么能说鳏寡孤独的王大妈呢?"逊色",大体上说,也就是减色的意思,怎么能说"减少逊色"呢?"使文章减少逊色"就是"使文章减少了减色",这是不通的。

概念的内涵与概念的外延是互相制约的。概念的内涵确定了,在一定条件下概念的外延也跟着确定了;同时,概念的外延确定了,在一定条件下概念的内涵也跟着确定了。在内涵与外延的互相制约的关系中,有一点特别值得我们注意的,这就是概念内涵的多少与概念外延的多少这二者之间的反比关系。我们可以通过一个例子来说明。

"人"、"工人"与"先进工人",是三个不同的概念。"人"这个概念的内涵是:能制造和使用生产工具的动物。"工人"这个概念的内涵,就比"人"这个概念的内涵多;在"工人"这个概念的内涵中,还有从事生产劳动和以工资收入为生活来源这些属性。"先进工人"这个概念的内涵,又比"工人"这个概念的内涵多;在先进工人这个概念的内涵中,还有生产劳动与政治思想作风都特别好这些属性。这是从概念的内涵方面看。再从外延方面看,"人"这个概念的外延却比"工人"这个概念的外延多,人除了包括工人以外,还包括其他的人。"工人"这个概念的外延,又比"先进工人"这个概念的外延多,工人除了包括先进工人以外,还包括其他的工人。

由上面这个例子,我们就可以概括出一条规律:

如果一个概念a的内涵比另一个概念b的内涵多，那么，a的外延就比b的外延少；同时，如果a的内涵比b的内涵少，那么，a的外延就比b的外延多。

这就是概念的内涵与外延的反比规律。

内涵与外延的反比规律，并不是一条严格的数学规律。内涵中特有属性的数量，并不是外延中事物的数量的一个函数；也就是说，并不是在内涵中增加（或减少）几个属性，在外延中就精确地跟着减少（或增多）几个事物。内涵与外延的反比规律，只是表示内涵与外延在数量方面相应变化的方向。

根据内涵与外延的反比规律，我们就可以用逐渐增多概念的内涵的方法，来逐渐减少概念的外延，这个方法叫做概念的限制法。我们也可以用逐渐减少概念的内涵的方法，来增多概念的外延，这个方法叫做概念的扩大法。

概念的限制法与扩大法，对于我们准确地运用概念是特别有帮助的。我们运用概念时，不只是要求概念明确，而且还要求概念准确。所谓概念准确，就是概念恰如其分地、不多不少地表示了我们所要表示的事物。如果发现我们所用的某个概念所表示的事物太多了，也就是说，我们所用的某个概念的外延太多了，那么，我们就用限制法来减少概念的外延。相反地，如果发现我们所用的概念的外延太少了，我们就用扩大法，来加多概念的外延。

例如，有人说："我们反对战争"。在这个判断中，"战争"这个概念的外延太多了，因为，"战争"这个概念的外延是所有的或任何的战争，而我们所反对的，却只是某种战争。我们应当用加多概念的内涵的方法，来减少外延。我们应当说："我们反对非正义战争"。"非正义战争"的内涵比"战争"的内涵加多了，因而，"非正义战争"的外延也就比"战争"的外延减少了。"非正义战争"这个概念准确地表示了我们所要反对的对象。

例如,有人说:“我们应当团结一切思想先进的人”。“思想先进的人”,当然是我们应当团结的;但是,一切有可能参加社会主义革命与社会主义建设的人,也是我们应当团结的对象。因此,“思想先进的人”这个概念的内涵太多了,外延太少了。我们应当把它换成一个内涵较少而外延较多的概念。我们应当说:“我们应当团结一切可以团结的人”。这样,我们的概念就准确了。

概念的限制法,从语言表达方面说,就是增加限制词的方法;概念的扩大法,从语言方面说,就是减少限制词的方法。在有些情况下,如果我们感到增加或减少限制词不方便时,我们也可以干脆另换一个恰当的语词。

第四节　概念的种类

形式逻辑要求概念明确,就是要求我们从内涵与外延两个方面去明确一个概念。但是,一个概念的内涵究竟反映了哪些特有属性,一个概念的外延究竟包括了哪些事物,这却不是形式逻辑的研究任务,这是其他的具体科学的研究任务。例如,“商品”“价值”“资本主义生产关系”这些概念的内涵与外延是甚么,这是政治经济学的研究任务;“生物”,“动物”,“同化作用”这些概念的内涵与外延是甚么,这是生物学的研究任务;“固体”“引力”与“导电”这些概念的内涵与外延是甚么,这是物理学的研究任务;“周召共和”、“九品中正”、“太平天国”、“孙中山”这些概念的内涵与外延是甚么,这是历史科学的研究任务。

但是,在各种具体科学所提供的具体知识的基础上,我们就会发现,许多概念的内涵与外延,有着某些共同的特性。例如,在历史科学所提供的具体知识的基础上,我们就知道,“李白”与“杜甫”

这两个概念在外延方面有一个共同的特性，这就是，它们的外延都是一个惟一无二的事物。在生物学与政治经济学所提供的具体知识的基础上，我们知道，“商品”与“脊椎动物”这两个概念在外延方面也有一个共同特点，这就是，它们的外延是许许多多的事物。根据概念的内涵与外延方面这些共同特性，我们就可以把概念分成许多种类。研究概念的这些种类及其特性，这是形式逻辑的任务，而不是其他科学的任务。

了解了各种概念的共同特性，对于我们正确地运用概念是有帮助的。

例如，如果我们了解了“商品”这个概念的外延是许许多多事物，我们应用“商品”这个概念作出判断时，我们就会考虑到：究竟是某个特定的商品是如何如何呢？还是所有商品都是如何如何呢？如果我们了解了“李白”这个概念的外延是一个惟一无二的事物，我们由此就知道，由“李白是如何如何”这个判断是推论不出“杜甫也是如何如何”这个判断的。因为，由李白是一个惟一无二的人，由他是如何如何，是推论不出另一个人（杜甫）也是如何如何的。

以下我们要说明几种概念的特性：

（1）单独概念与普遍概念

根据概念的外延是一个事物还是许多事物，概念可以分为单独概念与普遍概念。

单独概念就是这样的概念，它的外延是一个惟一无二的事物。时间与空间是惟一无二的，因而，表示时间与空间的概念的外延，也是惟一无二的。例如，“1949 年 10 月 1 日”这个概念，就是一个单独概念，它表示了一个惟一无二的时间。“北京”这个概念也是一个单独概念，它表示了一个惟一无二的地点。

在特定的时间与空间中的个别事物或个别事件，也是惟一无二的。表示这样的个体的概念,也是单独概念。例如,“杜甫”这个概念表示一个在某个特定时间与空间中的人,因而它是一个单独概念。“抗日战争”这个概念表示一个在特定时间空间的战争,因而它也是一个单独概念。相应于语言中的专名的概念,例如:“中国”、“黄河”、“曹操”、“孙中山”、“第一次反围剿”、“二万五千里长征”、“一条鞭法”等,都是单独概念。

有些包含了数目序列或最高程度的概念,以及用包含了指示词(例如“第一个”“这个”或“那个”)的词组所表达的概念,也是单独概念。例如,“汉朝的第一个皇帝”,就是一个单独概念,它表示一个惟一无二的人——刘邦。“世界上最高的山峰”,也是一个单独概念,它表示一个惟一无二的山峰——珠穆朗玛峰。“那个《离骚》的作者”也是一个单独概念,它表示一个惟一无二的人——屈原。

在上面那些表达单独概念的词组中,那些包含有“这个”或“那个”的词组,叫做**摹状词**。“那个《离骚》的作者”这个语组,就是一个摹状词。

普遍概念就是这样的概念,它的外延,可以包含许多的事物。例如,“国家”这个概念的外延,就包括了中国、日本、苏联、美国、印度……;“国家”是一个普遍概念。其他如“商品”、“动物”、“人民公社”,由于它们的外延可以是许多事物,都是普遍概念。

语言中的普遍名词、形容词与动词,一般地说,都表达普遍概念。

单独概念表示特定时间空间中某一个个别的事物,而普遍概念则不受时间空间的限制,可以表示许许多多的事物。在思维过程中我们不但要普遍地表示许多事物,也要个别地表示一个特定的事物,所以,单独概念与普遍概念都是人们思维中不可缺少的成分。

由于单独概念是表示一个惟一无二的事物,所以,在用单独概念作主项的判断中，就不需要加上表示主项数量的概念，就不需要加上量项。例如，“曹操是一个大政治家”，这是一个用单独概念“曹操”作主项的判断。在“曹操”前面不需要再加上“所有”与“有的”这些量项。

由于普遍概念可以表示许多事物，所以，在用普遍概念作主项的判断中就必须有表示主项的数量的概念，就必须有量项。例如，“文学作品是有教育意义的”。这个判断的主项“文学作品”是一个普遍概念。究竟是所有文学作品还是一部分文学作品有教育意义呢？这个判断并没有明确表示。我们必须在“文学作品”前面加上“所有”或“有些”这些量项，判断才是明确的。

(2)集合概念与非集合概念

类与集合体是不同的。一个类是由许多事物组成的，后者叫做前者的分子。属于一个类的任何分子，都具有这类事物的特有属性。例如，人这一类，是由许多分子如曹操、杜甫、鲁迅……组成的，而曹操、杜甫、鲁迅……都具有人这个类的特有属性。但是，一个集合体，却是由许多事物作为部分有机地组成的。一个集合体的部分却不必具有这个集合体的特有属性。例如，森林是一个集合体，它是由许多树木作为部分有机地组成的，树木并不具有森林所具有的特有属性。

集合概念，就是反映集合体的概念。

例如："森林"、"舰队"、"工人阶级"……都是集合概念。

非集合概念，就是不反映集合体的概念。

例如："树木"、"军舰"、"工人"……都是非集合概念。

一个集合体与由这个集合体的部分作为分子所组成的类，是有很大区别的。例如，森林这个集合体是与树木这个类有很大分别的；工人阶级这个集合体与工人这一个类是有很大分别的。

但是，人们在思维过程中，却常常容易把表示一个集合体的集合概念,同表示由这个集合体的部分所组成的类的普遍概念混淆起来。这个情形,尤其是在表示这二者都用同一个语词的时候,更容易发生。

例如,我们说:“中国人是勤劳、智慧、勇敢的”。这里“中国人”表示中华民族这个集合体,这里“中国人”是一个集合概念。但是,有些人却把它了解为一个普遍概念,了解为一个由所有具有中国国籍的人所组成的类。于是,他们就以为任何一个具有中国国籍的人都是勤劳、智慧、勇敢的。这个了解是不正确的。这是混淆了集合概念与相应的普遍概念的结果。又例如下面的推理:

鲁迅的小说最长不过三万字,

三万字的书是一天可以读完的,

所以,鲁迅的小说是一天可以读完的。

“鲁迅小说”这个语词,可以表达一个普遍概念,即是说,它表示由一本一本鲁迅小说作为分子所组成的类。但是,它也可以表示一个单独概念,即是说,它表示由所有鲁迅的小说作为部分所组成的集合体。在上面这个推理中,只有“鲁迅的小说”是表达一个普遍概念,这个推理才是正确的。如果把上面推理中所说的“鲁迅的小说”了解为一个集合概念,那么,第一个前提与结论都是假的,因而这个推理就是不正确的。

(3)正概念与负概念

所有具有某种属性的事物可以组成一个类,所有不具有某种属性的事物也可以组成一个类。例如,所有具有能制造和利用生产工具的动物这种属性的事物,就组成一个类,这就是人类;所有不具有能制造和利用生产工具的动物这种属性的事物,也组成一个类,这就是非人类。

正概念就是反映具有某种属性的事物的概念。

负概念就是反映不具有某种属性的事物的概念。

“红的”是一个正概念，它反映具有红这种属性的事物。“不红的”是一个负概念，它反映不具有红这种属性的事物。

“进步的”、“党员”、“社会主义国家”，都是正概念。

“不进步的”、“非党员”、“非社会主义国家”，都是负概念。

从语言方面说，在表达负概念的词组中总是包含“不”与“非”这些语词。

负概念总是相对于一个特定的范围的。例如，“非党员”这个负概念是相对人这个范围说的，“非党员”是表示一切不是党员的人。“非马克思主义思想”这个负概念是相对于思想这个范围说的。“非马克思主义思想”是表示一切不是马克思主义的思想。一个负概念所相对的范围，逻辑上叫做论域。论域有大有小，最大的论域可以是整个世界。

在一定的论域中，任何一个事物，它或者是具有某种属性，或者不具有某种属性。因此，在一定的论域中，对于任何一个事物，如果我们不能用一个正概念“a”去表示它，我们就能用相应的负概念“非 a”去表示它。任何一个事物，它必然是 a 或者非 a。这是排中律在概念方面的表现。

在一定的论域中，任何一个事物，如果它具有某个属性，它就不能同时又不具有这个属性。因此，在一定的论域中，对于任何一个事物，如果我们能用一个正概念“a”去表示它，那么，我们就不能同时又用一个相应的负概念“非 a”去表示它。任何一个事物，它不能同时既是 a 又是非 a。这是矛盾律在概念方面的表现。

正概念与相应的负概念之间的这些逻辑特性，是以后《推理》那一章要讲的换质法的基础。

(4)相对概念与绝对概念

事物的特有属性，可以是某种性质，也可以是某种关系。例如，男人的特有属性，就是生理方面的某种性质。父亲的特有属性，就是他与其他的人在血缘方面或法律方面的某种关系。

相对概念就是反映具有某种关系的事物的概念。

例如，“兄”是一个相对概念，“兄”这个相对概念反映这样一些人，这些人同另外一些人之间有同胞并且年长的关系。“原因”、“大的”、“重的”，也都是相对概念。

绝对概念就是反映具有某种性质的事物的概念。

例如，“人”是一绝对概念，它反映具有能制造并利用生产工具、能思维、有语言的这些性质的动物。“孙中山”、“人民公社”、“金属”，也都是绝对概念。

相对概念涉及某种关系，而关系总是涉及另一个或另一些事物，因此，一个相对概念总是相对于另一个概念说的。例如，“兄”这个相对概念是相对于“弟”或“妹”说的，“原因”这个相对概念是相对于“结果”说的，“大的”、“重的”，这些相对概念，也是相对于一定的事物说的。

我们在运用相对概念时，应特别注意它的相对性。我们说：“这是一个大老鼠”，这里“大”是一个相对概念，它是相对于其他的老鼠说的。我们说：“这是一只小象”，这里“小”是一个相对概念，它是相对于其他的象说的。忽略了这里“大”“小”的相对性，有时，就会导致不正确的判断或推理。

由于相对概念的相对性，我们就不能用一个相对概念去定义另一个与它相对的概念。例如，我们不能用“结果”去定义“原因”，我们不能说：“原因是产生结果的事件。”因为，“原因”与“结果”是相对概念，“原因”这个概念不明确时，“结果”这个概念也是不明确的。用不明确的概念“结果”去定义不明确的概念“原因”，仍然达不到明确概念的目的。

以上我们是由各个不同的角度把概念作了四次分类，其目的是要明确概念的各种逻辑特性。现在我们再举出几个概念，综合地看看它们所具有的各种逻辑特性。

“杜甫”这个概念,是一个单独概念,也是一个非集合概念,也是一个正概念,也是一个绝对概念。

“非党员”这个概念,是一个普遍概念,也是一个非集合概念,也是一个负概念,也是一个绝对概念。

“剥削者”这个概念,是一个普遍概念,也是一个非集合概念,也是一个正概念,也是一个相对概念。

“共产党”这个概念,是一个普遍概念,也是一个集合概念,也是一个正概念,也是一个绝对概念。

第五节　概念间的关系

客观世界中的两个或两类事物之间,是有多种多样的关系的。5大于2,金重于水,资本家剥削工人,费尔巴哈的唯物主义批判了黑格尔的唯心主义,管仲早于孔丘,这些都是事物之间的关系。5大于2,是两个数之间的大小关系,这是数学研究的对象。金重于水,是两种物质之间重量关系,这是物理学研究的对象。资本家剥削工人,是资本主义社会中的生产关系,这是政治经济学研究的对象。费尔巴哈的唯物主义批判了黑格尔的唯心主义,是历史上两种思想之间的关系;管仲早于孔丘,是两个历史人物的年代关系;这些是历史科学研究的对象。

以上所讲的几种关系,只是存在于特殊范围的事物之间。“大于”这种关系,只是存在于两个数量(例如2与5)之间。“重于”这种关系,只是存在于两个或两种物质(例如金与水)之间。“批判”这种关系,只是存在于两个人或两种思想(例如费尔巴哈的唯物主义与黑格尔的唯心主义)之间。我们不能说,费尔巴哈的唯物主义重于黑格尔的唯心主义;我们也不能说,金批判了水。

但是，在任何两个或两类事物之间，却有一种最普遍的关系，这就是同异关系。同异关系是既存在于两个数量之间，也存在于两种物质之间，也存在两个人之间，也存在于两种思想之间。

两类事物 a、b 之间的同异关系*，也就是 a 是或不是 b 这种关系。a 可以全部都是 b，a 也可以部分地是 b，a 也可以全部都不是 b。两类之间的同异关系，是形式逻辑的研究对象。

概念的外延是一个类。所谓两个概念之间的同异关系，也就是表现在两个相应的类之间的同异关系。形式逻辑所讲的两个概念之间的关系，也就是作为它们的外延的那两个类之间的同异关系。

任何两个概念或两个类 a、b 之间，可能有下面五种关系：

(1)全同关系

如果所有a都是b，同时，所有b都是a，那么，a与b就有全同关系，或者说，a全同于b，或者说，a与b是全同的。

例如，有最发达的大脑的动物与能思维的动物，这两类就有全同关系。因为，所有有最发达的大脑的动物都是能思维的动物，同时，所有能思维的动物都是有最发达的大脑的动物。《呐喊》的作者与《狂人日记》的作者，也有全同关系。因为《呐喊》的作者也就是《狂人日记》的作者即鲁迅。

两个概念如果有全同关系，那么，这两个概念的外延就是同一的。

根据全同关系的定义，我们可以看出：a 全同于 b，就等于说，b 全同于 a。如果具有全同关系的两个概念分别地作为一个判断的

---

* 我们以后要用 a、b、c……代表概念。由于 a、b、c 可以代表任何的概念，我们把它叫做概念变项。
有时我们也用 a、b、c……去代表事物类。根据上下文我们就可以看出 a、b、c……究竟是代表概念或者是代表类。这不会引起混淆。

主项与谓项，那么，它们是可以互换位置的。例如，我们不但可以说：有最发达的大脑的动物都是能思维的动物，而且我们也可以说：能思维的动物都是有最发达的大脑的动物。

如果我们用两个圆圈分别表示有全同关系的 a、b 两个类或两个概念，这两个圆圈就重合起来了，如图(1)。

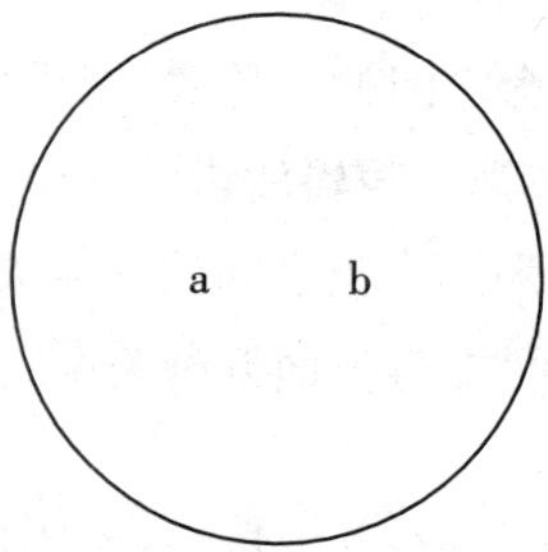

图 (1)

有的逻辑书把全同关系叫做重合关系或同一关系。

(2)上属关系

如果所有b都是a，但是，有的a不是b，那么，a与b就有上属关系，或者说，a上属于b。

例如，工业与重工业就有上属关系。因为，所有重工业都是工业，但是，有的工业却不是重工业。同样的，脊椎动物与人之间也有上属关系。因为，所有人都是脊椎动物，但是，有的脊椎动物却不是人。

a 与 b 有上属关系，可用图(2)表示。

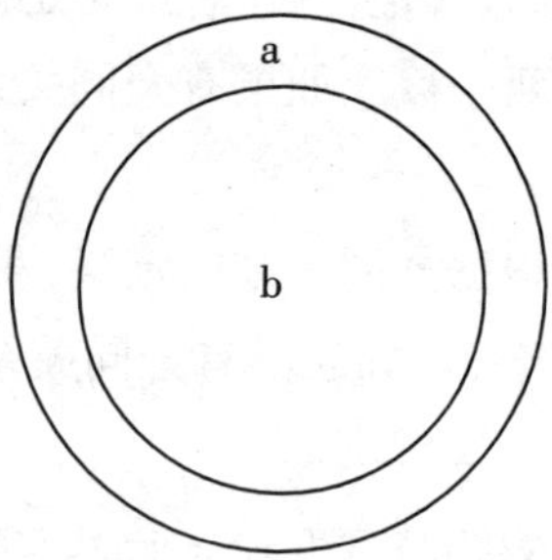

图 (2)

概念 a 与 b 有上属关系，或者说，概念 a 上属于概念 b，这就表示概念 a 的外延大于概念 b 的外延。

根据上属关系的定义，我们可以看出，当 a 与 b 有上属关系时，b 与 a 就不能有上属关系。

有的逻辑书把“a 上属于 b”叫做“a是b的上位概念”。

(3)下属关系

如果所有a都是b，但是，有的b不是a，那么，a与b就有下属关系，或者说，a下属于b。

例如，重工业与工业就有下属关系。因为，所有的重工业都是工业，但是，有的工业却不是重工业。同样的，人与脊椎动物也有下属关系。因为，所有人都是脊椎动物，但是，有的脊椎动物却不是人。

a与b有下属关系，可用图(3)表示。

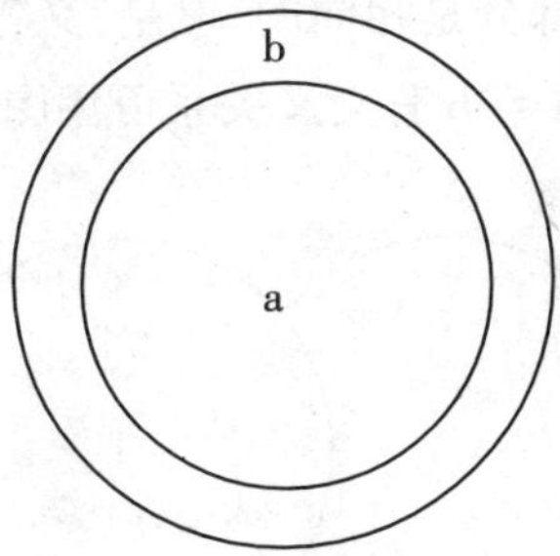

图 （3）

概念a与b有下属关系，或者说，概念a下属于概念b，这就表示概念a的外延小于概念b的外延。根据下属关系的定义，我们可以看出，当a与b有下属关系时，b与a就不能有下属关系。

又根据上属关系与下属关系的定义，我们可以看出：当a与b有上属关系（或a上属于b）时，b与a就必然有下属关系（或b下属于a）；反之亦然。

有的逻辑书把“a下属于b”叫做“a是b的下位概念”。

许多逻辑书都讲到类与类之间的包含关系。所谓a类包含b类，或者a类与b类有包含关系，这就是说，所有b类的分子都是a类的分子。根据这个定义我们可以看出，a类与b类有包含关系就等于说：a类全同于b或上属于b。a类包含b类，就等于说，b类包含于a类。

(4)交叉关系

如果有的a是b，而且，有的a又不是b，而且，有的b又不是a，那么，a与b就有交叉关系，或者说，a交叉于b，或者说，a与b是交叉的。

例如，妇女与工人就有交叉关系，因为有的妇女是工人，而且，有的妇女又不是工人，而且，有的工人又不是妇女。共青团员与大学生也是交叉关系，因为，有的大学生是共青团员，而且有的大学生又不是共青团员，而且有的共青团员又不是大学生。

根据交叉关系的定义，我们可以看出，a 交叉于 b，就必然同时 b 交叉于 a。

两个概念 a 与 b 有交叉关系，这就表示 a 的外延与 b 的外延有一部分是相同的，但是，又各有一部分是不相同的。

a 与 b 有交叉关系可用图(4)表示。

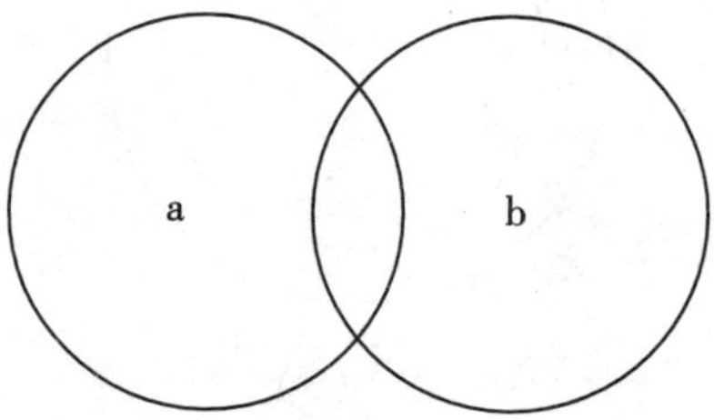

图 （4）

有的逻辑书把交叉关系叫做部分重合关系。

(5)全异关系

如果所有 a 都不是 b，那么，a 与 b 就有全异关系；或者说，a 全异于 b；或者说，a 与 b 是全异的。

例如，金属与不导电体就有全异关系，因为，所有金属都不是不导电体。社会主义国家与资本主义国家也有全异关系，因为，所有社会主义国家都不是资本主义国家。牛与马也是全异关系，因为，所有牛都不是马。

根据全异关系的定义，我们可以看出：如果 a 全异于 b，那么，b 就全异于 a。例如，牛全异于马，马就必然全异于牛，反之亦然。

两个概念 a 与 b 有全异关系，这就表示在 a 的外延中与 b 的外延中没有任何一个相同的事物。

a 与 b 有全异关系，可用图(5)表示。

有的逻辑书把全异关系叫做排斥关系。

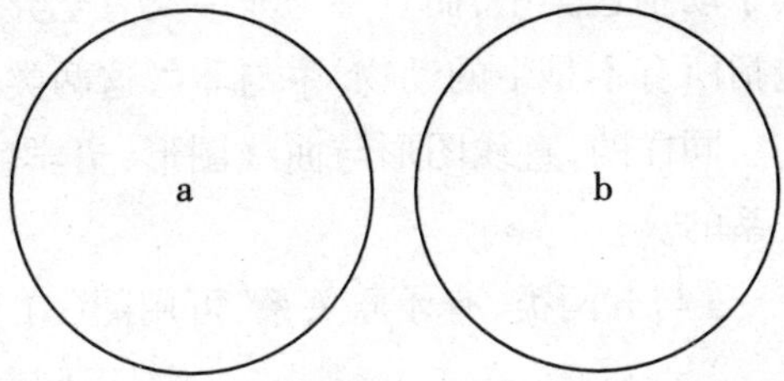

图 （5）

全同关系、上属关系、下属关系、交叉关系与全异关系，是两类或两个概念之间可能有的五种关系。属于一定论域的任何两个确定的类或两个确定的概念，必然具有这五种关系中之一，也必然只能具有这五种关系中之一。例如，有最发达的大脑的动物与能思维的动物，这两个确定的概念或类，就具有、也只具有全同关系。脊椎动物与人这个确定的概念或类，就具有、也只具有上属关系。

全异关系还可以更进一步分为矛盾关系与反对关系。

两个具有全异关系的类 a 与 b，可以都下属于另外一个类 c。例如，社会主义国家与资本主义国家这两个有全异关系的类，都下属于国家这个类中。这里就有两种可能的情形。一种情形是：a 类的事物与 b 类的事物加起来，就等于 c 类的全部事物。另一种情形是：a 类的事物与 b 类的事物加起来，还是少于 c 类的全部事物。

对于下属于c类的a与b两类说，如果a类与b类有全异关系，而且a类与b类之和等于c类，那么，a与b就有矛盾关系。

两类之间有矛盾关系时，我们就说，分别表示这两个类的两个概念之间有矛盾关系。

例如，红与不红这两类，有矛盾关系。因为，红与不红这两类都下属于颜色这个类中，而且红与不红这两类又有全异关系，而且由于不红这类包括了所有红色以外的颜色，红类与不红类之和又等于颜色类。

牛与非牛这两类，也有矛盾关系。因为，牛与非牛这两类都下属于动物这类中，而且牛与非牛又有全异关系，而且由于非牛这类包括所有不是牛的动物，牛与非牛这两类之和又等于动物类。

同样的，直线图形与曲线图形，男学生与女学生，都是有矛盾关系的。

a 与 b 两类，有矛盾关系，可用图(6)表示。

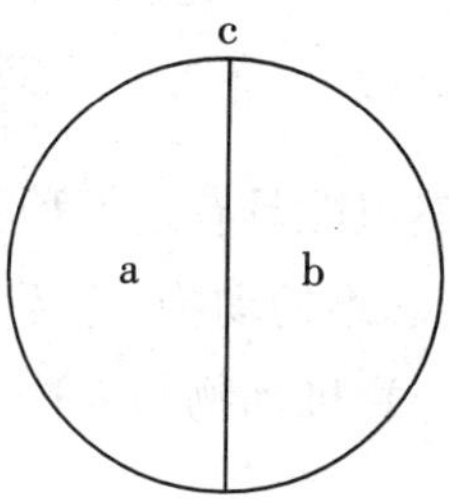

图 （6）

对于下属于c类的a与b两类说，如果a类与b类有全异关系，而且a类与b类之和又少于c类，那么，a类与b类就有反对关系。

两个类之间有反对关系时，我们就说，分别表示这两个类的两个概念之间有反对关系。

例如，社会主义国家与资本主义国家有反对关系。因为，社会主义国家与资本主义国家都下属于国家类中，而且社会主义国家与资本主义国家又有全异关系；而且由于在社会主义国家与资本主义国家之外又还有其他的国家(如封建主义国家)，社会主义国家类与资本主义国家类之和又少于国家类。

牛类与马类有反对关系。因为，牛类与马类都下属于动物类；而且牛类与马类又有全异关系；而且由于在牛类与马类之外又还有其他的动物，牛类与马类之和就少于动物类。

同样的，相对于颜色说，白与黑是有反对关系的，黄与红也是有反对关系的。相对于思想体系说，资产阶级思想与无产阶级思想也是有反对关系的。

a 与 b 两类有反对关系，可用图(7)表示。

矛盾关系与反对关系，是全异关系下面的两种特殊情况。因而，如果两个概念或两个类 a 与 b 有矛盾关系或反对关系，那么，a

与b就必然有全异关系；但是，当a与b有全异关系时，a与b不必就有矛盾关系，也不必就有反对关系。

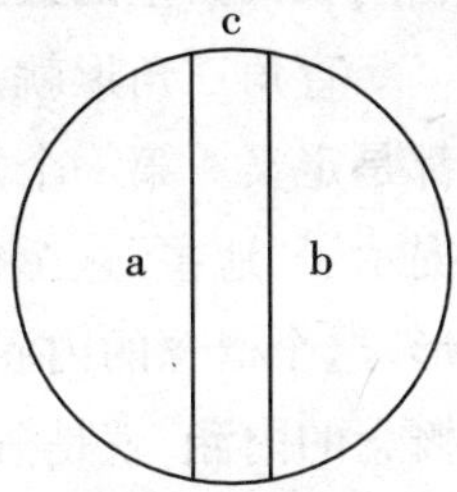

图（7）

形式逻辑中所讲的矛盾关系与反对关系，同辩证唯物主义中所讲的矛盾与对抗，是不同的概念。辩证唯物主义中所讲的矛盾，是指两个既相互联系、相互依赖又相互排斥、相互对立的部分、方面和趋势之间的斗争。辩证唯物主义中所讲的对抗，是指矛盾激化到了采取外部冲突的形式。因此，马与非马之间有形式逻辑所讲的矛盾关系，马与牛之间有形式逻辑所讲的反对关系。但是，马与非马之间以及马与牛之间，却没有辩证唯物主义所讲的矛盾关系或对抗关系。

第六节　定　义

什么是定义

正确的思维要求概念的内涵与外延明确，而要达到概念的内涵与外延明确，就要求我们对于概念所反映的事物具有具体的知识。我们要获得关于事物的具体知识，就必须通过自己的实践，必须通过对已有科学知识的学习。因此，明确概念的根本方法，是通过丰富的实践与努力的学习。

但是，在已有的具体知识基础之上，我们要明确概念，就必须应用两种逻辑方法，这就是定义与划分。

定义是揭示概念的内涵的逻辑方法。例如：

人就是能制造和使用生产工具的动物。

地主就是占有土地，自己不劳动，或只有附带的劳动而靠剥削农民为生的人。

直角三角形就是有一个角是直角的三角形。

这些都是定义。第一个定义揭示了“人”这个概念的内涵,第二个定义揭示了“地主”这个概念的内涵。第三个定义是揭示了“直角三角形”这个概念的内涵。

概念的内涵,就是概念所反映的事物的特有属性(固有属性或本质属性)。揭示概念的内涵,同时也就是揭示概念所反映的事物的特有属性(固有属性或本质属性)。因此,我们也可以说:

定义就是揭示事物的特有属性(固有属性或本质属性)的逻辑方法。

如果我们注意“人就是能制造和利用生产工具的动物”这个定义,我们就会发现这个定义是由三个部分构成的。“人”是一个部分,这个部分叫做被定义项。被定义项就是其内涵被揭示的概念。另一个部分是“能制造和使用生产工具的动物”,这个部分叫做定义项。定义项就是用以揭示被定义项的内涵的概念。第三个部分是“就是”。这个部分叫做定义联项。定义联项就是表示被定义项与定义项之间的必然联系的概念。

在我们所举的第二个定义中,“地主”是被定义项。“占有土地,自己不劳动,或只有附带的劳动,而靠剥削农民为生活”是定义项。“就是”是定义联项。

被定义项,在语言方面的表现,常常是一个词或一个词组。例如:在上面所举的三个定义中,被定义项“人”和“地主”是一个语词,被定义项“直角三角形”却是一个词组。

被定义项在语言方面的表现,有时还可以是一个语句。例如:

数 a 能被数 b 整除,这就是:有一个数 c,使得 $a = b \times c$。

在上面这个定义中,被定义项是“数 a 能被数 b 整除”这个语句。又例如:

马克思主义的普遍真理与中国实际相结合，就是善于应用马克思列宁主义的立场、观点与方法，从中国的历史实际与革命实际的认真研究中，在各方面作出合乎中国需要的理论性的创造。

在这个定义中，被定义项是“马克思主义的普遍真理与中国实际相结合”这一个语句。

定义项，在语言方面的表现，经常是一个词组，但有时也可以是一个语句或一组语句。例如，定义项“有一个数 c，而 a = b × c”就是两个语句组成的。定义项“善于应用马克思列宁主义的立场观点与方法，……”就是由几个语句组成的。

定义联项，在语言方面的表现，常常是“就是”。但在不同种类的定义中，定义联项就应用不同的语词。这一点在讲真实定义与语词定义时会详细谈到。

在思维过程中，定义起着重要的作用。当我们通过实践与学习，对某事物的特有属性有了认识以后，我们就要通过定义，把我们对某事物的认识总结与巩固下来。例如，当我们对人的特有属性有了认识以后，我们就要应用“人就是能思维的动物”、“人就是能制造和利用生产工具的动物”这样一些定义，来总结和巩固我们对人的认识，来总结与巩固我们关于人的概念。

总结概念与巩固概念的过程，同时也是明确概念的过程。当我们在关于某事物的具体知识的基础之上作出一个定义以后，我们这时对某事物的认识与概念就比以前更加明确了。

还有，我们在思维过程中应用了许多概念，我们要检查我们所用的概念是否明确，一个办法就是作出定义。只有我们能作出一个关于某概念的明确定义，某一个概念才是明确的，否则就是不明确的。

最后，我们要把一个概念传达给一个原来不了解这个概念的人，我们也需要应用定义。例如，当别人不了解“拖拉机”这个概念时，我们就作出这样一个定义：“拖拉机就是……”。当别人不了解“地主”这个概念时，我们就作出这样一个定义：“地主就是……”。通过这两个定义，别人就可以了解“拖拉机”与“地主”这两个概念的内涵，就可以了解“拖拉机”与“地主”这两个概念。

上述定义的四种作用，总的来说，都是明确概念的作用。

真实定义

我们在本章第二节中已经讲过，概念是与事物有关的，概念是反映事物的特有属性的思维形态，这是一方面。另一方面，概念又是与语词有关的，概念是语词的思想内容。由于概念既和事物有关，又和语词有关，我们要揭示一个概念的内涵，就既可以从揭示事物的特有属性方面进行，也可以从揭示语词的意义方面进行。这就分别地形成了真实定义与语词定义。现在我们先讲真实定义。

真实定义就是揭示事物的特有属性(**固有属性或本质属性**)**的定义**。例如：

鸟就是有羽毛的卵生的动物。

人就是能制造和使用生产工具的动物。

月食就是由于地球运行于太阳与月球之间所引起的月球失光现象。

这些都是真实定义。这里鸟是一类事物，人也是一类事物，月食也是一类事物。上面三个定义分别地揭示鸟、人与月食的特有属性(固有属性或本质属性)。

真实定义，有些逻辑学家，也叫它**事物定义**。因为，它是揭示事物的特有属性的。

就语言表达的角度说，真实定义的被定义项，是一个语词或词组，它表示了一类事物，也表达了一个相应于这类事物的概念。真实定义的定义项也是一个语词或词组，它表示了事物的特有属性，也表达了相应于事物的特有属性的概念。例如，在“鸟就是有羽毛的卵生的动物”这个真实定义中，被定义项“鸟”就是一个语词，它表示了鸟这类事物，也表达了“鸟”这个概念。定义项“有羽毛的卵生的动物”是一个词组，它表示了鸟这类事物的特有属性，也表达了相对于这些特有属性的概念。

真实定义的定义联项是一个语词，它表示了事物与它的特有属性之间的必然联系，也表达了相应于必然联系的概念。例如，在“鸟就是有羽毛的卵生动物”这个真实定义中，“就是”这个定义联项，表示了鸟与有羽毛的卵生的动物之间的必然联系，也表达了相应于必然联系的概念。

用Ds这个符号代表被定义项，用Dp这个符号代表定义项，真实定义的形式就是：

Ds就是Dp。

或者

Ds是Dp。

“Ds就是Dp”这个形式，表示了事物Ds与特有属性Dp之间有必然联系。这就是说，所有事物Ds都具有Dp这个特有属性，同时，所有具有Dp这个特有属性的事物都是事物Ds。

从亚里士多德开始，古典逻辑都提出了属加种差的定义。所谓a类是b类的属，或者b类是a类的种，就是说a类上属于b类。在一个属下，可以有几个种。b种不同于其他种的那些属性，就叫做b种的种差。属加种差的定义，就是定义项是由属与种差组成的定义。亚里士多德认为，一类事物的本质属性，就是该类事物的属加种差，而真实定义就是表示一类事物的本质属性的，所以，真实定义就是属加种差的定义。

例如,“人就是有理性的动物”,就是一个属加种差的定义,定义项“有理性的动物”是由人的属(动物)与人的种差(有理性的)组成的。

天文学就是研究天体结构和演化的科学,也是一个属加种差的定义。定义项“研究天体结构和演化的科学”是由天文学的属(科学)与天文学的种差(研究天体结构和演化的)组成的。

事物的种差,可以是一个简单的属性,也可以是由几个属性所组成的复杂属性。例如下面这个属加种差的定义:

> 民族是历史上形成的一个有共同语言、有共同地域、有共同经济文化,以及表现于共同文化上的共同心理素质的稳定的人的共同体。

这里种差就是由(1)历史上形成的、(2)有共同语言、(3)有共同地域、(4)有共同的经济生活、(5)有表现于文化上的共同心理素质与(6)稳定的这六个属性所组成的复杂属性。

一类事物的种差,可以是这类事物现有的属性,也可以是这类事物发生或形成过程中的情况。因而,我们也可用一类事物发生或形成过程中的情况作为种差,而作出一个定义。

发生定义,**就是用事物发生或形成过程中的情况作为种差的定义**。例如:

> 圆就是由一线段的一端点在平面上绕另一端不动点运动而成的一条封闭曲线。

这是一个关于圆的发生定义,它的种差是如何画出圆的情况。

发生定义在数学中有它特别的功用,它告诉人们作出一个图形或得到一个公式的方法。

还有一些发生定义,它的种差是事物发生的原因。这种定义有人叫做**因果定义**,例如:

痢疾是由于杆状菌或阿米巴菌在肠内寄生而产生的疾病。

就是一个关于痢疾的因果定义。它的种差是痢疾产生的原因。前面我们曾经举出过的月蚀定义,也是一个因果定义。

事物的种差,可以是事物的性质,也可以是事物与另外的事物的关系。因此,我们也可以用事物的关系作为种差而作出一个定义。例如:

偶数就是能被 2 整除的数。

这里种差“能被 2 除尽的”,是偶数与 2 的一种关系。

一个国家中的统治阶级就是这个国家中掌握政权的阶级。也是一个关系定义。种差“掌握政权的”就是统治阶级与政权的关系。

属加种差的定义,是有它的局限性的。客观存在的事物类有大有小。有的类既上属于一些别的类,也下属于一些别的类。但是,最大的类却不下属于任何的类。对于最大的类,就没有任何一个类是它的属,它也不是任何一个类的种,因而,一个最大的类也无所谓有或没有种差。对于最大的类既然没有一个属,也无所谓有或没有种差,那么,对于最大的类就不能有属加种差的定义。

哲学上的范畴,如:存在、物质、质、量、形式与内容等,都是最普遍的概念,都是表示最大的类,因而,都是不能通过属加种差下定义的。

对于最大的类,虽然不能有属加种差的定义,但是,它们还是可以定义的。最大的类虽然无所谓有或没有种差,但是,最大的类,却是有它的特有属性或本质属性的;更严格点说,属于最大的类的事物是有它们的共同属性的。我们可以用最大的类的共同属性作为定义项而作出一个定义。

形式逻辑要求,在一般情形下,我们做出一个真实定义时必须揭示事物的属加种差。但是,形式逻辑并不要求,我们在说话与写作时,非把属与种差都说出或写出不可。为了简便起见,我们在说话与写作时,有时把属省略了。这是完全可以的,有时甚至是必要的。例如:

哲学是关于自然科学与社会科学的总结与概括。

这是一个关于哲学的非常简明的定义。这里就没有说出哲学的属。

如果把它说成:

哲学是关于自然科学与社会科学的总结与概括的知识。

就显得累赘与拙笨了。

语词定义

语词定义就是规定或说明语词的意义的定义。例如:

犊就是小牛。

“双百方针”就是中国共产党提出的百花齐放、百家争鸣的方针。

都是语词定义。前一个定义,是说明汉语中“犊”这个词的意义;后一个定义,是规定“双百方针”这个词组的意义。

有的逻辑书也把语词定义叫做名义定义,或名词定义。

所谓一个语词的意义,就是这个语词表示具有某种特有属性的事物,表达具有某个内涵的概念。因此,规定了或说明了一个语词的意义,也就同时揭示了事物的特有属性,也就同时揭示了概念的内涵。所以,语词定义,是一种由语词意义方面来揭示概念内涵的逻辑方法,是一种特殊的定义。

从语言表达方面说,语词定义的被定义项,是这样一个词或词组,它不表示别的事物而只表示这个词或词组自身。

一个语词常常是表示别的事物,但有时也可以表示它自身,而且有时我们还需要用它来表示它自身。例如,在"人是能改造自然的"这个语句中,"人"这个词是表示活生生的人。但是,在"人是两笔"这个语句中,"人"这个词是表示"人"这个词自身。为了要明确后一个用法,我们常写成:"'人'是两笔",或者,"人这个语词是两笔",或者,"'人'这个词是两笔"。

语词定义的被定义项,应当是:"Ds",或者"Ds"这个语词。

语词定义的定义项,是一个词或词组,它表示事物的某种属性,或者表示具有某种属性的事物。例如,定义项"小牛"就表示小牛这类事物。定义项"中国共产党提出的百花齐放、百家争鸣的方针",就表示科学与文艺方面的一种政策方针。

既然语词定义的被定义项是表示一个语词的自身,而定义项是表示事物的某种属性或具有某种属性的事物,那么,定义联项就应当是语词与事物间的一种关系,具体地说,就是"表示"这种关系。

所以,上面所引的两个语词定义,严格地说,应当是:

"犊"表示小牛。

"双百方针"表示中国共产党提出的百花齐放、百家争鸣的方针。

如果我们用"Ds"与"Dp"分别代表被定义项与定义项,语词定义的严格形式应是:

"Ds"表示 Dp。

语词定义的形式,有时也可以是:

所谓"Ds"就是 Dp;

所谓"Ds"就是说 Dp;

"Ds"是 Dp 的意思。

语词定义可以分为两种,一种是**说明的语词定义**,另一种是**规定的语词定义**。

当别人不了解某一种语言中的某一个语词的意义时，我们就用一个语词定义来说明这个语词的意义。这就是说明的语词定义。例如，当别人不了解“犊”这个词的意义时，我们就说：“犊”就是小牛。当别人不了解“康拜因”的意思时，我们就说：“康拜因”就是联合收割机。当别人不了解物理学中“第一宇宙速度”这个词组的意义时，我们就说：“第一宇宙速度”就是每秒 7.9 公里的速度。这些定义分别地说明了“犊”、“康拜因”与“第一宇宙速度”这些语词的意义，它们都是说明的语词定义。

说明的语词定义，是对于某个语言中某个语词已确立的意义的说明，是一个关于已确立的语言意义的判断。因此，一个说明的语词定义，是或者真或者假的。如果一个说明的语词定义正确地反映了一个语词已确立的意义，那么，它就是真的；反之，它就是假的。“‘第一宇宙速度’就是每秒 7.9 公里的速度”这个说明的语词定义，正确反映了物理学术语已确立的意义，因而它是真的。如果我们说：“‘第一宇宙速度’就是每秒 13.8 公里的速度”，那么，这个说明的语词定义，由于没有正确反映物理学术语已确立的意义，便是假的。

在很多情形下，我们常常不是说明语词在某个语言中已确立的意义，而是给一个语词规定一个新的意义。这就是规定的语词定义。例如，关于“双百方针”那个定义，就是一个规定的语词定义。在汉语中原来没有“双百方针”这个词组，当然更不会有“双百方针”这个词组已确立的意义。我们是为了说话简便，才造出“双百方针”这个词组，并给它规定一个意义。

规定的语词定义是很有用的。

在我们日常生活或科学研究中，我们感到有些词或词组太长了，说起来或写起来很不方便。通过一个规定的语词定义，我们就可以用一个简短的词或词组去代替它。例如，“中国共产党提出的百花齐放、百家争鸣的方针”这个词组太长了，我们就给出一个规定的语词定义，根据这个语词定义，我们就可以用“双百方针”这个简短的词组去代替原来那个冗长的词组。在前面我们讲概念间关系时，“有a是b，而且有a不是b，而且有b不是a”这句话太长了，我们就给出了一个语词定义：“如果有a是b，而且有a不是b，而且有b不是a，那么，a与b就有交叉关系。”根据这个语词定义，我们就可以用“a与b有交叉关系”，去代替那句很长的话。在数学中，这种情形更多。规定的语词定义在语言方面起着一种压缩与简化的作用。假如我们不用规定的语词定义，我们的语言就会冗长累赘到一种可怕的程度。

人的思维是依附于语言进行的。语言方面的压缩与简化，就大大地加快了思维的速度，从而也加大了思维的深度。规定的语词定义，可以把一组很复杂的概念压缩为一个单一的概念，具有加速与加深思维的作用。

还有，我们有很多语词都是多义的。多义的语词虽然不是必然会引起歧义，但是，在某些语言环境中，它是可以产生歧义的。这就是说，在某些语言环境中，一个语词可以解释为好几个不同的意义。在这样的情况下，我们就必须应用一个规定的语词定义，来规定我们所用的语词的意义。例如，“逻辑”这个词就是多义的，它有时指思维的规律性，有时也指研究思维规律的科学，有时也指客观事物的规律性。在科学研究或学术讨论中，为了避免歧义，我们就应当用一个规定的语词定义，来规定我们使用“逻辑”这个词的准确意义。

也有些语词，它的意义是模糊含混的。例如，“青年人”或“成年人”这些词组究竟准确地指多大年岁的人，从来就是模糊的。在严格的法律条文中，我们可以干脆避免应用这样的词组。如果要应用它们时，我们就应当作出一个规定的语词定义，来规定它们的准确意义，例如，我们可以作出这样的定义："成年人"就是年满十八岁的人。

规定的语词定义是不同于说明的语词定义的。后者是对已确立的语词意义的说明，是一个对语言意义的判断；而前者是语词的使用者对某个语词意义所给予的规定，是语词使用者的主观决定。因此，规定的语词定义虽然有妥当不妥当的问题，可接受性大小的问题，但是却没有真假的问题。

真实定义与语词定义的关系

真实定义与语词定义的问题，在哲学史与逻辑史上是个长期争论的问题。根据我们前面的讨论，可以看出，真实定义与语词定义的区别在于：

(1)从语言表达方面说，真实定义的被定义项，是一个词或词组，它表示了一类事物，也表达了一个概念。而语词定义的被定义项，是一个词或词组，它只表示它自身而不表示别的事物，从而也不表达关于别的事物的概念。真实定义的被定义项是：Ds，而语词定义的被定义项是："Ds"。

(2)真实定义的定义联项，是表示事物与属性之间或者事物与事物之间的必然联系。而语词定义的定义联项，是表示语词与事物之间或者语词与属性之间的人为地规定的关系。真实定义的定义联项是："就是"，而语词定义的定义联项是："表示"。

由上面两点，还可以得出：

(3)真实定义的被定义项，在独立于定义项的情形下，是有意义的；而语词定义的被定义项，在独立于定义项的情形下，却是没有意义的。

(4)真实定义都是关于事物的判断，总是真的或假的。规定的语词定义，却不是一个判断，是没有真假问题的。说明的语词定义,虽然是一个真的或假的判断,但是,却是一个关于语词的判断,而不是一个关于语词所表示的事物的判断。

真实定义与语词定义虽然是有区别的,但是,又是有联系的。一个真实定义的作出,必须应用有确定意义的语词;因而一个真实定义最后必须假设或根据于一些有关的语词定义。同时,当我们得到一个真实定义后,我们又可以由此作出一个新的语词定义。例如,原来"人"这个词是表示有理性的动物,后来,通过科学研究,特别经过马克思和恩格斯的研究,我们得到一个关于人的真实定义(例如:人是能制造和利用生产工具的动物)以后,我们又可以作出一个新的语词定义,例如,"人"这个语词表示制造和利用生产工具的动物。

唯心主义者在定义这个问题上,提出了各种各样的谬论。有些唯心主义者提出:定义是随人主观意愿约定的,从而概念的内容、思维规律与逻辑规律也是随人的主观意愿约定的。这个看法显然是荒谬的。这个看法的错误在于:这些唯心主义者首先把全部的定义都曲解为语词定义,并且又把全部的语词定义都曲解为规定的语词定义。

也有不少的逻辑学家认为:真实定义是一个判断,是有真假问题的,而语词定义不是一个判断,是没有真假问题的。这个看法也是不完全正确的。这些逻辑学家的错误在于:他们没有认识到规定的语词定义与说明的语词定义的区别,他们把全部的语词定义都误认为是规定的语词定义。

定义的规则

怎样作出一个正确的定义,怎样的定义才是正确的定义,这都牵涉到我们关于定义对象的具体知识。例如,如果我们没有对于商品的具体知识,我们就不能作出一个关于商品的正确的定义,也不能知道某个关于商品的定义是正确的或不正确的。关于定义对象的具体知识,是各种具体科学所提供的,而不是形式逻辑所能和所应提供的。但是,在已有的具体知识的基础之上,我们要作出一个正确的定义,还必须遵守一些定义的规则。这些定义的规则,是形式逻辑所提供的,而不是其他具体科学所能提供的。

过去许多逻辑学家对于真实定义与语词定义的区别不是十分明确的,因而一般逻辑书中所讲的定义规则,实际上是真实定义的规则。但是,这些定义规则,对于语词定义来说,大体上也是适用的。

定义规则有下面几条:

(1)**定义项中不能直接地或间接地包括被定义项。**

在一个定义中,我们是用定义项去明确被定义项的。由于被定义项是不明确的,我们才用定义项去明确它。如果定义项中直接地或间接地包括了本来不明确的被定义项,那么,定义项就是不明确的。用一个不明确的定义项去明确被定义项,其结果还是不能达到明确被定义项的目的。

定义项直接地或间接地包括被定义项,是一种定义的错误,一般叫做**循环定义**的错误。

循环定义有两种情形:

一种情形是:定义项直接地包括了被定义项。例如:

麻醉就是麻醉剂所起的作用。

生命就是有生命的物质的生理现象。

在第一个定义的定义项(麻醉剂所引起的作用)中:直接包括了被定义项(麻醉)。在第二个定义的定义项(有生命的物质的生理现象)中,直接包括了被定义项(生命)。

另一种情形是:定义项间接地包括了被定义项,这就是说,定义项或定义项中的一部分又是应用了被定义项来定义的。例如:

太阳是白昼发光的星体。

这个定义的定义项中包括了“白昼”这个语词或概念，但是，甚么是白昼呢？所谓白昼就是太阳的光照着我们的那段时间，这里定义项中的一部分（白昼），又是应用了被定义项（太阳）来定义的。

又例如,有人给原因下了下面这个定义:

原因就是引起结果的事件。

但是,我们问他,什么是结果呢？他又说:

结果就是原因引起的事件。

原因与结果是相对的概念,先用结果去定义原因,后来又反过去用原因去定义结果,这样就循环了。

定义项直接包括被定义项的错误,是比较少见的,因为,这个错误太明显了。但是,定义项间接地包括被定义项的错误,则是人们常犯的。尤其是在循环过程比较长的情形下(例如,先用了b去定义a,又用了c去定义b,再用d去定义c,最后又用a去定义d),人们更是容易犯循环定义的错误;而且这样的循环定义,对于一个逻辑训练不强的人,也是很不容易发现的。

(2)**定义项,除非必要,不应包括负概念**。

负概念是表示事物不具有某种属性,知道了事物不具有某种属性,并不能使我们知道事物具有某种属性。因此,如果定义项中包含了负概念,那么,定义项只能表示被定义项不具有某种属性,而不能表示被定义项具有某种属性。这样,定义项就没有能尽揭示事物的特有属性与揭示概念内涵的作用。例如:

直线是不曲的线。

商品是不供生产者本人消费的产品。

第一个定义的定义项中包含了“不曲的”这个负概念,因而这个定义只表示直线不具有“曲的”这一属性,而没有表示直线具有什么特有属性。这个定义如果改成:直线是满足一次方程式的线段。这样就正确了。

第二个定义的定义项中包含了“不供生产者本人消费的”这一负概念,因而这个定义只表示了商品不具有供生产者本人消费的属性,而没有正面地表示商品具有哪些特有属性。这个定义如果改成:商品就是为了出卖而生产的产品。这样就正确了。

定义项中包含负概念,不是绝对不允许的,而且,在有些情况下还是必要的。对于某些事物说,缺乏某种属性本来就是它的特有属性。关于这种事物的定义,就必须用负概念。例如:

无机物就是不含碳的化合物。

不正确的思维就是没有如实反映客观的思维。

在“无机物”与“不正确的思维”的特有属性中,包括了某种属性的缺乏。因此,在关于这些事物的定义中,不但可以而且必须应用负概念。

(3)定义项中不能包括含混的概念或语词。

定义项中如果包括了含混的概念或语词,定义项就是不明确的了。不明确的定义项就不能尽明确被定义项的作用。因此,定义项中不能包括含混的概念或语词。

斯宾塞给生命下了下面这个定义:

生命就是内在关系对外在关系的不断适应。

这里定义项中包含了许多含混的概念或语词,使人不知所云。

托洛茨基给列宁主义下了这样的定义:

作为革命行动体系的列宁主义,就是由思维和经验养成的革命嗅觉,这种社会领域里的嗅觉,如同体力劳动中肌肉的感觉一样。

托洛茨基故意在定义项中应用了许多含混不清的概念和语词,借以达到模糊和歪曲列宁主义的目的。

定义项中也不能用比喻。因为,比喻虽然富于形象性,但是比喻还是没有直接地准确地揭示事物的特有属性,没有直接地准确地揭示概念的内涵。例如:

艺术家是灵魂的工程师。

建筑是凝固的音乐。

它们虽然是艺术家与建筑的很好的形象说明,但是,作为科学的定义,就不够严谨了。

(4)定义项的外延与被定义项的外延必须是全同的。

正确的真实定义的定义项,揭示了被定义项所表示的事物的特有属性。因此,被定义项所表示的事物都是定义项所表示的事物,而且定义项所表示的事物也都是被定义项所表示的事物。因此,在一个正确的真实定义中,定义项的外延与被定义项的外延,必须是全同的。例如:

人就是能制造和利用生产工具的动物。

这是一个正确的真实定义。"人"的外延与"能制造和利用生产工具的动物"的外延是全同的。所有的人都是能制造和利用生产工具的动物,而且所有能制造和利用生产工具的动物也都是人。

违反这条规则的真实定义有下面几种情况:

一种情况是:定义项的外延多于被定义项的外延。例如:

思想就是人脑对于客观世界的主观反映。

这个定义的定义项的外延,多于被定义项的外延。因为,所有的思想虽然都是人脑对客观世界的主观反映,但是,人脑对客观世界的某些主观反映(如感觉与知感),却不是思想。

政治经济学就是研究生产的科学。

这个定义的定义项的外延,也多于被定义项的外延。生产有两个方面,一个是生产的技术方面,这是自然科学研究的对象;另一个是生产的社会方面或生产关系方面,这才是政治经济学研究的对象。在这个定义的定义项的外延中,不仅包含了政治经济学,而且也包含了各种自然科学。

定义项的外延多于被定义项,叫做定义太宽的错误。

另一种情况是,定义项的外延少于被定义项的外延。例如:

形式逻辑就是研究推理与论证的科学。

这个定义的定义项的外延,就少于被定义项的外延。因为虽然研究推理与论证是形式逻辑的任务,但是形式逻辑却不只是研究推理与论证,而且还研究概念、判断……等。

又例如:政治经济学就是研究生产中的分配关系的科学。这个定义的定义项的外延,也是少于被定义项的外延。因为,政治经济学除了研究生产中的分配关系以外,还要研究人们对生产资料的占有关系以及人在生产中的社会地位。

定义项的外延少于被定义项的外延,叫做定义太狭的错误。

违反这一条定义规则的错误,还可以有其他的两种情形。这就是:定义项的外延与被定义项的外延交叉,或者定义项的外延与被定义项的外延全异。但是,这两种错误比较少见,我们就略而不谈了。

这一条定义规则是不适用于规定的语词定义的。因为,一个规定的语词定义的被定义项,是靠定义项来确立它的意义的。一个规定语词定义的被定义项,如果独立于定义项,是没有意义的;它是既不表示任何事物,也不表达任何概念的。因而独立于定义项,规定的语词的被定义项是没有外延的。既然如此,那么,对于一个规定的语词定义来说,就不存在被定义项的外延与定义项的外延全同与否的问题。

对于一个说明的语词定义来说,虽然没有被定义项的外延与定义项的外延全同的问题,但是,却有是否正确反映了某个语词已确立的意义的问题。

第七节 划 分

什么是划分

概念有内涵与外延两个方面。要使一个概念明确，就必须使概念的内涵明确，同时也必须使概念的外延明确。前一节所讲的定义，是明确概念的内涵的逻辑方法。本节我们要讲的划分，是明确概念的外延的逻辑方法。

在一个概念的外延中，可以只有一个单独的事物，但是也可以有许多事物，有时可以有无穷多的事物。当一个概念的外延中，有很多的甚至无穷的事物的时候，要明确这样的概念的外延，我们就不能用一一列举这个概念所表示的事物的办法。但是我们可以用另一个办法，这就是，我们把这个概念的外延，根据属性的不同，分成许多小类。例如，“脊椎动物”这个概念的外延，就包含了无穷多的事物。我们不能把它们一一列举出来，我们就把“脊椎动物”的外延，分成哺乳、鱼、鸟、爬行与两栖五个小类。当我们把一个概念的外延分成几个小类时，这个概念的外延，就比以前明确多了。

划分就是把一个概念的外延分为几个小类的逻辑方法。

小类是大类的种，大类是小类的属，所以，**划分也就是把一个属分为几个种的逻辑方法。**

例如，把社会分为原始公社、奴隶社会、封建社会、资本主义社会与社会主义社会和共产主义社会；把树木分为针叶树与阔叶树两个小类；把星分为恒星、行星、彗星与卫星四个小类；这些都是划分。

划分是明确概念的外延的逻辑方法。概念的外延明确了，就有助于概念的明确。例如，我们把中农这个概念的外延划分为上中农、普通中农、下中农；中农这个概念就比较明确了。我们把三角形按角的大小划分为直角三角形、钝角三角形与锐角三角形。这样,三角形这个概念就比较明确了。

化学家把一种化合物,分解为许多组成元素,解剖学家把人体解剖为许多不同的组织,这种手术上的操作,我们叫做分解。

划分是与分解不同的。分解是把一个具体事物分成许多部分,而划分则是把一类事物分成许多小类,或把一个属分成几个种。一个具体事物和它的部分之间的关系,是不同于一个属和它的种之间的关系的。任何一个种必须具有属的特有属性,但是,一个部分却不必具有由它组成的那个具体事物的特有属性。

把一个大类(或属)分成几个小类(或种),前者叫做划分的母项,后者叫做划分的子项。例如,把脊椎动物划分为:哺乳动物、鱼类、鸟类、爬行动物与两栖动物,脊椎动物就是划分的母项,哺乳动物、鱼类、鸟类、爬行动物与两栖动物就是划分的子项。

把一个母项划分为几个子项,必须根据一个标准来进行。例如,把三角形划分为:直角三角形、钝角三角形与锐角三角形。这里所根据的标准,就是角的大小。把社会划分为原始公社、奴隶社会、封建社会、资本主义社会与社会主义社会和共产主义社会。这里所根据的标准,就是社会的经济结构。划分时所根据的标准,叫做划分标准或划分根据。

划分的标准,可以是一个属性,也可以是几个属性。例如,把树木划分为针叶树与阔叶树。这里划分的标准是一个属性,即树叶的情况。但是,把脊椎动物划分为哺乳、鱼、鸟、爬行与两栖。这里划分的标准是几个属性,即生殖方式、体温、心脏结构、身体表面情况……等。在过去土改时,划分农村阶级成分所根据的划分标准,也是几个属性。

划分的标准究竟采取哪些属性,是根据实践的要求来决定的。对于植物的划分,植物学家和农业与药物学家就由于实践要求不同与研究方面不同,采取了不同的属性作为划分的标准。

划分的规则

划分的规则是进行划分时必须遵守的规则,也是检查一个划分是否正确的规则。划分的规则有三条:

(1)划分的各个子项应当互不相容。

所谓各个子项互不相容,就是说,各个子项之间都有全异关系。如果有两个子项之间不是全异关系,那么,就会有一些事物,既属于这个子项又属于另一个子项。这就会引起混乱。违反了这条划分规则的错误,叫做子项相容的错误。

例如,把阶级划分为:工人、农民、剥削阶级与地主;这个划分,就犯了子项相容的错误。因为,地主就是一个剥削阶级。把城市居民划分为:汉族、少数民族、工人与干部这四个子项;这个划分也是犯了子项相容的错误。因为,有些居民既是工人又属于汉族,也有些居民既是干部又属于少数民族。

(2)各子项之和必须穷尽母项。

所谓各子项之和穷尽母项,就是各子项之和等于母项,这也就是说,任何一个属于母项的事物都属于一个子项。如果子项之和不穷尽母项,那么,必有一些属于母项的事物被遗漏了。违反这条规则的错误,叫做子项不穷尽的错误。

例如,就生产力与生产关系的不同,把人类的社会形态分为奴隶社会、封建社会与资本主义社会。这个分类的子项之和就没有穷尽母项。因为在上面三种社会以外,还有原始社会与社会主义社会和共产主义社会。把某时期报纸、杂志的文章,分为完全正确的与完全错误的这两个子项,这个划分的子项,也是不穷尽的。因为在完全正确的文章与完全错误的文章之外,还有部分正确而又部分错误的文章,还有基本上正确的文章,基本上错误的文章等等。

(3)每次划分必须按同一划分标准进行。

划分的标准是一个属性或一些属性。我们是根据事物具有或不具有这一或这些属性,把事物划分成几个子项的。例如,我们用边与边之间的关系作为划分标准,就可把三角形划分为:等边三角形、二等边三角形与不等边三角形。根据同一标准来进行划分,第一个好处是使各个子项不会相容;还有一个好处,就是可以明确各个子项之间的关系,可以明确各个子项之间的异同。例如,按同一标准(边与边之间的关系)把三角形划分为三个子项:一个子项是三边都相等,另一个子项是只有两边相等,还有一个子项是三边都不相等。这样,各个子项之间的关系,是非常明确的。相反地,如果我们把三角形划分为:不等边三角形、二等边三角形与内角都为60°的三角形,这就不是按同一标准划分了。虽然各个子项是不相容的与穷尽的,但是,各个子项之间的关系却不明确了。

前面所举的那个关于城市居民的划分,也不是按同一标准进行的。汉族与少数民族这两个子项是按民族这个标准划分的,而工人这个子项却是按劳动性质这个标准划分的,干部这个子项却是按职务这个标准划分的。

我们有时把一个母项划分为几个子项,而又把各个子项划分为更小的子项,这就是连续划分。在连续划分中,每一次划分都必须按同一标准。但是,各次划分所用的标准却可以是不同一的。例如,我们把直线图形划分为:三角形、四角形与多角形三个子项,这是第一次划分。这里的划分标准是角的数目。然后我们又把三角形划分为:等边三角形、二等边三角形与不等边三角形。这是第二次划分。这里划分的标准是边与边之间的关系。在这个连续划分中,第一次划分所用的标准与第二次划分所用的标准不是同一的。但这是许可的。

遵守了以上三条规则的划分,就能够把属于母项的任何一个事物划分到而且也只划分到一个子项中，并且各个子项之间的关系是明确的。这样，对于我们明确那个表示母项的概念是有帮助的。

二分法

二分法是一种特别的划分。

如果我们把一个母项划分为这样两个子项，一个子项具有某种属性，而另一个子项恰好缺乏这个属性，这样的划分就是二分法。

例如，把国家这个母项划分为：社会主义国家与非社会主义国家两个子项，社会主义国家这个子项具有社会主义这一属性，而非社会主义国家却缺乏这个属性。这就是二分法。把干部划分为党员干部与非党员干部，把建筑物划分为生产性建筑与非生产性建筑，也都是二分法。

由于二分法的一个子项具有某属性而另一个子项缺乏某属性，二分法的两个子项是有矛盾关系的。因此，二分法总是遵守划分的规则的，它们既合乎子项不相容这条规则，也合乎穷尽母项这条规则，而且也是根据同一划分标准的。这是二分法的优点。

但是，二分法的一个子项是缺乏某属性。知道了一个子项缺乏某属性，并不能由此知道这个子项具有什么属性。例如，用二分法把国家划分为社会主义国家与非社会主义国家。由二分法我们只知道非社会主义国家这个子项不具有社会主义这个属性。但是，这个子项究竟具有哪些属性，我们是不明确的。这是二分法的缺点。

在某些情形下，当我们的研究任务只集中在一个类中的某些事物时，我们可以用二分法把这些事物作为一个子项，而把这类中的所有其他事物作为另一个子项。

划分与定义的关系

划分与定义是从不同方面来明确概念的，划分是明确概念的外延，而定义是明确概念的内涵。但是，划分与定义又是有密切联系的，真实定义的定义项在一般情形下是属加种差，而划分就是把一个属分为几个种。因而划分给定义提供了一定的条件。这是一方面。另一方面，我们要把某类加以划分，我们就必须知道这类是具有哪些特有属性的事物，也就是说，我们必须知道这类事物的定义。因此，定义又给划分提供了一定的条件。

通过揭示概念的外延来说明一个概念，有些逻辑学家把它叫做外延定义，而把我们上面所讲的定义，叫做内涵定义。例如，我们说："文学就是诗歌、小说、戏剧与散文"，这就是一个外延定义，它揭示了"文学"的外延。划分可以直接提供一个外延定义。

定义与划分分别地揭示了概念的两个方面。最好的明确概念的方法，是以内涵定义为主，以外延定义为辅。例如，我们说："文学就是应用语言作为表现工具的艺术，如，诗歌、小说、戏剧与散文等。"这是明确"文学"这个概念的最有效的方法。

【习　题】

1.01　说明概念的特征和作用。

1.02　形式逻辑为明确概念和准确地使用概念提出了哪些方法？明确概念和准确地使用概念要注意哪些问题？

1.03　说明概念与语词的关系。

1.04　为什么说概念的内涵是对事物特有属性的反映，而不是事物特有属性本身？

1.05　指出下列各概念的内涵和某些外延：

(1)鸟。

(2)中国文学家。

1.06 指出下列各句中,括号里的话是由内涵方面或外延方面,来说明标有横线的概念的:

(1)军队、警察、法庭等项国家机器是(阶级压迫阶级的工具)。

(2)战争是(暴力所表现的最尖锐的形式。一种是国内战争,一种是国外战争)。

1.07 对下列各概念进行一次限制和一次扩大:

(1)学校。

(2)剧本。

1.08 下列各组概念从前到后,作为连续的限制或扩大,是否正确,为什么?

(1)亚洲—中国—河北省—石家庄。

(2)镇人民代表大会—县人民代表大会—省人民代表大会—全国人民代表大会。

1.09 说明下列各句中带括号的概念是哪一种概念:

(1)(我国最大的城市)位于长江口。

(2)国际劳动节是(五月的第一天)。

(3)(月球)是(地球的卫星)。

(4)(地球的那个卫星)就是(月球)。

(5)(中国人民解放军战士)都是具有高度政治觉悟的。

(6)(中国人民解放军)是具有高度政治觉悟的军队。

(7)(《红旗》)是中国共产党中央委员会主办的刊物。

(8)我们每人都拿着几本(《红旗》)。

(9)有的类的分子是(有穷的),有的类的分子是(无穷的)。

(10)某学生是(全班成绩最好的)学生,但不一定是(全校成绩最好的)学生。

1.10 什么是形式逻辑所研究的概念之间的关系?说明下列各句子中带括号的概念之间有什么关系,为什么?

(1)(帝国主义)和一切(反动派)都是纸老虎。

(2)有些(社会主义国家)在(亚洲)。

(3)(昆虫)和(鱼)都是(动物)。

(4)在社会主义国家里,(马克思主义)的地位不同了。但是就是在社会主义国家,还是有(非马克思主义)的思想存在,也有(反马克思主义)的思想存在。

1.11 指出下列各概念的矛盾概念和反对概念：

(1)中国人；

(2)非资产阶级。

1.12 什么是论域？下列各句中带括号的概念的论域是什么？

(1)(对抗性矛盾)和(非对抗性矛盾)都是矛盾。

(2)(“气体”)和(“液体”)都是物理学名词。

1.13 说明真实定义和语词定义的区别和作用。

1.14 下列各句话表达了真实定义,还是语词定义？

(1)“五多”就是任务多,会议集训多,公文报告表册多,组织多,积极分子兼职多。

(2)所谓主观性,就是不知道客观地看问题,也就是不知道用唯物主义的观点去看问题。

1.15 设下列各句话都表达真实定义,是否正确？为什么？

(1)民主主义者就是信仰民主主义的人。

(2)偶数是由奇数加 1 而成的数;奇数是由偶数加 1 而成的数。

(3)数 n 的平方根就是自乘得出 n 的数。

(4)集体主义者就是没有自由散漫作风的人。

(5)植物就是不能独立移动的生物。

(6)革命就是历史的火车头。

(7)宪法就是国家的法律。

1.16 根据下列各段文章的内容分别找出“片面性”和“革命”的定义,并说明这个定义是合乎定义规则的：

(1)所谓片面性,就是不知道全面地看问题。例如:只了解中国一方,不了解日本一方,……如此等等。一句话,不了解矛盾各方的特点,这就叫做片面地看问题。或者叫做只看见局部,不看见全体,只看见树木,不看见森林。

(2)革命是本国被压迫人民推翻压迫阶级的问题,而对殖民地半殖民地国家说来,首先是推翻外国压迫者即帝国主义者的问题。意味着被压迫阶级使用革命的暴力,意味着革命战争。

1.17 设下列各句话都各表示一个划分。作为划分,它们是否正确？为什么？

(1)语句基本上分为主语和谓语。

(2)邮件有航空的、平寄的、国内的、国际的几类。

(3)现在世界上的国家分为社会主义国家和帝国主义国家。

(4)生物分为:植物、脊椎动物、节肢动物、软体动物、环节动物、线形动物、扁形动物、腔肠动物和原生动物。(提示:动物分为脊椎动物等八类,并无遗漏。)

1.18 生物分为动物和植物,这是不是二分法?如果不是二分法,则把它改为二分法。

1.19 指出下列各段话明确了哪些概念,主要是用哪些方法明确的?

(1)战争是从有私有财产和阶级以来就开始了的,用以解决阶级和阶级、民族和民族、国家和国家、政治集团和政治集团之间,在一定发展阶段上的矛盾的一种最高的斗争形式。历史上的战争分为两类,一类是正义的,一类是非正义的。后一类战争,例如第一次世界大战,双方都是为帝国主义利益而战。日本侵略中国的战争是非正义的,而我们的抗战是神圣的、正义的,是进步的、求和平的。

(2)什么叫集中?首先是要集中正确的意见。在集中正确意见的基础上,做到统一认识,统一政策,统一计划,统一指挥,统一行动,叫做集中统一。

第三章　判　　断

第一节　判断的特征

人们在实践基础上形成了许多概念以后，又要应用已形成的概念，去断定客观的事物情况。例如，人们要应用“中国人民”、“是”和“伟大的”这些概念，去断定中国人民是伟大的这一事物情况。人们要应用“无产阶级革命”、“必然”与“胜利”这些概念，去断定无产阶级革命必然胜利这一客观事物情况。

判断就是断定事物情况的思维形态。例如：

中国人民是伟大的。

无产阶级革命必然胜利。

都是判断。前者是关于中国人民的判断，后者是关于无产阶级革命的判断。

对某个事物情况的断定，总是或者对这个事物情况的肯定，或者对这个事物情况的否定；因此，我们也可以说：

判断就是对事物情况有所肯定或否定的思维形态。

有些判断，是直接根据于我们的感觉知觉得到的；但是，有些判断，又不是直接根据于我们的感觉知觉得到的。例如，我们看见一张石蕊纸在某种化学溶液中变蓝了，我们就得出一个判断：“这张石蕊纸变蓝了。”但是，我们也可以得出这样一个判断：“这种化学溶液是碱性的。”前一个判断是直接根据我们的视觉得到的，后一个判断却不是直接根据视觉得到的。后一个判断，除了根据视

觉以外,还根据了我们已有的其他判断,还根据应用这些判断作为前提的推理。即是说,根据了下面这个推理:

所有使石蕊纸变蓝的化学溶液都是碱性的,

这种化学溶液是使石蕊纸变蓝的化学溶液,

所以,这种化学溶液是碱性的。

"这种化学溶液是碱性的"这个判断,虽然不是直接地来源于感觉知觉,但是,间接地它仍然是来源于感觉知觉的。因为,它所根据的判断"所有使石蕊纸变蓝的化学溶液都是碱性的",仍然是根据于感觉知觉与归纳方法得到的。

所以,感觉知觉是人们知识的泉源。

感觉知觉,是人们在改变客观世界的实践过程中产生的;一切判断也都是人们在实践过程中产生的。

人们形成一个判断,不仅是消极地反映客观世界的事物情况,而且还要根据这个判断,积极地去改变客观世界的事物情况。我们根据大量材料,得到"有些疾病是由环境污染引起的"这个判断以后,我们就知道:要保护人民的健康,就必须消灭环境污染;从而,我们就采取了各种改善环境的积极措施。

毛泽东同志说:"指挥员的正确的部署来源于正确的决心,正确的决心来源于正确的判断,正确的判断来源于周到的和必要的侦察,和对于各种侦察材料的联贯起来的思索。"(《毛泽东选集》第163页。)毛泽东同志这段话,原来是就革命战争的指挥问题说的。但是,这段话却指出了认识论上的普遍规律:对客观事物情况的判断,是来源于实践,又返回去为实践服务,指导实践。

判断是对事物情况的断定。判断是属于思想方面的认识内容,事物情况是属于事物方面的认识对象。思想方面的认识内容与事物方面的认识对象有符合或不符合的问题,因而,判断也有与客观事物情况符合或不符合的问题。如果一个判断符合于客观世界的事物情况,那么,这个判断就是真的;否则是假的。我们说:"共产主义制度是最好的制度",这个判断是符合于客观事物情况的,因而它是真的。帝国主义分子说:"资本主义制度是最好的制度。"这个判断是不符合客观事物情况的,因而它是假的。同理,"2是偶数",由于符合于客观事物的情况,是一个真的判断;"2 是奇数",由于不符合于客观事物的情况,是一个假的判断。

客观事物的情况,是独立于人们意识而存在,不以人们意志为转移的。判断是否符合客观事物情况,也是不以人们意志为转移的。因而判断的真假,也是不以人们的意志为转移的。判断的真假是有客观标准的。

人们的社会实践,是验证一个判断是否符合客观事物情况的最后标准,是验证一个判断真假的最后标准。在社会实践过程中,人们达到了判断所预期的结果时,就证实了这个判断与客观事物情况是符合的,因而也就证实了这个判断是真的;否则就证实它是假的。

毛泽东同志说:"马克思主义者认为,只有人们的社会实践,才是人们对于外界认识的真理性的标准。实际情形是这样的,只有在社会实践过程中(物质生产过程中,阶级斗争过程中,科学实验过程中),人们达到了思想中预想的结果时,人们的认识才被证实了。"(《毛泽东选集》第 261 页。)

唯心主义者认为,判断的真假问题,就是判断与判断之间的融洽或一致问题。他们认为,如果一个判断与别的判断相融洽或一致,那么,它就是真的,否则是假的。融洽说与一致说是错误的。这是唯心主义者否认客观存在的必然结果。一个判断与其他判断相融洽或一致,这个判断不必因此就是真的。一个人扯了一个弥天大谎,他所说的话都是融洽的或一致的,但是,他所说的每一句话却都是假的。相反的,一个判断与其他判断不融洽或不一致,这个判断不必因此就是假的。当一个新的科学判断出现时，它常常是和那些陈旧的判断不融洽的或不一致的，但是，它却是真理。

实用主义者认为，判断真假的问题，就是这个判断是否有用或有利的问题。如果一个判断对我们有用或有利，它就是真的，否则是假的。这是一种惟利是图的真理观。辩证唯物主义的真理观与实用主义的真理观是根本对立的。辩证唯物主义肯定有独立存在的外界事物，肯定有客观真理，而实用主义则否认有客观真理；辩证唯物主义认为，客观的社会实践是检验判断真假的标准。而实用主义则认为，主观的个人或集团的利害是决定判断真假的标准。实用主义的真理观是彻头彻尾唯心主义的。

概念与判断是有密切联系的，概念是判断的因素，而判断是概念的发展。

但是，概念与判断又是有分别的。概念不包含断定这一因素，而判断却包含了断定这一因素，因而概念的实虚与判断的真假不是同等的。由真实概念构成的判断，不必都是真的，有时可以是假的。例如："鲸鱼"这个概念与"鱼"这个概念，都是真实概念。但是，由它们构成的判断"鲸鱼是鱼"，却是一个假判断。同时，由虚假概念构成的判断，不必都是假的，有时可以是真的。又例如，"人民资本主义"是一个虚假概念，但是，由它构成的判断"人民资本主义是在任何国家中都找不到的"，却是一个真判断。

还有，就语言方面说，表达概念的语言形式是语词或词组，而表达判断的语言形式，却是语句或一组语句。例如，表达"鲸鱼"这个概念的语言形式，是"鲸鱼"这个语词，表达"鱼"这个概念的语言形式是"鱼"这个语词；表达"鲸鱼是鱼"这个判断的语言形式，却是"鲸鱼是鱼"这个语句。

任何一个判断，都有它的内容一面，也有它的形式一面。判断的内容和形式，既是密切联系的，又是有区别的。我们可以通过几个例子来说明。

(1)所有人都是能思维的。

(2)所有金属都是有光泽的。

(3)有的国家是资本主义国家。

(4)有的哲学是唯心主义的。

这是四个不同的判断,它们的内容是不同的。(1)这个判断的内容是关于人的,(2)这个判断的内容是关于金属的,(3)这个判断的内容是关于国家的,(4)这个判断的内容是关于哲学的。

但是,(1)与(2)这两个判断,却有相同的形式,这就是:

所有S都是P。(“S”代表主项,“P”代表谓项。)

(3)与(4)这两个判断,也有相同的形式,这就是:

有的S是P。

两个判断可以内容不同而形式相同,这一事实说明了判断的内容与判断的形式是有区别的。

判断的形式,如同判断的内容一样,也是客观事物的某些方面在思想上的反映。例如:“所有S都是P”这个判断形式,就反映了S类的全部分子都具有P属性,或者,S类包含于P类。“有的S是P”这个判断形式,就反映了S类的部分分子具有P属性,或者,S类一部分分子在P类中。先验论者康德认为,判断形式是理性自身先天地具有的形式,而不是理性对客观事物的认识的结果。这是一种反科学的唯心主义。

前面我们谈到判断的真假问题,现在我们要谈一谈判断的恰当与否的问题。

判断的恰当性是一个相当丰富的概念。恰当的判断一定是真的判断,但是,真的判断却不一定是恰当的判断。一个判断是真的,这只要求这个判断符合客观事物的情况。但是,一个判断是恰当的,这就不只要求这个判断符合客观事物的情况,而且还要求这个判断恰如其分地符合客观事物的情况。

假如我们对某同志作一个鉴定，我们说："某同志有不少缺点"。事实上某同志确实有不少缺点，因而这个判断的内容是符合于客观事物的情况的，因而这个判断是真的。但是，这个判断却不是恰当的。因为，某个同志除了有不少缺点外，他还有许多优点，而且在优点与缺点的比重中，优点还是主要的。对于某同志的恰当的判断，应当既反映某同志的优点，也反映某同志的缺点，而且还反映了他的优点与缺点之间的主次关系；这就是说，应当恰如其分地符合于某同志的情况。

要对某事物作出恰当的判断，就应当全面地研究事物的情况。不应当只看到事物的这一方面情况，也应当看到事物其他方面的情况；不应当只看到事物的目前的情况，也应当看到事物的过去的历史情况与将来的发展情况；而且还要在事物的各个方面与各个因素中，看出哪些方面或因素是主要的、本质的，哪些方面或因素是次要的、非本质的。不能将主要的、本质的同次要的、非本质的等量齐观。

例如，我们对反动派力量作出判断时，不应当只看到反动派的武器、军事技术与军事工业这些方面，还应当看到反动派的腐朽性与反人民性这些方面，而且还应看到后者是主要的本质的方面。因此，我们对反动派的力量的恰当的判断，应当是：

一切反动派都是纸老虎。

要对事物作出恰当的判断，就要求我们有正确的立场、观点和方法，就要求我们有关于事物的丰富实践与深刻认识。这是主要的一面。但是，另一方面，也要求我们对判断形式本身有充分的认识。如同生产者要生产出优质的产品，就要求他对生产工具有充分的认识一样，我们要对事物作出恰当的判断，就要求我们对判断形式本身有充分的知识。

正确的立场、观点和方法，是辩证唯物主义哲学所研究的对象，而不是形式逻辑研究的对象。判断的形式方面的特性，是形式逻辑所研究的对象，而不是辩证唯物主义哲学所研究的对象。

形式逻辑研究判断形式的性质，也就是研究：具有哪种形式的判断反映哪种类型的事物情况；在什么样的事物情况下，这种判断是真的；在什么样的事物情况下，这种判断又是假的。形式逻辑还要研究各种判断形式之间的真假关系。很显然，掌握了各种判断形式的充分知识，就有助于我们正确地应用各种判断形式，就有助于我们作出正确的与恰当的判断。

第二节　判断与语句

如同概念与语词有密切联系一样，判断与语句也是有密切联系的。判断的形成与存在，要依附于语句；判断的表达，也要借助于语句。

如同概念与语词是有区别的一样，判断与语句也是有区别的。

判断是断定客观事物情况的思想。两个判断的相同或不同，决定于这两个判断所断定的事物情况的相同或不同。如果两个判断所断定的客观事物与事物情况是相同的，那么，这两个判断就是相同的；否则这两个判断是不同的。

语句是一组表示事物情况的声音或笔画。两个语句的相同或不同，决定于这两组声音或笔画的相同或不同。如果构成两个语句的声音或笔画是相同的，那么，这两个语句就是相同的，否则这两个语句就是不同的。

判断是对事物情况认识的结果。对于任何民族的任何人，只要他们对于同一事物情况的认识是相同的，他们的判断就是相同的。语句是社会习惯的产物。各个不同的民族，就有不同的社会习惯，因而各个民族所用的语句，就是不同的。

由于判断与语句这个根本区别，就产生了下面的情形：

(1)同一的判断，可以用不同的语句来表达。例如，同一个判断，汉语表达为：

人是能思维的。

俄语则这样表达：

Человек обладает способностью мыслить.

而英语却这样表达：

Man is capable of thinking.

上面这三个语句是不同的，但是，它们所表达的判断却是相同的。不但同一个判断，在不同的民族语言中，可以用不同的语句来表达；而且，同一个判断，在同一个民族语言中，也可以用不同的语句来表达。在任何一个民族语言中，都具有不少的同义词与多样化的语句结构；这就使得在同一个民族语言中，可以用不同的语句来表达相同的判断。例如：

土豆是有营养的。

洋山芋是有营养的。

它们是汉语中两个不同的语句，但是，它们所表达的判断却是相同的。

(2)同一个语句也可以表达不同的判断。在任何一个民族语言中，都有不少的多义词。由多义词构成的语句，在不同的情况之下，就表达了不同的判断。例如，由于"白头翁"是一个多义词，"我们看见了一个白头翁"这个语句，在某种情况下，表示我们看见了一个白发老人；在另一些情况下，又表示我们看见了一只鸟，或者，表示我们看见了一种植物。这就是说，这个语句，在不同的情况下，表达了不同的判断。

还有，在民族语言中，一个语句的结构不是完全确定的与十分严格的。这也使得同一个语句，在不同的情况下，表达了不同的判断。例如：

一个农民画家的画展已经开幕了。

根据这个语句的结构，这个语句可以有下面两个可能的解释：

由一个农民画家创作的画的展览已经开幕了。

农民画家创作的画的一个展览已经开幕了。

在不同的情况下，这个语句有不同的解释。因而，在不同的情况下，这个语句就表达了不同的判断。

不但同一个判断，可以用不同的语句来表达，而且同一个语句也可以表达不同的判断。这个事实就表明了判断与语句是有区别的。

判断是要用语句来表达的；在各种语句中，就判断的表达说，直陈语句有特别重要的作用。

我们先看下面四个语句：

(1)珠穆朗玛峰是世界最高峰。

(2)珠穆朗玛峰是世界最高峰吗？

(3)明天我们应当攀登珠穆朗玛峰。

(4)珠穆朗玛峰多美丽啊！

(1)是一个直陈语句，一个人说这个语句时，他直接地断定了珠穆朗玛峰是世界最高峰这个客观事物情况。(2)是一个疑问语句，一个人说这个语句时，他不是断定珠穆朗玛峰是世界最高峰这个客观事物情况，而是对这个事物情况表示了疑问。(3)是一个命令语句，一个人说这个语句时，他不是断定了明天我们攀登珠穆朗玛峰是一个客观事物情况，也没有对这个客观事物情况表示疑惑，他只是表示了一种希望与要求。(4)是一个惊叹语句，一个人说这个语句时，主要的是表示他对珠穆朗玛峰的美丽的赞赏。

在上面所举的这四种语句中，直陈语句直接地表达了说话者对客观事物情况的断定；而判断就是对客观事物情况的断定。因此，显然的，直陈语句直接地表达了一个判断。

其他的语句，虽然没有直接地表达对事物情况的断定，虽然没有直接地表达一个判断，但是，在某种具体情况下，它们可以间接地表达一个判断。

例如，我们说“北京多么美丽啊”这个惊叹语句时，我们总是间接地断定了“北京是美丽的”。因为，如果我们不认为北京是美丽的，我们就不会说“北京多么美丽啊”这个惊叹句了。又例如，当我们说“社会帝国主义会真心帮助第三世界国家吗”这个反诘语句时，显然我们是断定了“社会帝国主义是不会真心帮助第三世界国家的”，因而，显然我们是间接地作出了一个判断。

在任何民族语言中，总有一些语词具有几个不同的意义，也总有一些语句结构容许几个不同的解释。因此，我们要决定一个语句表达什么判断，就必须根据这个语句出现的具体环境。例如，“我看见一个白头翁”与“一个农民画家的画展已经开幕了”这两个语句，前者包含了一个多义词“白头翁”，而后者的结构容许两种不同的解释。我们只有根据它们出现的具体环境，才能决定它们究竟表达什么判断。

第三节　判断的种类

判断是断定事物情况的，而事物情况又是多种多样的；因此，判断也是多种多样的。例如：“所有金属都是有光泽的”，“所有帝国主义国家都是具有侵略性的”，“如果树叶中含有叶绿素，那么，树叶就是绿的”，“如果修正主义者的阴谋得逞，那么，社会主义国家就要改变颜色，而国际共产主义运动就会遭到严重的危害”。这些都是不同的判断，它们断定不同的事物情况。

形式逻辑不研究一个一个的具体判断，形式逻辑不研究“金属是(或不是)有光泽的”这样的具体判断。形式逻辑只是从判断形式这个角度,把判断分成许多种类,并对各种判断形式进行研究。例如,“所有金属都是有光泽的”这个具体判断与“所有帝国主义国家都是具有侵略性的”这个具体判断,就有共同的形式。用 S 代表判断的主项,用 P 代表判断的谓项,它们的共同形式就是:

所有 S 是 P。

“如果树叶中含有叶绿素,那么,树叶就是绿的”这个具体判断与“如果修正主义者的阴谋得逞,那么,社会主义国家就要改变颜色,而国际共产主义运动就会遭到严重的危害”这个具体判断,就有共同的形式。用 p 代表“如果”后面那个判断,用 q 代表“那么”后面那个判断,它们的共同形式就是:

如果 p,那么,q。

在“所有 S 是 P”这个判断形式中,“S”与“P”可以代表任何概念,“S”可以代表“金属”,也可以代表“帝国主义”,也可以代表其他的概念。“P”可以代表“有光泽的”,也可以代表“具有侵略性的”,也可以代表其他的概念。

“S”与“P”,由于它们可以代表任何的概念,叫做**概念变项**[*]。

在“如果 p,那么 q”这个判断形式中,“p”与“q”可以代表任何判断。“p”可以代表“树叶中含有叶绿素”,也可以代表“修正主义者的阴谋得逞”,也可以代表其他的判断。“q”可以代表“树叶是绿的”,也可以代表“社会主义国家就要改变颜色,而国际共产主义运动就会遭到严重的危害”,也可以代表其他的判断。

“p”,与“q”,“r”,“s”,……,由于它们可以代表任何的判断,叫做**判断变项**。

---

* 在本书中,我们一般地用“a”,“b”,“c”……作为概念变项。但在讲到性质判断时,我们仍按照古典逻辑的习惯,用“S”与“P”作为概念变项。

一个包含了概念变项或判断变项的判断形式，就是一类判断的共同特性。因而形式逻辑研究判断形式，也就是研究各种类型的判断的共同特性。

关于判断的分类，逻辑学家提出了许多不同的看法。我们考虑到本书所能包括的内容，对判断作如下的分类。

我们首先把判断分为非模态判断与模态判断两大类。

非模态判断又可分为简单判断与复合判断。

简单判断又可再分为性质判断与关系判断。性质判断又可再分为：单称肯定判断，单称否定判断，特称肯定判断，特称否定判断，全称肯定判断与全称否定判断六种。关系判断也可以再分为好几种。

复合判断可以再分为：假言判断、选言判断、联言判断与负判断（或判断的否定）四种。

模态判断又可以分为必然判断与可能判断。模态判断也可以有许多复杂的形式。

本书的判断分类，可以列为下表：

- 判断
  - 非模态判断
    - 简单判断
      - 性质判断
        - 单称肯定判断
        - 单称否定判断
        - 特称肯定判断
        - 特称否定判断
        - 全称肯定判断
        - 全称否定判断
      - 关系判断
    - 复合判断
      - 假言判断
      - 选言判断
      - 联言判断
      - 负判断
  - 模态判断
    - 必然判断
    - 可能判断

第四节　性质判断及其相互关系

性质判断的形式

简单判断，就是不包含其他判断的判断。简单判断有两种，一种是性质判断，另一种是关系判断。

性质判断，就是断定某事物具有（或不具有）某性质的判断。

在性质判断中，表示某事物的那个概念，叫做主项。表示某性质的那个概念，叫做谓项。例如：

黄继光是勇敢的。

就是一个性质判断，它断定了黄继光具有勇敢的性质。在这个性质判断中，“黄继光”是主项，“勇敢的”是谓项。

在性质判断中，除了有主项与谓项外，还有联项。联项是表示事物与性质之间的联系的那个概念。联项有两种：一种是肯定的联项，另一种是否定的联项。肯定的联项，就是“是”，否定的联项，就是“不是”。

性质判断的主项，可以表示一个个别事物，也可以表示一类事物。当主项是表示一类事物时，又产生了两种情形，一种是我们断定了一类事物的全部，另一种是我们没有断定一类事物的全部。表示所断定的那一类事物的数量的那个概念，叫做量项。例如：在下面这两个性质判断中：

所有金属都是有光泽的。

有的金属是液体。

“所有”与“有的”就是量项。

性质判断的联项可以有两种情形：(1)肯定的，(2)否定的。性质判断的主项与量项可以有三种情形：(1)表示一个个别事物，(2)表示一类事物的全部，(3)没有表示一类事物的全部。因此，性质判断就有下面六种：

单称肯定判断；

单称否定判断；

全称肯定判断；

全称否定判断；

特称肯定判断；

特称否定判断。

以上六种性质判断，一般逻辑书把它们叫做直言判断，以区别于以后要讲的假言判断与选言判断。

单称肯定判断，就是断定某一个个别事物具有某性质的判断。例如：

屈原是伟大的诗人。

珠穆朗玛峰是世界最高峰。

都是单称肯定判断。前者是断定屈原这一个个别的人具有伟大诗人这个性质，后者是断定珠穆朗玛峰这一个个别的山峰具有世界最高峰这个性质。

单称否定判断，就是断定某一个个别事物不具有某性质的判断。例如：

屈原不是一个军事家。

珠穆朗玛峰不是容易攀登的。

都是单称否定判断。前者是断定屈原这一个个别的人不具有军事家这个性质，后者是断定珠穆朗玛峰这一个个别的山峰不具有容易攀登这个性质。

单称判断的主项，是一个单独概念。就语言表达方面说，表达单称判断主项的语词，可以是一个专名，如，“刘邦”，“屈原”，“北京”，“珠穆朗玛峰”，“抗日战争”，“辛亥革命”……；也可以是一个摹状词，如，“这个人”，“那个《离骚》的作者”，“汉朝的第一个皇帝”……。

用“S”代表主项，用“P”代表谓项，单称肯定判断的形式，就是：

这个 S 是 P。

而单称否定判断的形式，就是：

这个 S 不是 P。

单称判断，是人们用来反映个别的事物与事件的判断。单称判断，在人们的认识与实践中，是必不可少的，十分重要的。因为，普遍与个别是互相联系的，普遍寓于个别，个别表现普遍。科学的任务，是要从个别事物中抽象出普遍的规律，而又把普遍的规律应用于个别事物。单称判断是表示个别事物情况的判断，因而单称判断是科学认识的基础。

判断的真假，决定于判断是否符合客观事物情况。如果一个单称肯定判断的主项所表示的个别事物，事实上具有谓项所表示的性质，那么，这个单称肯定判断就是真的；否则是假的。如果一个单称否定判断的主项所表示的个别事物，事实上不具有谓项所表示的性质，那么，这个单称否定判断就是真的；否则是假的。例如，事实上屈原具有伟大诗人这个性质，因此，“屈原是伟大诗人”这个单称肯定判断就是真的，而“屈原不是伟大诗人”这个单称否定判断，就是假的。事实上屈原不具有军事家这个性质，因此，“屈原不是一个军事家”这个单称否定判断就是真的，而“屈原是一个军事家”这个单称肯定判断就是假的。

由上面的例子，我们也可以看出单称肯定判断与单称否定判断之间的真假关系：如果单称肯定判断是真的，那么，相应的单称否定判断就是假的；同时，如果单称肯定判断是假的，那么，相应的单称否定判断就是真的。

对于单称肯定判断与它的相应的单称否定判断来说，如果其中有一个是真的，那么，另一个就是假的；并且，如果其中有一个是假的，那么，另一个就是真的。单称肯定判断与单称否定判断之间的这种真假关系，叫做矛盾关系。

全称肯定判断，就是断定一类事物的全部都具有某性质的判断。例如：

所有金属都是有光泽的。

所有资本家都是惟利是图的。

都是全称肯定判断。前者是断定：金属这类事物的全部都具有光泽这种性质；后者是断定：资本家这类事物的全部都具有惟利是图这一性质。

全称肯定判断的形式，就是：

所有 S 都是 P。

全称否定判断，就是断定一类事物的全部都不具有某性质的判断。例如：

所有无机物都不是能生殖的。

所有修正主义者都不是马克思主义者。

都是全称否定判断。前者是断定：无机物这一类的全部都不具有能生殖这一性质；后者是断定：修正主义者这一类的全部都不具有马克思主义者这一性质。

全称否定判断的形式，就是：

所有 S 都不是 P。

全称判断中的“所有”，表示了一类事物的全部，我们把它叫做全称量项。表示全称量项的语词，除了“所有”这个语词外，还有“任何”，“一切”，“每一”，“凡”……。例如，下面几个语句：

所有修正主义者都不是马克思主义者。

任何修正主义者都不是马克思主义者。

一切修正主义者都不是马克思主义者。

每一个修正主义者都不是马克思主义者。

凡修正主义者都不是马克思主义者。

……

都是表示同一个全称判断。

就获得全称判断的方法说,全称判断可以有两种。一种是:当我们对某类事物的全部一一观察过并且发现它们都具有(或不具有)某性质以后,我们就得到了一个全称判断。例如:

所有今天会上的发言人都是青年人。

就是这样的全称判断。我们一个个地观察了今天会上的发言人并且发现他们都是青年人,于是我们作出了这个全称判断。这种全称判断,是许多单称判断的有穷组合。

还有另一种全称判断。当我们观察到某类事物中的某些事物具有(或不具有)某个性质,我们应用了简单的或科学的归纳方法,便得到一个关于这类事物的全称判断。例如:

所有人都是会死的。

所有的金属都是有光泽的。

就是这样的全称判断。属于人类的事物与属于金属类的事物是非常多的,我们并没有观察到也不可能观察到人类与金属类的全部。我们只是观察到人类与金属类中的一部分,应用了归纳方法而作出了上面两个全称判断。这种全称判断,反映了主项所表示的事物与谓项所表示的性质之间的普遍必然性联系,反映了事物的规律性。这种全称判断,不是许多单称判断的有穷组合,因而也不能还原为许多单称判断。

由于全称判断超出了狭隘经验范围,反映了事物的规律性,全称判断对于人们预见将来、决定行动与改造世界是特别重要的。

单称判断是断定了某一个特定的个别事物具有或不具有某性质,全称判断是断定了某类事物的全部都具有或不具有某性质。在单称判断与全称判断之外,还有一种特称判断。特称判断既没有断定某类事物的全部都具有（或不具有）某个性质，也没有断定某个特定的个别事物具有（或不具有）某个性质，也没有断定某类中有多少事物具有（或不具有）某个性质。它只是断定某类中有事物具有（或不具有）某个性质。特称判断有一种不同于全称判断与单称判断的特性，这就是特称判断在数量方面的不确定性。

特称肯定判断,就是这样的判断,它断定在某类事物中有事物具有某个性质。例如：

有金属是液体。

或者，

有的金属是液体。

就是特称肯定判断。它没有确定地断定金属这类事物的全部都是液体,它也没有确定地断定某个或某种特定的金属是液体,它也没有确定地断定金属这类中有多少是液体,它只是不确定地断定了：在金属这类事物中,有的是液体。

特称肯定判断的形式,就是

有 S 是 P。

或者，

有的 S 是 P。

或者，

至少有一个 S 是 P。

特称否定判断,就是这样的判断,它断定在某类事物中有事物不具有某个性质。例如：

有鸟不是会飞的。

或者，

有的鸟不是会飞的。

就是特称否定判断。它断定了,在鸟这类事物中,有不是会飞的。

特称否定判断的形式，就是：

有S不是P。

或者，

有的S不是P。

或者，

至少有一个S不是P。

全称判断断定的重点，在于主项所表示的事物与谓项所表示的性质之间的普遍联系。全称判断主项所表示的事物，在一般情况下，是存在的，但是在有些情况下，也可以是不存在的。特称判断断定的重点，在于“有”，在于“S是(或不是)P”这个事物情况的存在，因而特称判断又叫做**存在判断**。

在汉语中，常常出现“有些S是(或不是)P”这种形式的判断。例如：

有些团员是中学生。

有些干部是长征干部。

“有些”这个语词在汉语中的意义，不是十分确定的。在一般情况下，当我们说“有些S是P”时，总是意味着不是所有S都是P，即意味着“有些S又不是P”。但是，在有些情况下，当我们说“有些S是P”时，却没有这样的意味。

在前一种情况下，我们可以把“有些S是P”分析为：“有S是P而且有S不是P”。同样的，也可以把“有些S不是P”分析为：“有S不是P而且有S是P”。在后一种情形下，我们只能把“有些S是P”分析为：“有S是P”；只能把“有些S不是P”分析为“有S不是P”。前一种分析，断定的内容比较多；后一种分析，断定的内容比较少。因而在任何情形下，采取后一种分析，总是保险的。

在一般逻辑书中，都用

“SAP”或者“A”去代表全称肯定判断，

"SEP"或者"E"去代表全称否定判断，

"SIP"或者"I"去代表特称肯定判断，

"SOP"或者"O"去代表特称否定判断。

A、E、I、O 之间的真假关系

前面我们已经讲过单称肯定判断与单称否定判断的真假情况与它们之间的真假关系，我们现在要来谈 A、E、I、O 四种性质判断的真假情况与它们之间的真假关系。

我们前面讲过，A、E、I、O 这四种判断是断定 S 这类事物与 P 这个性质之间的关系。但是，由于事物与属性是不可分的，P 这个性质就规定了一类事物。因此，我们也可以把 A、E、I、O 看成 S 这类事物与 P 这类事物之间的关系。

在客观世界中，S 类与 P 类之间的关系，可能有下面五种：

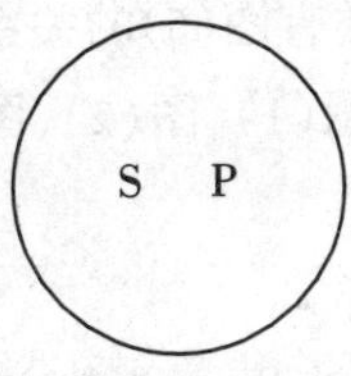

图（1）

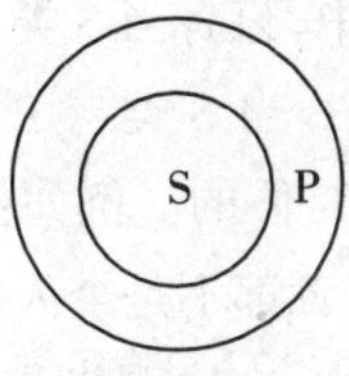

图（2）

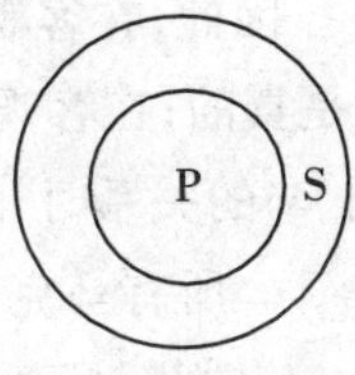

图（3）

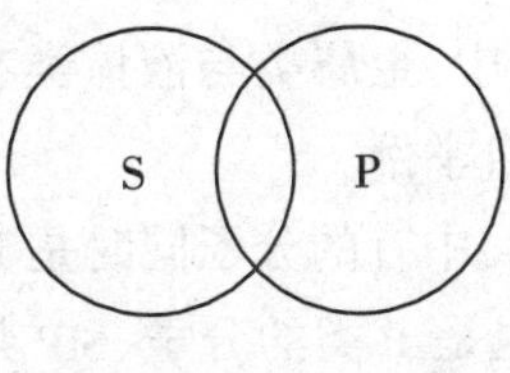

图（4）

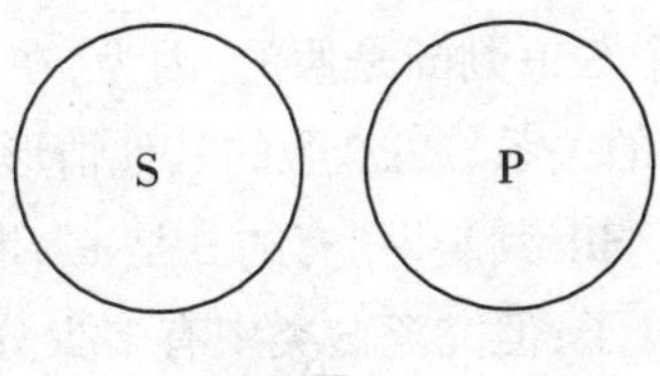

图（5）

现在让我们来看看：在客观世界中，S类与P类有哪种关系时，A、E、I、O是真的或假的。

SAP判断，即“所有S都是P”，断定了S类的所有分子都是P类的分子。所以，如果在客观世界中，S类与P类有图(1)或图(2)的情形，也就是说，S类与P类有全同关系或下属关系，那么，SAP判断就是真的。例如：

所有人都是能思维的动物。

所有人都是动物。

这两个具有SAP形式的判断都是真的。因为，在客观世界中，人类与能思维的动物类有全同关系。而人类与动物类有下属关系。

如果在客观世界中。S类与P类有图(3)、图(4)或图(5)的关系，那么，SAP判断就是假的。读者可自举例。

SEP判断，即“所有S都不是P”，断定了S类的任何分子都不是P类的分子；也就是说，断定了S类与P类没有任何一个共同的分子。因此，在客观世界中，只有当S类与P类有图(5)的关系时，SEP是真的；在客观世界中，当S类与P类有图(1)、图(2)、图(3)或图(4)的关系时，SEP就是假的。例如：

所有马克思主义者都不是个人主义者。

这个SEP判断是真的，因为，在客观世界中，马克思主义者这一类与个人主义者这一类有图(5)的关系。

所有金属都不是液体。

这个SEP判断是假的，因为，在客观世界中，金属类与液体类有图(4)的关系。SEP假的其他情形，读者可自举例。

SIP判断即“有的S是P”，断定了S类中有的分子同时是P类的分子；但究竟S类中有多少分子同时也是P类的分子，SIP判断是没有明确断定的。因此，不论是多到S类的全部分子都同时是P类的分子，或者是少到S类中只有一个分子同时是P类的分子，

SIP都是真的。因此,在客观世界中,当S类与P类有图(1)、图(2)、图(3)或图(4)的关系时,SIP都是真的;只有当S类与P类有图(5)的关系时,SIP才是假的。例如:

有金属是液体。

有人是能思维的。

这两个SIP判断,都是真的。因为,在客观世界中,金属类与液体类有图(4)的关系,人这类与能思维的这类有图(1)的关系。SIP真的其他情形,读者可自举例。

有偶数是无理数的。

这个SIP判断是假的,因为,在客观世界中,偶数类与无理数类有图(5)的关系。

SOP判断即"有S不是P",断定了S类中有的分子不是P类的分子。但究竟S类中有多少分子不是P类的分子,SOP判断是没有明确断定的。因此,不论是多到S类中的全部分子都不是P类的分子,或者少到S类中只有一个分子不是P类的分子,SOP都是真的。因此,在客观世界中,当S类与P类有图(3)、图(4)或图(5)的关系时,SOP都是真的;只有当S类与P类有图(1)或图(2)的关系时,SOP才是假的。例如:

有动物不是人。

有金属不是液体。

有橡胶不是导电的。

这三个SOP判断,都是真的。因为,在客观世界中,动物类与人类有图(3)的关系,金属类与液体类有图(4)的关系,橡胶类与导电类有图(5)的关系。

有人不是能思维的。

有人不是动物。

这两个SOP判断,都是假的。因为,在客观世界中,人类与能思维的类有图(1)的关系,人类与动物类有图(2)的关系。

上面已经说过 SAP、SEP、SIP、SOP 四种判断的真假情形,现在我们要来讲这四种判断之间的真假关系。我们讲这四种判断之间的真假关系时,是假定了这四种判断的主项是相同的,谓项也是相同的。

SAP、SEP、SIP 与 SOP 这四种判断之间的真假关系,是根据这四种判断本身的真假情形来决定的。

(1)SAP 与 SOP 之间的真假关系。

当客观世界中 S 类与 P 类有图(1)或图(2)的关系时,SAP 是真的。但是,SOP 却是假的。

当客观世界中 S 类与 P 类有图(3)、图(4)或图(5)的关系时,SAP 是假的,但是,SOP 却是真的。

由此,我们可以看出,在任何 SAP 真的情形下,SOP 就是假的;同时,在任何 SAP 假的情形下,SOP 就是真的。

SAP 与 SOP 的真假关系是:其中一个真则另一个假,一个假则另一个真。这种关系,我们叫做矛盾关系。

(2)SAP 与 SIP 之间的真假关系。

当客观世界中,S 类与 P 类有图(1)或图(2)的关系时,SAP 是真的;当 S 类与 P 类有图(1)或图(2)或图(3)或图(4)的关系时,SIP 是真的。

由此可以看出,当 SAP 真的时候,SIP 一定也是真的,因为,SAP 真的时候,S 类与 P 类必定有图(1)或图(2)的关系,而当 S 类与 P 类有图(1)或图(2)的关系时,SIP 就是真的。也可以看出,当 SAP 假的时候,SIP 不一定也是假的,可以是真的,也可以是假的。因为,当 SAP 假的时候,S 类与 P 类可以有图(3)的关系,也可以有图(4)的关系,也可以有图(5)的关系。当 S 类与 P 类有图(5)的关系时,SIP 便是假的;但是,当 S 类与 P 类有图(3)的关系或图(4)关系时,SIP便是真的。

也可以看出,当SIP假的时候,SAP一定是假的。因为,当SIP假的时候,S类与P类有图(5)的关系,而当S类与P类有图(5)的关系时,SAP就是假的。也可以看出,当SIP真的时候,SAP不一定是真的,可以是真的,也可以是假的。因为,当SIP真的时候,S类与P类可以有图(1)的关系,也可以有图(2)的关系,也可以有图(3)的关系,也可以有图(4)的关系。当S类与P类有图(1)或图(2)的关系时,SAP便是真的;但是,当S类与P类有图(3)或图(4)的关系时,SAP便是假的。

所以,SAP与SIP的真假关系是:当SAP真时,SIP一定真;但是,当SAP假时,SIP真假不定(即可以真也可以假)。当SIP假时,SAP一定假;但是,当SIP真时,SAP真假不定。SAP与SIP之间的这种真假关系,叫做**差等关系**。

(3)SAP与SEP之间的真假关系。

当SAP真时,SEP一定是假的。因为,当SAP真时,S类与P类一定有图(1)的关系或图(2)的关系。不论S类与P类是有图(1)的关系或图(2)的关系,SEP都是假的。

当SAP假时,SEP的真假不定。因为,当SAP假时,S类与P类可以有图(3)的关系,也可以有图(4)的关系,也可以有图(5)的关系。当S类与P类有图(3)的关系或图(4)的关系时,SEP就是假的;但是,当S类与P类有图(5)的关系时,SEP就是真的。

当SEP真时,SAP一定是假的。因为,当SEP真时,S类与P类一定有图(5)的关系;而当S类与P类有图(5)的关系时,SAP便是假的。

当SEP假时,SAP的真假不定。因为,当SEP假时,S类与P类可以有图(1)的关系,也可以有图(2)的关系,也可以有图(3)的关系,也可以有图(4)的关系。而当S类与P类有图(1)或图(2)的关系时,SAP 就是真的;但是,当 S 类与 P 类有图(3)或图(4)的关系时,SAP 就是假的。

所以,SAP 与 SEP 的真假关系是:其中一个真,则另一个假,但是,其中一个假,则另一个的真假不定。这种关系,叫做反对关系。

(4)SIP 与 SOP 之间的真假关系。

当 SIP 真时,SOP 的真假不定。因为,当 SIP 真时,S 类与 P 类可以有图(1)的关系,也可以有图(2)的关系,也可以有图(3)的关系,也可以有图(4)的关系。当 S 类与 P 类有图(1)或图(2)的关系时,SOP 就是假的;但是,当 S 类与 P 类有图(3)或图(4)的关系时,SOP 就是真的。

当 SIP 假时,SOP 就一定是真的。因为,当 SIP 假时,S 类与 P 类一定是有图(5)的关系;而当 S 类与 P 类有图(5)的关系时,SOP 就是真的。

当 SOP 真时,SIP 的真假不定。因为,当 SOP 真时,S 类与 P 类可以有图(3)的关系,也可以有图(4)的关系,也可以有图(5)的关系。而当 S 类与 P 类有图(3)或图(4)的关系时,SIP 就是真的;当 S 类与 P 有图(5)的关系时,SIP 就是假的。

当 SOP 假时,SIP 一定是真的。因为,当 SOP 假时,S 类与 P 类一定有图(1)或图(2)的关系。不论 S 类与 P 类是有图(1)的关系或图(2)的关系,SIP 都是真的。

所以,SIP 与 SOP 的真假关系是:其中一个真,则另一个的真假不定;但是,其中一个假,则另一个一定真。这种关系,叫做下反对关系。

(5)SEP 与 SIP 之间的真假关系。

SEP 与 SIP 之间的真假关系,同 SAP 与 SOP 之间的真假关系一样,也是矛盾关系。

(6)SEP 与 SOP 之间的真假关系。

SEP 与 SOP 之间的真假关系，同 SAP 与 SIP 之间的真假关系一样，也是差等关系。

SAP、SEP、SIP 与 SOP 这四种判断之间的真假关系，逻辑书上常用一个四方图形来表示。这就是下面的逻辑方阵或称对当关系：

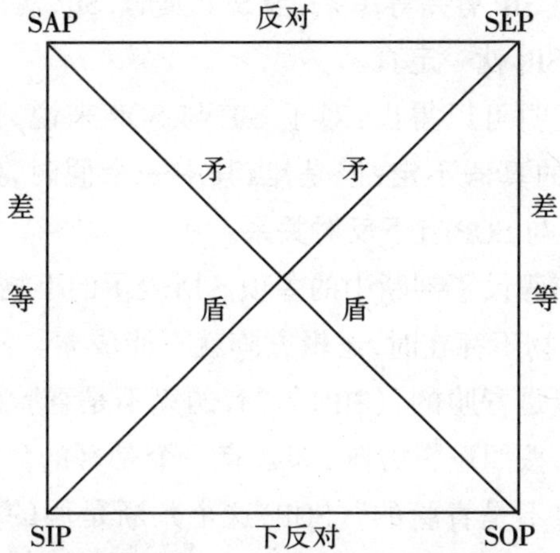

这个逻辑方阵表示了四种判断之间的相互关系。四方形的两条对角线把这个方阵划分为四个不同的三角形，我们由三角的两个边（其中一边必须是表示矛盾关系的），就可推出第三边的关系。

例如，由 SAP 与 SOP 有矛盾关系，SAP 与 SIP 有差等关系，就可推出，SIP 与 SOP 有下反对关系。因为，

根据 SAP 与 SIP 有差等关系，当 SIP 真时，SAP 的真假不定。既然 SAP 的真假不定，那么与 SAP 有矛盾关系的 SOP 的真假，也是不定的。所以，当 SIP 真时，SOP 的真假是不定的。

根据 SAP 与 SIP 有差等关系，当 SIP 假时，SAP 就一定假。又根据 SAP 与 SOP 有矛盾关系，当 SAP 假时，SOP 就一定真。所以，

当SIP假时,SOP就一定真。

根据SAP与SOP有矛盾关系,当SOP真时,SAP就一定假。又根据SAP与SIP有差等关系,当SAP假时,SIP的真假不定。所以,当SOP真时,SIP的真假不定。

根据SAP与SOP有矛盾关系,当SOP假时,SAP就一定真。又根据SAP与SIP有差等关系,当SAP真时,SIP就一定真。所以,当SOP假时,SIP就一定真。

由以上证明可以得出:对于SIP与SOP来说,当其中一个真时,则另一个的真假不定:但是,当其中一个假时,则另一个一定真。所以SIP与SOP有下反对关系。

逻辑方阵假设了判断中的主项S所表示的事物是存在的。当S所表示的事物不存在时,逻辑方阵就不能成立。例如,由于鬼不存在,"有的鬼是青脸的"(SIP)与"有的鬼不是青脸的"(SOP)就都是假的,但是,按照逻辑方阵,却必有一个是真的。又根据逻辑方阵,当"有的鬼不是青脸的"(SOP)这个判断是假的,则"所有鬼都是青脸的"(SAP)必定是真的。但是,"所有鬼都是青脸的"却是假的。

第五节　A、E、I、O的主项与谓项周延问题

A、E、I、O的主项与谓项的周延问题,是关于主项与谓项的量的问题。主项与谓项的周延与否,是古典逻辑的三段论中非常重要的概念。

一个判断中的主项(或谓项)是周延的,就是说,这个判断断定了主项(或谓项)的全部外延。一个判断的主项(或谓项)是不周延的,就是说,这个判断没有断定主项(或谓项)的全部外延。

这是一个关于周延的定义。由这个定义,我们可以看出:

(1)周延问题是关于一个判断的主项或谓项的问题。因而,离开了一个确定的判断,我们不能孤立地说一个概念是周延或不周延的。

(2)在一个判断中,我们断定了或没有断定主项(或谓项)的全部外延,这是我们对主项外延与谓项外延之间的关系的一种认识内容;而在客观世界中主项外延与谓项外延之间的关系,却是我们的认识对象。认识内容当然要根据于认识对象,并且要日益正确地反映认识对象;但是,这二者仍然是有差别的,仍然是不等同的。可以有这样的情况:在客观世界中,本来S类的全部分子都是P类的分子,但是,我们却只认识到S类的部分分子是P类的分子。例如,在客观世界中,所有运动形态都是可以转化为热的,但是,在历史上很长一段时期,我们却只认识到有些运动形态(如摩擦)是可以转化为热的。也可以有这样的情况。在客观世界中,本来S类中只有部分分子是P类的分子,但是,我们却错认为,全部的S类分子都是P类的分子。例如,在客观世界中,本来只有一部分天鹅是白的;但是,历史上有很长一个时期,欧洲人却认为所有的天鹅都是白的。

由于在判断中对主项外延与谓项外延之间的关系的断定,并不等同于客观世界中主项外延与谓项外延之间的关系,所以,我们不能根据客观世界中主项外延与谓项外延之间的关系,来确定主项与谓项的周延。

为甚么要根据人们在判断中对主项外延与谓项外延的断定,而不根据主项的外延与谓项的外延在客观世界中的关系,来确定主项与谓项是否周延呢?这是因为形式逻辑只研究反映客观事物情况的判断本身,而不直接地研究客观事物情况。而判断又是我们认识方面的一种断定。因此,周延这个概念作为表述判断本身性质的工具,我们必须根据人们在判断中对主项外延与谓项外延的断定,来规定它的意义。

(3)我们说,一个判断断定(或没有断定)主项(或谓项)的全部外延,这是就判断形式说的,而不是就一个个别的具体判断说的。所谓在一个判断形式中断定了主项(或谓项)的全部外延,就是说,在具有这个判断形式的所有具体判断中,普遍地必然地都断定了主项(或谓项)的全部外延。因此,不能以个别的具体判断的主项外延与谓项外延有某种关系,作为主项或谓项周延或不周延的理由。

为什么要这样地规定周延这个概念呢?这是因为:形式逻辑是研究判断形式的,形式逻辑要掌握判断形式的普遍必然性的规律。因此,判断中主项与谓项周延与否,必须从判断形式方面来加以规定。根据这样规定的周延概念,我们就可以,也才可以,由真的前提普遍地必然地推出真的结论。形式逻辑不研究个别的具体判断的内容;假如要根据个别的具体判断的内容,来确定主项与谓项的周延,那就是形式逻辑无能为力的。

根据上面我们所规定的周延定义,可以看出:

(1)全称判断的主项都是周延的。

SAP 是断定 S 类的全部分子(即全部外延)都是 P 类的分子,因而,主项 S 在 SAP 中是周延的。

同理,在 SEP 中,主项 S 也是周延的。

(2)特称判断的主项都是不周延的。

SIP,只断定了有 S 是 P,并没有断定有多少 S 类的分子是 P 类分子,更没有断定 S 类的全部分子都是 P 类的分子。因此,在 SIP 中,主项 S 是不周延的。

同理,在 SOP 中,主项 S 也是不周延的。

(3)否定判断的谓项都是周延的。

SEP,断定了S类的任何分子,都不是P类的任何分子,也就是,断定了S类的全部外延,都排除在P的全部外延之外。例如,"所有机会主义者都不是马克思主义者"这个SEP判断,断定了机会主义者这类中的全部分子,都排除在马克思主义者这类的全部分子之外。

所以,SEP是断定了P的全部外延的;在SEP中,P是周延的。

同理,SOP是断定了有的S类分子不是P类中的任何分子,也就是说,S类有的分子被排除在P类的全部外延之外。

例如:"有的金属不是固体"这个SOP判断,断定了有的金属(如汞)不是固体中的任何分子,断定了有的金属(如汞)是排除于全部固体之外的。

所以,SOP是断定了P的全部外延的;在SOP中,P是周延的。

(4)肯定判断的谓项都是不周延的。

SAP只断定了:S类的所有分子都是P类的分子;但是,SAP并没有断定:S类的所有分子就是P类的所有分子。因此,SAP没有断定谓项P的全部外延。在SAP中,谓项P是不周延的。

有些个别的具有SAP形式的具体判断,它的主项的全部外延事实上就是谓项的全部外延。例如,"所有人都是能思维的动物"这个个别的具体判断,就是这个情形。但是,我们应当认识到,这只是主项的外延与谓项的外延在客观世界中的关系,而不是我们对主项的外延与谓项的外延之间的关系的断定;同时,这只是具有SAP这个判断形式的个别判断的情况,而不是SAP这个判断形式的普遍的必然的情况。因此,根据我们关于周延的概念的定义,我们不能说,SAP的谓项是周延的,也不能说SAP的谓项有时是周延的。

同理,SIP只断定了:有S是P;它并没有断定:有的S类分子是P类的全部分子。因此,SIP没有断定谓项的全部外延;在SIP

中，谓项是不周延的。

根据上面的讨论，我们可以把 SAP、SEP、SIP 与 SOP 的主项与谓项的周延情况，列如下表：

	主　　项	谓　　项
SAP	周　延	不周延
SEP	周　延	周　延
SIP	不周延	不周延
SOP	不周延	周　延

单称肯定判断的主项与谓项的周延情形，同全称肯定判断主项与谓项的周延情形是完全相同的。单称否定判断主项与谓项的周延情形，同全称否定判断的主项与谓项的周延情形也是完全相同的。亚里士多德以后的古典逻辑学家，在推理中把单称肯定判断看作全称肯定判断，把单称否定判断看作全称否定判断，就是这个缘故。

第六节　关系判断及其相互关系

关系判断的形式

客观事物，除了有某些性质外，还与一些事物有某些关系。人们在认识客观事物的过程中，既要认识客观事物的性质，也要认识客观事物之间的关系。

关系判断，就是断定事物与事物之间的关系的判断。例如：

甲队与乙队比赛。

4 与 2+2 是相等的。

资产阶级剥削无产阶级。

都是关系判断。第一个判断,断定了甲队与乙队之间有比赛这种关系;第二个判断,断定了4与2+2之间有相等这种关系;第三个判断,断定了资产阶级对无产阶级有剥削关系。

性质是某个或某类事物的属性,性质判断的主项是反映某个或某类事物的概念;关系是几个或几类事物之间的属性,关系判断的主项是反映几个或几类事物的概念。例如,“4是正数”是一个性质判断,它的主项反映4这一个数。“4与2+2是相等的”,是一个关系判断,它的主项反映“4”与“2+2”这两个数。

有些判断,在语言方面,与关系判断非常类似;但是,它们却不是关系判断。例如:

4与2+2是偶数。

4与2+2是相等的。

这两个判断在语言方面非常类似。但是,后一个判断是关系判断,而前一个判断不是。“4与2+2是偶数”这个判断可以分析成:“4是偶数与2+2是偶数”,这是一个由两个性质判断组成的复合判断,而不是一个关系判断。因为,在组成这个复合判断的两个判断中,“偶数”都是一个主项(即“4”或“2+2”)的谓项。也就是说,“偶数”是一个表示性质的概念,而不是一个表示关系的概念。但是,“4与2+2是相等的”这个判断,却不能分析为:“4是相等的与2+2是相等的”。因为,4这一个数无所谓是相等的或不相等的,2+2这一个数也无所谓是相等的或不相等的;只有在两个数(例如4与2+2)之间才有相等与否的问题。由此可以看出,相等是两个数之间的一种关系,“4与2+2是相等的”是一个关系判断。

关系可以存在于两个事物之间,也可以存在于两个以上的事物之间。例如,“山东在河北与江苏之间”,这里“……在……之间”就是三个事物(山东,河北与江苏)之间的一种关系。存在于两个或两种事物之间的关系,叫做**二项关系**,存在于三个或三种事物之间的关系,叫做三项关系。

我们以后只谈反映两项关系的关系判断。

在一个关系判断中,有三个不同的成分。一个是关系(即谓项),一个是关系项(即主项),一个是量项。例如:

有的甲班同学批评所有乙班同学。

这个关系判断,其中“批评”是关系,具有这个关系的“甲班同学”与“乙班同学”是关系项。“甲班同学”在前面,叫做关系前项,“乙班同学”在后面,叫做关系后项。“有的”与“所有”是表明关系项的数量的,是量项。

我们用“R”代表关系(即谓项),用“a”和“b”分别代表两个关系项(即两个主项)。上面那个两项的关系判断,就具有下面的形式:

有的 aR 所有 b。

或者,

有的 a 与所有 b 有 R 关系。

关系判断有肯定的,也有否定的。例如,“a 与 b 有 R 关系”是肯定的关系判断,“a 与 b 没有 R 关系”是否定的关系判断。

关系是有许多逻辑特性的。下面我们只想讲一下关系的对称性,关系的传递性与关系判断的量项三个问题。

关系的对称性

对于两个关系项 a 与 b 来说,哪个作为关系前项,哪个作为关系后项,是会影响到关系判断的意义的。例如:

甲班同学批评乙班同学。

与

乙班同学批评甲班同学。

这两个关系判断的意义就是不同的。在前一个关系判断中,批评者是甲班同学,而被批评者是乙班同学。在后一个关系判断中,批评者是乙班同学,而被批评者是甲班同学。

关系的对称性问题,就是研究当一个事物a与另一个事物b之间具有R关系时,是否b与a之间也具有R关系;换言之,就是研究当aRb真时,bRa是否也是真的。这里有三种可能的情形:

(1)当aRb真时,bRa就一定是真的;在这种情形下,我们就说:**关系R是对称的**。

例如,"相等"就是一个对称关系。因为,如果a与b相等,那么,b与a就相等。"同时"也是一个对称关系。如果a与b同时,那么,b与a也同时。前面讲过的两个类之间全同关系,交叉关系,全异关系,都是对称关系。两个判断之间的反对关系、矛盾关系与下反对关系,也是对称关系。

(2)当aRb真时,bRa就一定是假的;在这种情形下,我们就说,**关系R是反对称的**。

例如,"大于"就是一个反对称关系。因为,如果a大于b,那么,就不能b大于a。"打败"也是一种反对称关系,因为,如果a打败b,那么,就不能同时b打败a。前面讲过的两个类之间的上属关系,下属关系,也是反对称关系。

(3)当aRb真时,有时bRa是真的,有时bRa又是假的。在这种情形下,我们就说,**关系R是非对称的**。

例如,"批评"就是一个非对称的关系。因为有些情形下,a批评b,b也批评a;但是,在另一些情形下,a批评b,b却没有批评a。"认得"也是一种非对称的关系,因为,在有些情形下,a认得b,同时,b也认得a;但是,在另一些情形下,a认得b,b却不认得a。前面讲过的两个类之间的包含关系,也是非对称关系。

关系的传递性

关系的传递性问题,就是研究:当一个事物 a 与另一个事物 b 有 R 关系,并且 b 又与另一个事物 c 有 R 关系时,是否 a 与 c 也有 R 关系。换言之,就是研究当 aRb 真而且 bRc 真时,aRc 是否是真的。这里有三种情形:

(1)当 aRb 真并且 bRc 真时,aRc 就一定是真的。在这种情形下,我们就说,**关系R是传递的**。

例如,“大于”就是一种传递关系。因为,如果 a 大于 b,而且 b 又大于 c,那么,a 就一定大于 c。“相等”也是一种传递关系。因为,如果 a 等于 b,而且 b 又等于 c,那么,a 就一定等于 c。上属关系,下属关系,包含关系,也都是传递关系。

(2)当 aRb 真而且 bRc 真时,aRc 就一定是假的。在这种情形下,我们就说,**关系R是反传递的**。

例如,“是父亲”就是一种反传递关系。因为,如果 a 是 b 的父亲,而且 b 又是 c 的父亲,那么,a 就一定不是 c 的父亲。判断间的矛盾关系,也是一种反传递关系。因为,如果 a 与 b 有矛盾关系,而且 b 又与 c 有矛盾关系,那么,a 与 c 就一定没有矛盾关系。

(3)当 aRb 真而且 bRc 真时,有时 aRc 是真的,但有时 aRc 又是假的。在这种情形下,我们就说,**关系R是非传递的**。

例如,“认得”就是一种非传递的关系。因为,当 a 认得 b,而且 b 又认得 c 时,有时 a 认得 c,有时 a 又不认得 c。两类之间的交叉关系,也是一种非传递的关系。因为,当 a 类与 b 类交叉,b 类又与 c 类交叉时,有时 a 类也与 c 类交叉。有时 a 类又不与 c 类交叉。

关系的对称性与传递性,在思维中是非常重要的。例如,以后要讲的演绎推理的前提与结论之间的蕴涵关系，就是一种非对称关系。当前提真时，结论必真，但是，当结论真时，前提却不必真。以后要讲的三段论原理，从某一个角度看，就是根据类与类之间的包含关系的传递性。

关系判断的量项

性质判断只有一个主项，而关系判断却有两个或两个以上的主项。在"李白与杜甫是朋友"这个关系判断中，"是朋友"这个关系是以李白与杜甫这二者为主项的。

关系判断的量项，就是表示关系项的数量的概念。每一个关系项，都是有量项的。同性质判断的量项一样，关系判断的量项，也有单称、全称与特称三种。

在一个两项的关系判断中，有一个关系前项与一个关系后项。例如："杜甫怀念李白"，"杜甫"是"怀念"这个关系的关系前项，而"李白"是"怀念"这个关系的关系后项。关系前项可以是单称的（一个单独的概念），也可以是全称的（一个普遍概念前面加上"所有"），也可以是特称的（一个普遍概念前面加上"有的"）。关系后项也可以是单称的或者全称的或者特称的。因此，组合起来，二项的关系判断，就可以有好些种。

了解关系前项的量项与关系后项的量项，对于了解一个二项的关系判断的意义，是特别重要的。例如：

事物是相互联系的。

这就是一个关系判断。它断定了事物与事物之间有联系这种关系。但是，这个关系判断的准确意义是什么呢？这就涉及关系前项与关系后项的量项。它可以了解为：

①所有事物与所有事物有联系，

②有的事物与所有事物有联系，

③任何事物与有的事物有联系。

①是断定:在宇宙中,任何两个事物都有联系。②是断定:在宇宙中,有一个(或一些)事物,它与所有的事物都有联系。③是断定:在宇宙中,任何事物,它总是与一个或一些事物有联系。①、②与③是很不相同的。①断定最多,②其次,③断定最少。由①可以推出②,由②又可以推出③,但是,由③不能推出②,由②也不能推出①。可以肯定地说,辩证唯物主义所说的事物互相联系,是包含了③这个意义,而不包含①这个意义。至于②这个意义是否正确,则是应当研究的。

关系判断的量项,在我们以后要讲的关系推理中,是十分重要的。同性质判断一样,关系判断中的关系项,也是周延的问题。如果一个关系判断断定了一个关系项的全部外延,那么,这个关系项就是周延的;否则是不周延的。全称与单称的关系项,都是周延的;特称的关系项,是不周延的。

第七节　假言判断

前面我们讲了性质判断与关系判断。这些都是非模态判断中的简单判断。现在我们要开始讲非模态判断中的复合判断。

复合判断就是这样的判断,它包含了其他的判断,并且它的真假决定于它所包含的判断的真假。

例如:"张同志很聪明而且张同志很勤奋"。就是一个复合判断。它包含了两个其他的判断,就是:"张同志很聪明"与"张同志很勤奋"。同时,它的真假决定于"张同志很聪明"与"张同志很勤奋"这两个判断的真假。

复合判断是由前面讲过的简单判断与逻辑联项"如果,那么","或","而且"或"并非"等构成的。例如,"张同志很聪明而且张同志很勤奋”这个复合判断，就是由两个性质判断与逻辑联项“并且”构成的。

我们对复合判断的定义与分析，只是从真假角度出发的。但是，在实际思维中，复合判断所包含的各个判断之间，除了有真假值的关系以外，还有某种意义上的联系。我们对复合判断的定义与分析，是假定了这种意义上的联系的。关于这个问题，在本节末尾还要谈到。

复合判断主要有下面几种：假言判断、选言判断、联言判断与负判断。

客观世界中的事物、现象或事物情况是互相联系的。事物情况之间的互相联系是多种多样的，其中有一种是条件联系。某一事物情况的发生与存在，会促使另一事物情况的发生与存在。某一事物情况的不发生与不存在，也会促使另一事物情况的不发生与不存在。事物情况之间的这种联系，就是条件联系。人们认识了两个事物情况之间的条件联系，就形成了假言判断。

假言判断，就是断定某一事物情况存在是另一事物情况存在的条件的判断。例如，

> “如果帝国主义或社会帝国主义发动侵略战争，它就会加速灭亡。”

这就是一个假言判断。它断定了“帝国主义或社会帝国主义发动侵略战争”这一事物情况的存在，就会导致“它加速灭亡”这一事物情况的存在。

一个事物情况作为另一个事物情况的条件，其具体内容是多种多样的。这不是形式逻辑的研究对象，这是各种具体科学的研究对象。形式逻辑只是从事物情况的存在方面，来研究事物情况之间条件关系，也就是说，只是从判断的真与假方面，来研究假言判断的逻辑性质。

从事物情况的存在与不存在这个角度来看，条件可以分为三种。这就是充分不必要、必要不充分与充分必要。断定事物情况之间的条件关系的假言判断，也相应地分为三种。这就是充分条件假言判断、必要条件假言判断与充分必要条件假言判断。

(1)充分条件假言判断

如果事物情况 p 存在，事物情况 q 就存在；在这种情况下，我们就说，**p是q的充分条件**。

例如，一个人患肺炎这个事物情况，是这个人发烧的充分条件。因为，一个人患肺炎，他就一定发烧；但是，一个人不患肺炎，却不一定不发烧；他可以因为感冒而发烧，也可以因为患结核病而发烧。

充分条件假言判断，就是断定一个事物情况是另一个事物情况的充分条件的判断。例如：

如果李同志患肺炎，那么，他就发烧。

如果帝国主义或社会帝国主义发动侵略战争，那么，它就要加速灭亡。

如果 45 能被 9 除尽，那么，45 就能被 3 除尽。

如果马克思主义害怕批评，那么，马克思主义就不是真理了。

假如语言能够生产物质资料，那末夸夸其谈的人就会成为世界上最富的人了。

这些都是充分条件假言判断。

充分条件假言判断是一种复合判断，它是由两个判断组成的。用 p，q 分别地代表这两个判断，充分条件假言判断的形式，就是：

如果 p，那么 q。

在"如果"后面那个判断，叫做**前件**；在"那么"后面那个判断，叫做**后件**。

在汉语中，充分条件假言判断的语言表达，是多种多样的。在前件的前面，常常用“如果”、“假使”、“倘若”、“只要”、“要是”、“当”等等。在后件的前面，常常用“那么”、“则”、“就”、“便”等等。

充分条件假言判断的真假，决定于前件所断定的事物情况是不是后件所断定的事物情况的充分条件。如果前件所断定的事物情况是后件所断定的事物情况的充分条件，那么，这个充分条件假言判断就是真的；否则是假的。

我们也可以由前件与后件的真假，来考虑充分条件假言判断的真假。

所谓前件（或后件）是真的，就等于说，前件（或后件）所断定的事物情况存在；所谓前件（或后件）是假的，就等于说，前件（或后件）所断定的事物情况不存在。因此，所谓前件所断定的事物情况是后件所断定的事物情况的充分条件，就等于说，如果前件是真的，那么后件一定是真的；如果前件是假的，那么后件可以是真的，也可以是假的。因此，当一个充分条件假言判断是真的，它的前件与后件就有下面三种真假情况：①前件真，后件也真；②前件假，后件真；③前件假，后件假。如果一个充分条件假言判断是假的，它的前件与后件的真假情况就是：④前件真，但是后件假。

我们可以用“如果李同志患肺炎，那么，他就会发烧”这个充分条件假言判断为例。假如事实上李同志是患肺炎，同时，事实上李同志也发烧，这就是说，前件真，后件也真，很显然这个充分条件假言判断就是真的。假如事实上李同志没有患肺炎，同时，事实上他也没有发烧，这就是说，前件假，后件也假，这个充分条件假言判断仍然是真的。假如事实上李同志没有患肺炎，但是，李同志由于别的疾病而发烧了，这就是说，前件假而后件真，这个充分条件假言判断，仍然是真的。只有当事实上李同志患了肺炎，但是，他却没有发烧，这就是说，前件真而后件假，这个充分条件假言判断才是假的。

所以，就前件与后件的真假情形，来考虑充分条件假言判断的真假，可以总结如下表：

p	q	如果 p，那么 q
真	真	真
真	假	假
假	真	真
假	假	真

(2)必要条件假言判断

如果事物情况 p 不存在，事物情况 q 就不存在；在这种情况下，我们就说，p是q的必要条件。

例如，一个人的历史是清楚的这个事物情况，是一个人入党这个事物情况的必要条件。因为，一个人的历史不清楚，他就一定不能入党；但是，一个人的历史是清楚的，他却不一定能入党。

必要条件假言判断，就是断定一个事物情况是另一个事物情况的必要条件的判断。例如：

只有一个人历史是清楚的，他才能入党。

只有认识了自己的缺点，才能改正自己的缺点。

只有充分调动全国人民的积极性，才能迅速地把我国建设成一个具有现代化农业、现代化工业、现代化国防和现代化科学技术的社会主义强国。

上面这些判断，都是必要条件假言判断。

必要条件假言判断，是一种复合判断。它是由两个判断组成的。用 p，q 代表两个判断，必要条件假言判断的形式就是：

只有 p，才 q。

“只有”后面那个判断，叫做**前件**，“才”后面那个判断，叫做**后件**。

在汉语中，必要条件假言判断，还有许多其他的表达形式，如：

除非 p，不 q

除非 p，才 q

不 p，不 q

没有 p，没有 q

……

必要条件假言判断的真假，决定于前件所断定的事物情况是不是后件所断定的事物情况的必要条件。如果一个必要条件假言判断的前件所断定的事物情况，是后件所断定的事物情况的必要条件，那么这个必要条件假言判断就是真的；否则是假的。

必要条件假言判断的真假，也可以从它的前件与后件的真假来加以说明。

对于一个真的必要条件假言判断说，当它的前件是假的时候，它的后件就一定是假的；但是，当它的前件是真的时候，它的后件却可以是真的，也可以是假的。因此，如果一个必要条件假言判断是真的，它的前件与后件就有下面三种真假情形：①前件假，后件假；②前件真，后件真；③前件真，后件假。如果一个必要条件假言判断是假的，它的前件与后件的真假情形就是：④前件假，后件真。

我们可以用“只有一个人历史是清楚的，他才能入党”为例。假如事实上一个人历史不清楚，同时，他也没有入党，这就是说，前件假而后件假，很显然这个必要条件假言判断是真的。假如事实上一个人历史是清楚的，同时，他也入了党，这就是说，前件真而后件真，这个必要条件假言判断，仍然是真的。假如事实上一个人历史是清楚的，但是，他没有入党，这就是说，前件真而后件假，这个必要条件假言判断，也是真的。只有当事实上一个人历史是不清楚的，但是，他却入了党，这就是说，前件假，后件真，这个必要条件假言判断,才是假的。

所以,就前件与后件的真假,来考虑必要条件假言判断的真假,可以总结如下表:

p	q	只有 p,才 q
真	真	真
真	假	真
假	真	假
假	假	真

(3)充分必要条件假言判断

一个事物情况 p 是另一个事物情况 q 的充分必要条件,这就是说,p 既是 q 的充分条件,p 又是 q 的必要条件;这也就是说,当 p 存在时,q 就存在,同时,当 p 不存在时,q 就不存在。例如,世界上有阶级这个事物情况,就是世界上有国家这个事物情况的充分必要条件。因为,世界上有阶级,世界上就有国家;并且,世界上没有阶级,世界上就没有国家。

充分必要假言判断,就是断定一个事物情况是另一个事物情况的充分必要条件的判断。例如:

如果而且仅仅如果世界上有阶级,世界上就有国家。

一个数是能被 2 整除的,当且仅当它是偶数。

一个三角形的三边是相等的,当且仅当它的三个内角都是 60°。

这些都是充分必要条件假言判断。

充分必要条件假言判断的形式是:

如果而且仅仅如果 p,那么 q。

p 当且仅当 q。

如果而且只有 p,才(或就)q。

如果一个充分必要条件假言判断的前件所断定的事物情况，是后件所断定的事物情况的充分必要条件，这个充分必要条件就是真的；否则是假的。

从前件与后件的真假来考虑，如果一个充分必要条件假言判断是真的，它的前件与后件有下面两种真假情形：①前件真，后件真；②前件假，后件假。如果一个充分必要条件假言判断是假的，它的前件与后件，也有下面两种情形：③前件真，后件假；④前件假，后件真。

所以，就前件与后件的真假，来考虑充分必要条件假言判断的真假，可总结如下表：

p	q	p 当且仅当 q
真	真	真
真	假	假
假	真	假
假	假	真

充分条件假言判断与必要条件假言判断是有密切联系的，让我们通过下面这个例子来加以说明。一个人历史不清楚，他就不能入党；但是，一个人虽然历史清楚，他却不一定能入党。因此，历史清楚是能入党的必要条件。这是从历史清楚与能入党的关系来考虑的。我们也可以反过来从能入党与历史清楚的关系来考虑；一个人能入党，他的历史就一定是清楚的；但是，一个人不能入党，他的历史却不一定是不清楚的。因此，能入党是历史清楚的充分条件。

由以上这个例子我们可以看出：历史清楚是能入党的必要条件；反过来，能入党又是历史清楚的充分条件。由此我们可以总结出一条普遍的规律：如果 p 是 q 的充分条件，那么，q 就是 p 的必

要条件;如果 q 是 p 的必要条件,那么,p 就是 q 的充分条件。这也就是说:

如果 p,那么 q。

只有 q,才 p。

这两种判断的真假是相等的。相应于任何一个充分条件假言判断,都有一个与它真假相等的必要条件假言判断;并且,相应于任何一个必要条件假言判断,也都有一个与它真假相等的充分条件假言判断。

由于充分条件假言判断与必要条件假言判断之间有上述关系,过去许多逻辑书只讲充分条件假言判断,并且把假言判断等同于充分条件假言判断。

假言判断在人们认识中起着重要的作用,假言判断反映了事物情况之间的条件联系;如果我们认识了事物情况之间的条件关系,那么,我们就可以创造一些充分条件,使有利于人们的事物情况发生;也可以破坏一些必要条件,使不利于人们的事物情况不发生。

最后我们应当指出,前面对假言判断的分析,并没有充分反映人们实际思维中假言判断的全部意义;人们实际思维中的假言判断,除了前件与后件有上述真假关系外,还有更多的意义。

"如果 2+2=4,那么,雪是白的",是一个充分条件假言判断。仅从前件与后件的真假关系看,这个假言判断显然是真的。但是,在实际思维中,人们却认为它是无意义的甚至是假的。其所以如此,就是因为人们实际思维中的假言判断具有丰富的意义上的联系。而这个丰富的意义上的联系,我们上面对假言判断的分析并没有充分反映出来。这是一方面。

但是, 另一方面, 如果仅从前件与后件的真假来考虑, 前面对假言判断的分析, 又是正确的。古典逻辑的假言推理 (也即是本书以后要讲的假言推理)，就是建筑在前件与后件的真假关系上的。

下面我们对其他的复合判断如选言判断与联言判断的分析，也有类似的问题。

第八节　选言判断

选言判断就是断定在几个事物情况之中至少有一个事物情况存在的判断。例如：

他学习成绩不好,或者是由于他基础太差,或者是由于他学习方法不对或者是由于他不够努力。

这就是一个选言判断。它断定了他为什么学习成绩不好的几种情况之中至少有一种存在。

选言判断是一种复合判断。在一个选言判断中至少包括两个其他的判断。选言判断所包括的判断,叫做选言支。在“你说错了或者我听错了”这个选言判断中,就包括了“你说错了”与“我听错了”这两个选言支。

选言支至少是两个,但是,可以多到好几个。我们以后只着重讲包括两个选言支的选言判断。包括两个以上选言支的选言判断的规律与只包括两个选言支的选言判断的规律,是类似的。

各个选言支之间的关系,可以有两种不同的情形。一种情形是:各个选言支所表示的事物情况,可以有两个甚至全部都同时存在。这样的选言支,叫做相容的选言支。例如,“你说错了”与“我听错了”这两个选言支,就是相容的选言支。因为,可以既是你说错了,同时,我也听错了。另一种情形是:在各个选言支所表示的事物情况中,只能有一个事物情况存在,不能有两个或两个以上的事物情况同时存在。这样的选言支,叫做不相容的选言支。例如,

“或者走社会主义道路或者走资本主义道路”这个选言判断的两个选言支,就是不相容的选言支。因为,不能同时既走社会主义道路,又走资本主义道路。

一个选言判断的选言支,还有穷尽或不穷尽的问题。如果一个选言判断的所有选言支,分别地断定了事物所有的可能情况,那么,这个选言判断的选言支就是穷尽的;反之,就是不穷尽的。例如,“一个三角形或者是钝角三角形,或者是直角三角形或者是锐角三角形”这个选言判断的选言支,就是穷尽的。因为,就角的大小说,三角形只有这三种可能。如果一个选言判断的选言支是穷尽的,那么,这个选言判断就是真的;但是,如果一个选言判断是真的,它的选言支却不一定是穷尽的。例如,“康德哲学或者是主观唯心主义,或者是客观唯心主义”这个选言判断的选言支,就是不穷尽的。因为,这里的两个选言支并未穷尽哲学体系的各种可能。但是,这个选言判断却是真的。由于选言支的穷尽与选言判断的真有必然的联系,我们应当注意选言支的穷尽问题。

包含相容的选言支的选言判断,就是**相容的选言判断**。相容的选言判断,在汉语中,常用下面的形式:

p 或 q。

p 或者 q。

例如:

你说错了或者我听错了。

他发烧是由于肺炎或者由于肺结核。

张同志学习成绩不好,是由于他学习不得法或学习不够努力。

在汉语中,“……或……”,“……或者……”,一般地是表达相容的选言判断。但是,这些语词的意义,并不是已经十分确定的。因而,在有些要求高度准确的场合,我们还必加上其他的语词。例如：

这个作品在思想性方面有缺点，或者艺术性方面有缺点，或者兼而有之。

这里加上了“兼而有之”，就十分明确地表示了思想上有缺点与艺术上有缺点这两者是相容的。

一个相容的选言判断是真的，要求在选言支所断定的各种事物情况中至少有一个是存在的，或者说，要求至少有一个选言支是真的。例如，“你说错了或者我听错了”这个相容的选言判断是真的，就要求在“你说错了”与“我听错了”这两个选言支中，至少有一个是真的，可以两个都是真的。

所以，就选言支的真假来考虑，相容的选言判断的真假可以总结如下表：

p	q	p或q
真	真	真
真	假	真
假	真	真
假	假	假

包含不相容的选言支的选言判断，就是**不相容的选言判断**。不相容的选言判断，在汉语中，常用下面的形式：

要么p，要么q。

例如：

要么走社会主义道路，要么走资本主义道路。

要么是唯物主义，要么是唯心主义。

或者你去，或者我去。

在汉语中，“要么……，要么……”，“或者……，或者……”一般地是表达不相容的选言判断。但是，它的意义，并不是十分确定

的。在有些要求高度准确的场合，我们还可以加上一些其他的语词。例如，

要么走社会主义道路，要么走资本主义道路，二者必居其一(或二者不可得兼)。

这里加上了“二者必居其一”，或“二者不可得兼”就表示走社会主义道路与走资本主义道路这两者是不相容的。

一个不相容的选言判断是真的，要求有一个也只有一个选言支所断定的事物情况是存在的，或者说，要求有一个也只有一个选言支是真的。例如，“要么走社会主义道路，要么走资本主义道路”这个不相容的选言判断是真的，就要求在“走社会主义道路”与“走资本主义道路”这两个选言支中，有一个也只有一个是真的。

所以，就选言支的真假来考虑，不相容的选言判断的真假可以总结如下表：

p	q	要么 p，要么 q
真	真	假
真	假	真
假	真	真
假	假	假

两个选言支的主项，有时可以是相同的；两个选言支的谓项，有时也可以是相同的。在这种情形下，为了表达简便，我们可以省掉一个主项或一个谓项。

例如，在“或者《道德经》是老子作的，或者《道德经》是老子门徒作的”这个选言判断中，两个选言支的主项是相同的。这样的选言判断，为了表达方面的简便，常常省掉了一个选言支的主项，而把它说成：“《道德经》或者是老子作的，或者是老子门徒作的。”

在“或者老张说了这句话或者老李说了这句话”这个选言判断

中,两个选言支的谓项是相同的。这样的选言判断,为了表达方面的简便,常常省掉了一个选言支的谓项,而把它说成:“或者老张或者老李说了这句话。”

第九节 联言判断

联言判断就是断定几种事物情况都存在的判断。例如:

敌人一天天烂下去,我们一天天好起来。

就是一个联言判断,它断定了“敌人一天天烂下去”与“我们一天天好起来”这两种事物情况都存在。

革命不能输出,也不能输入。

又要同群众打成一片,又不要降低革命者的水平。

劳动人民不但创造了物质财富,而且创造了精神财富。

他既聪明,他又很用功。

这些也都是联言判断。

联言判断是一种复合判断。联言判断所包含的判断,叫做**联言支**。一个联言判断至少包括两个联言支,也可以包括好几个联言支。以下我们只讲包括两个联言支的联言判断。包含两个以上联言支的联言判断的逻辑规律与只包括两个联言支的联言判断的逻辑规律,是类似的。

联言判断的形式是:

p,也 q。

又 p 又 q。

p 并且 q。

不但 p,而且 q。

既 p 又 q。

虽然 p,但是 q。

…………

一个真的联言判断,要求各个联言支所断定的事物情况都存在,也就是说,要求各个联言支都是真的。只要有一个联言支所断定的事物情况不存在,只要有一个联言支是假的,联言判断就是假的。

例如,"他既聪明,他又很用功"这个联言判断是真的,就要求:"他聪明"与"他很用功"这两个联言支都是真的。如果"他聪明"与"他很用功"这两个联言支中有一个假或两个都假时,"他既聪明,他又很用功"这个联言判断就是假的。

所以,就联言支的真假来考虑,联言判断的真假可以总结如下表:

p	q	p并且q
真	真	真
真	假	假
假	真	假
假	假	假

"……而且……","不但……,而且……","虽然……,但是……"这些汉语中的联词,除了表达一个联言判断外,还有另外更多的意义。例如,"虽然p,但是q"除了表示p与q事物情况都存在之外,还表示了p与q两个事物情况之间有某种关系。

但是,如果仅从联言支的真假以及联言支所表示的事物情况的存在或不存在着想,"虽然p,但是q",……这些语句,可以看作、也只能看作是表达联言判断的。

两个联言支的主项,有时可以是相同的;它们的谓项,有时也可以是相同的。在这种情况下,为了表达简便,我们可以省掉一个主项或谓项。

例如,“曹操是个政治家同时曹操又是个军事家”,其中两个联言支的主项是相同的。这样的联言判断,为了表达方面的简便,常常省掉了一个联言支的主项,而把它说成:“曹操是个政治家同时又是个军事家,”或者,“曹操是个政治家与军事家。”

“曹丕是个文学家,曹植也是个文学家”,其中两个联言支的谓项是相同的。这样的联言判断,为了表达上的简便,常常省掉了一个联言支的谓项,而把它说成:“曹丕与曹植都是文学家。”

第十节 负判断

对于某个事物情况,我们可以肯定它,也可以否定它。对于张同志错了这个事物情况,我们可以肯定它,也可以否定它。当我们肯定这个事物情况时,我们就说:“张同志错了”。当我们否定这个事物情况时,我们就说:“并非张同志错了。”或者,“不是张同志错了。”

对于某个事物情况的否定,同时也是对于那个断定这个事物情况的判断的否定。例如,“并非张同志错了”这个判断,固然是对于张同志错了这个事物情况的否定;但是,同时也是对于“张同志错了”这个判断的否定。

一**个判断p的负判断,就是这样一个判断,它否定判断p所断定的事物情况**。也可以说,**一个判断p的负判断,就是否定判断p的那个判断**。

例如,“并非曹操父子都是大军事家”,就是“曹操父子都是大军事家”这个判断的负判断,它否定曹操父子都是大军事家这个事物情况,它也否定了“曹操父子都是大军事家”这个判断。

在汉语中,一个判断 p 的负判断常使用下列语言形式:

并非p。

并不p。

非p。

不是p。

不p。

p是假的。

一个判断"p"的负判断,是一种复合判断。在"p"的负判断"并非p"中,包括了一个判断"p"。"并非p"的真假,决定于"p"的真假。如果"p"是真的,那么,"并非p"就是假的;如果"p"是假的,那么,"并非p"就是真的。

例如,如果"曹操父子都是大军事家"这个判断是真的,那么,"并非曹操父子都是大军事家"这个负判断就是假的。同时,如果"曹操父子都是大军事家"这个判断是假的,那么,"并非曹操父子都是大军事家"这个负判断就是真的。

一个判断"p"与它的负判断"并非p"之间的真假关系,可以总结如下表:

p	并非p
真	假
假	真

一个判断与它的负判断之间的真假关系,是矛盾关系。

前面我们讲过六种性质判断,对于这六种性质判断,我们可以分别地加以否定,这样就得出六种相应的负判断。我们知道,"所有S都是P"的负判断是"并非所有S都是P",前者与后者之间的真假关系是矛盾关系。又根据前面我们讲过的对当关系,我们知道,"所有S都是P"与"有的S不是P"之间的真假关系,也是矛盾关系。由此,我们就可得出:"并非所有S都是P"与"有的S不是

P”是等值的，就是说，是同真同假的。根据同样理由，我们可得出下面六种等值关系：

(1)“并非这个S是P”等值于“这个S不是P”。

例如，

“并非张同志错了”等值于“张同志没有错”。

(2)“并非这个S不是P”等值于“这个S是P”。

例如，

“并非张同志没有错”等值于“张同志错了”。

(3)“并非所有S都是P”等值于“有的S不是P”。

例如，

“并非所有人都是活到一百岁的”等值于“有人不是活到一百岁的”。

(4)“并非所有S都不是P”等值于“有的S是P”。

例如，

“并非所有胎生动物都不是在水中生活的”等值于“有的胎生动物是在水中生活的”。

(5)“并非有的S是P”等值于“所有S都不是P”。

例如，

“并非有人是长生不老的”等值于“所有人都不是长生不老的”。

(6)“并非有的S不是P”等值于“所有S都是P”。

例如，

“并非有的金属不是有光泽的”等值于“所有金属都是有光泽的”。

特别值得我们注意的是：SAP的负判断，等值于SOP，而不是等值于SEP；SIP的负判断，等值于SEP，而不是等值于SOP。

各种复合判断，也是可以加以否定的。复合判断的否定，我们在下一节将要讲到。

第十一节　各种复合判断之间的关系

复合判断中包含着一些判断；一个复合判断所包含的那些判断，叫做这个复合判断的支判断。例如，假言判断的支判断，是前件和后件；选言判断的支判断，是它的几个选言支。

包含在复合判断中的支判断，本身可以是一个简单判断，也可以是一个复合判断。例如，假言判断的前件，可以是一个简单判断，也可以是一个选言判断、或联言判断、或假言判断；它还可以是一个由假言判断、选言判断、联言判断以及它们的负判断组成的复合判断。

由于一个复合判断的支判断，又可以是复合判断，所以，复合判断可以有非常复杂的形式。

虽然复合判断可以有非常复杂的形式，但是，无论它们如何复杂，它们所遵循的规律，仍然是前面所讲过的假言判断、选言判断、联言判断与负判断的规律。

我们可以通过一个具体例子来加以说明。

> 如果蒋介石反动王朝统治了全中国，或者日本帝国主义占领了全中国，那么，我国劳动人民就会受到残酷的剥削，我国民族资产阶级也会遭到严重的打击。

这个复合判断的形式是：

> 如果 p 或者 q，那么，r 并且 s。

这是一个充分条件假言判断，它的前件是一个选言判断，它的后件是一个联言判断。

首先，根据充分条件假言判断的规律，我们知道，如果前件（p 或者 q）是真的而后件（r 并且 s）是假的，那么，这个复合判断就是假的;在前件与后件的其他真假情形下,这个复合判断都是真的。

然后,我们再根据选言判断的规律,就可以确定这个复合判断的前件(p或者q)的真假。又根据联言判断的规律,就可以确定这个复合判断的后件(r并且s)的真假。

通过这样一个程序,上面那个复合判断的真假,就可以确定了。

各种复合判断之间,存在着一定的逻辑关系。这里牵涉到许多很复杂的问题。现在我们仅从判断的真假这个角度,来谈谈各种复合判断之间的逻辑关系。

(1)"p或q"等值于"如果非p,那么q"。

"或者你说错了,或者我听错了"等值于"如果不是你说错了,那么就是我听错了"。

(2)"如果p,那么q"等值于"并非(p而非q)"。

"如果金属遇热,那么金属就会膨胀"等值于"金属遇热而不膨胀是没有的"。

(3)"并非(p或q)"等值于"非p并且非q"。

"并非你说错了或者我听错了"等值于"你没有说错,并且我也没有听错"。

(4)"并非(p并且q)"等值于"非p或非q"。

"并非价廉而物美"等值于"价不廉或者物不美"。

否定一个选言判断,结果得到一个联言判断;否定一个联言判断,结果得到一个选言判断。这些规律应特别记住,一般人常常犯这方面的逻辑错误。

(5)"并非(如果p那么q)"等值于"p而且(或但是)非q"。

"并非如果张同志发烧,那么张同志就患肺炎"等值于"张同志发烧,但是张同志却不患肺炎"。

第十二节　模态判断

以前我们讲过的各种判断，都是非模态判断。非模态判断都只是断定了事物情况的存在。但是，当我们进一步研究有关事物情况的规律时，我们会发现，有些事物情况的存在具有必然性，有些事物情况的存在又只具有可能性。例如，根据社会运动发展的规律，社会主义社会必然要代替资本主义社会，作为资本主义最高阶段的帝国主义是必然要灭亡的。因此，帝国主义灭亡这个事物情况的存在是具有必然性的。根据物理学的规律，在零度以上，水是不会结冰的。但是，在零度或零度以下，水又是会结冰的。因此，水结冰这个事物情况的存在是具有可能性的。

模态判断就是断定事物情况的必然性或可能性的判断。例如：

水可能结冰。

帝国主义必然灭亡。

都是模态判断。前一个模态判断，断定了水结冰这个事物情况的可能性。后一个模态判断，断定了帝国主义灭亡这个事物情况的必然性。

断定了事物情况的必然性的模态判断，叫做**必然判断**。

断定了事物情况的可能性的模态判断，叫做**可能判断**。

关于模态判断的范围，历史上有两种不同的意见。亚里士多德所讲的模态判断，只包括必然判断与可能判断。康德所讲的模态判断，除了包括必然判断与可能判断之外，还包括实然判断。康德所说的实然判断，就是我们前面讲过的性质判断。关于模态判断的范围，今天也还存在着不同的意见。本书所讲的模态判断，就是必然判断与可能判断。

模态判断，还可以分为客观的模态判断与主观的模态判断。客观的模态判断，是反映客观事物的必然性或可能性的模态判断。主观的模态判断，是反映人们认识的不同确实程度的模态判断。例如，“帝国主义必然灭亡”，就是一个客观的模态判断，它反映了帝国主义在客观的社会发展过程中具有灭亡的必然性。又例如，当我们对张同志的籍贯，还不十分清楚的时候，我们说：“张同志可能是湖南人”，这就是一个主观的模态判断。因为，这个判断并不是断定，在客观事实方面张同志有成为湖南人的可能性；而只是表示，我们对张同志是湖南人这个主观方面的认识，还没有达到十分确定的程度。

亚里士多德所讲的模态判断，都是客观的模态判断。康德从他的唯心主义体系出发，认为模态判断都是主观的。康德把模态判断分为或然，实然与必然三种。他认为，或然模态判断是表示认识者的一种不确定的意见，实然模态判断是表示认识者的一种相信，必然模态判断是表示认识者的一种确知。康德的看法是有错误的。我们认为模态判断有客观的，也有主观的，我们不能肯定其中一种而否定另一种。我们以下所讲的模态判断，都是客观模态判断。

在模态判断中，“必然”与“可能”这两个模态概念的出现，常常有两种情况。在有些模态判断中，主项是一个判断，而谓项是模态概念。例如：

人活到一百岁是可能的。

帝国主义要推行殖民主义是必然的。

这种模态，中古的逻辑学家叫做判断（或命题）的模态。

但是，也有另一些模态判断，主项是一个概念，而模态概念是谓项中的一部分。例如：

这个生产计划是可能完成的。

资本主义制度是必然要消灭的。

这种模态，中古的逻辑学家叫做事物的模态。

在本书中，我们将不考虑上述两种模态的区别。我们以后用“p”、“q”、“r”……代表一个判断，用“必然 p”代表一个必然模态判断。“必然 p”可以是一个判断的模态，也可以是一个事物的模态。

对于“必然 p”与“可能 p”这两个模态判断。我们还可以加入否定的概念。这样，我们就可以得到下面四种模态判断：

必然肯定模态判断：必然 p。

必然否定模态判断：必然非 p。

可能肯定模态判断：可能 p。

可能否定模态判断：可能非 p。

“必然 p”，“必然非 p”，“可能 p”与“可能非 p”，这四种模态判断之间的关系，同 A、E、I、O 四种判断之间的关系是相同的。下面就是四种模态判断的逻辑方阵：

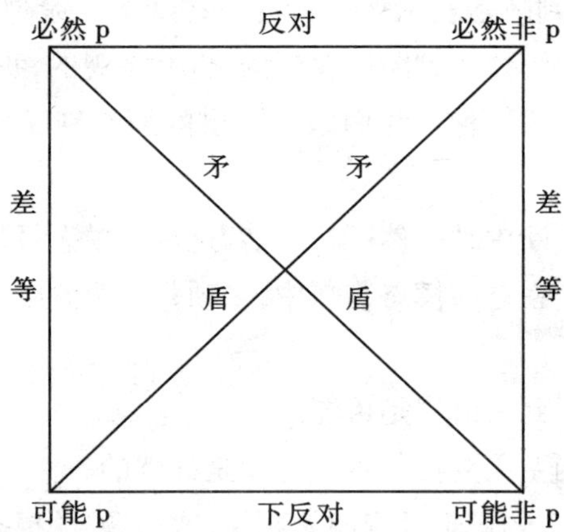

“必然 p”与“可能非 p”之间是矛盾关系。因之，肯定“必然 p”就等于否定“可能非 p”。而否定“可能非 p”，就是在“可能非 p”前面再加上“并非”。因此：

“必然 p”等于“不可能非 p”。

例如:“帝国主义是必然要侵略的”等于“帝国主义是不可能不侵略的”。

用类似的方法,我们还可得到:

“可能非 p”等值于“不必然 p”。

例如:“生癌症是可能不死的”,等值于“生癌症是不必然死的”。

“必然非 p”等值于“不可能 p”。

例如:“谎言是必然不能长期骗人的”,等值于“谎言是不可能长期骗人的”。

“可能 p”等值于“不必然非 p”。

例如:“他可能成功”,等值于“他不必然不成功”。

“必然 p”与“可能 p”之间有差等关系。如果“必然 p”真,那么,“可能 p”就一定真;但是,如果“可能 p”真,“必然 p”却不一定真。例如,如果“他必然成功”这个模态判断是真的,那么,“他可能成功”这个模态判断就一定是真的;但是,如果“他可能成功”这个模态判断是真的,“他必然成功”这个模态判断,却不一定也是真的。由“必然 p”能推出“可能 p”,但由“可能 p”却推不出“必然 p”。

我们在上面谈了“必然”与“可能”这两个模态概念,现在我们顺便也谈一下“偶然”这个模态概念。“偶然”这个模态概念在历史上曾有过几种不同的含义,其中一个含义是:“偶然 p”等值于“可能 p 也可能非 p”。我们说:“某人偶然地犯了某个错误”,这就是说,“某人可能犯这个错误,也可能不犯这个错误”。由“偶然 p”能推出“可能 p”,也能推出“可能非 p”。

“偶然”也可以通过“必然”来加以定义。“偶然 p”等值于“不必然 p 也不必然非 p”。我们说:“某人偶然地犯了某个错误”,这就是说:“某人不必然犯这个错误,也不必然不犯这个错误”。由

“偶然 p”能推出“不必然 p”,也能推出“不必然非 p”。

由此,可以看出,“偶然 p”是不同于“必然 p”与“可能 p”的。

我们在前面讲了几种模态判断之间的关系。现在我们要讲一下模态判断与非模态判断之间的关系。非模态判断,就是没有包含模态概念的判断。前面我们讲过的性质判断与关系判断都是非模态判断,不少逻辑学家称之为实然判断。模态判断与实然判断之间的关系,就是“必然 p”,“必然非 p”,“可能 p”,“可能非 p”与“p”之间的关系。它们之间的关系,有下面四条规律:

(1)如果“必然 p”是真的,那么,“p”就是真的。

例如:“共产主义社会是必然要实现的”这个判断是真的,因此,“共产主义社会是要实现的”这个判断也是真的。

(2)如果“p”是真的,那么,“可能 p”就是真的。

例如,“共产主义社会是要实现的”这个判断是真的,因此,“共产主义社会是可能实现的”这个判断也是真的。

(3)如果“必然非 p”是真的,那么“非 p”就是真的。

例如,“人必然不能活到一千岁”这个判断是真的,因此,“人不能活到一千岁”这个判断也是真的。

(4)如果“非 p”是真的,那么,“可能非 p”就是真的。

例如,“人不会活到一千岁”是真的,因此,“人可能不会活到一千岁”也是真的。

由上面四条规律,我们可以看出,由必然判断能够推出实然判断,由实然判断能够推出可能判断。但是,由可能判断却不能推出实然判断,由实然判断却不能推出必然判断。必然判断断定最多,实然判断断定较少,可能判断断定最少。

以上我们所讲的“必然 p”,“可能 p”,其中的“p”可以代表任何判断,“p”既可以代表 SAP、SEP、SIP、SOP,也可以代表“p 并且 q”,“如果 p 那么 q”,“p 或 q”等。同时,我们也可以用两个模态判断例如“必然 p”与“可能 q”构成一个复合的模态判断,例如“必然 p 并且可能 q”,“如果必然 p,那么可能 q”等。这样,就可构成许许多多的不同的模态判断。

这些复杂的模态判断的真假可以根据模态概念(即必然,可能)的意义与逻辑联项(即:如果,那么;或:并且,并非)的意义来加以决定。但是,这会涉及一些相当复杂的问题,本书不拟介绍了。在推理那章中,我们会讲到一些常用的复合模态判断的等值关系。

第十三节　几种特别的判断形式

我们已经讲过非模态判断。在非模态判断的简单判断中,有性质判断与关系判断;在非模态的复合判断中,有假言判断,选言判断,联言判断与负判断。我们也简略地讲过了模态判断。应当指出,这些都是判断的基本形式。此外,还存在着一些别的判断形式,而且有一些别的判断形式,我们很难用已讲过的判断基本形式予以充分的分析。

下面我们要介绍几种特别的判断形式,并且用我们已经讲过的判断基本形式,试图作一些分析。

(1)“多数 S 是(或不是)P”,“少数 S 是(或不是)P”

特称判断,只是断定有 S 是 P,但是,有多少数量的 S 是 P,特称判断是没有断定的。在我们认识过程与思维过程中,我们有时还需要知道究竟有多少数量的 S 是(或不是)P。这样,就形成了这样一些判断形式:“多数 S 是(或不是)P”,“少数 S 是(或不是)P”,“绝大多数 S 是(或不是)P”,“百分之九十五的 S 是(或不是)P”,等等。

这些判断形式,有的逻辑学家称之为数量判断。这些数量判断,不能用已讲过的判断基本形式给以充分的分析。

当我们断定“多数S是P”时，在一般情形下，常常是间接地断定了“少数S不是P”；当我们断定“多数S不是P”时，总是间接地断定了“少数S是P”。反过来，当我们断定了“少数S是P”时，也总是间接地断定了“多数S不是P”；当我们断定了“少数S不是P”时，也总是间接地断定了“多数S是P”。所以，在一般情况下，“多数S是P”的含义是等于“少数S不是P”的含义的，“多数S不是P”的含义是等于“少数S是P”的含义的。

其他的数量判断的情况是类似的。

我们虽然不能用已讲过的判断形式来表示数量判断，但是，根据日常语言中数量判断的含义，我们却可以由数量判断推出一些我们已讲过的判断形式。例如，由“多数S是P”，显然能推出“有S是P”；又由于“多数S是P”的含义等于“少数S不是P”的含义，而由“少数S不是P”显然可以推出“有S不是P”，因而由“多数S是P”又可以推出“有S不是P”。

“多数S是P”可以推出“有S是P并且有S不是P”，但是，这二者并不是等值的。因为由后者却推不出前者。例如，由“多数同学是进步很快的”可以推出“有的同学是进步很快的并且有的同学不是进步很快的”。但是，这两个判断不是等值的，由后一个判断不能推出前一个判断。

其他的数量判断，也可以根据上述原则加以处理。

(2)“S一般地是(或不是)P”，“S个别地是(或不是)P”

“S一般地是P”只断定：在一般的情况下S是P。却并不断定：在所有情况下S都是P。因此，“S一般地是P”不等值于“所有S都是P”；而且，由“S一般地是P”的真，也不能推出“所有S都是P”是真的。

例如，“人民内部矛盾一般地是非对抗性的”不等值于“所有的人民内部矛盾都是非对抗性的”，而且，由前者的真也推不出后者的真。

“S一般地是(或不是)P”,大致相当于“绝大多数S是(或不是)P”;“S个别的是(或不是)P”,大致相当于“极少数的S是(或不是)P”。

上面我们已经指出,用我们已讲过的判断形式不能表示数量判断;根据同样的理由,用我们已讲过的判断形式也不能表示“S一般地是(或不是)P”与“S个别地是(或不是)P”这样的判断。但是,在一般情况下,由“S一般地是(或不是)P”,可以推出“有S是P并且有S不是P”,由“S个别地是(或不是)P”,也可以推出“有S是P并且有S不是P”。

(3)“S就是P”

“S就是P”,在某些场合,同“S是P”的意义一样,只不过加重“是”的语气而已。例如,“张同志就是长征干部”。只是着重地表示“张同志是长征干部”。但是,在许多场合,“S就是P”却是等于“所有S都是P,并且所有P都是S”。例如,“人就是能制造并利用生产工具的动物”,就等于“所有人都是能制造并利用生产工具的动物,并且所有能制造并利用生产工具的动物都是人”。真实定义“Ds就是Dp”,就是属于这种判断形式。

(4)“S基本上是(或不是)P”

“S基本上是(或不是)P”是断定:“S,就它的本质或基本属性或主要属性说,是(或不是)P”。因而这种判断是就S的本质或基本属性或主要属性说的,而不是就S的数量说的。因此,这种判断,就不能用量化S的办法来表示。例如“他们的意见基本上是正确的”这个判断的形式是:“S基本是P”。对于这个判断,我们就不能用“所有S都是P”形式或“有S是P”形式来表示。

在有些情况下,我们既可以说“S基本上是P”,也可以说“S一般地是P”。例如,我们可以说,“旧中国的知识分子基本上是爱国的";我们也可以说,"旧中国的知识分子一般地是爱国的"。但是,这两个判断仍然是不同的。前者是就旧中国的知识分子的本质或基本属性或主要属性方面说的,后者是就旧中国知识分子的数量方面说的。

对于"S基本上是P"这种判断,我们可以作这样一种处理,这就是把"基本上"算作谓项的一部分。例如,"他们的意见基本上是正确的"可以看作"他们的意见是基本上正确的"。这里谓项是"基本上正确的"。这样,我们可以应用性质判断的规律加以处理。

(5)"只有S才是P","只有S是P"

这两种语句的意义,在汉语中不是十分确定的。有人把它们看作是相同的,也有人把它们看作是有区别的。

但是,有一点是确定无误的。这两个语句都断定了:"非S都不是P"。例如,"只有经常锻炼身体的人是(或才是)长寿的"是确定无误地断定了:"不经常锻炼身体的人都不是长寿的"。

这种判断与必要条件假言判断是类似的。所不同者,必要条件假言判断"只有p才q"是用一个判断"p"表示必要条件,而"只有S是(或才是)P",却是用一个概念"S"表示必要条件。

(6)"除x以外,S都是P"

我们先举一个例子:"除了辩证唯物主义以外,所有哲学体系都不能够彻底解决真理问题"。这个判断断定了:①辩证唯物主义是一种哲学体系,②辩证唯物主义是能够彻底解决真理问题的,③辩证唯物主义以外的哲学体系,是不能够彻底解决真理问题的。由这个例子,我们可以看出:

"除x以外,S都是P"等值于"x是S,并且,x不是P,并且,不是x的S都是P"。

(7)"既然p,那么q"

"既然p,那么q"与"如果p,那么q"不同。在"如果p,那么q"

中，我们没有断定“p”是真的，“p”可以是真的也可以是假的。但是，在“既然 p，那么 q”中，我们断定了“p”是真的。

例如，在“既然帝国主义和社会帝国主义是现代战争的根源，那么，在争取和平的斗争中，我们就应该联合一切力量来反对帝国主义和社会帝国主义”这个判断中，我们不仅断定了：“帝国主义和社会帝国主义是现代战争的根源”是“在和平斗争中我们应联合一切力量来反对帝国主义和社会帝国主义”的充分条件；而且，我们还断定了：“帝国主义和社会帝国主义是现代战争的根源”这个事物情况是存在的事实，即是说，我们还断定了它是一个真的判断。因此

“既然 p，那么 q”等值于“p 并且，如果 p，那么 q”。

(8)“因为 p，所以 q”

“因为 p，所以 q”在大多数情形下，是一个省略的推理形式。但在有些情形下，它也可以是一个判断形式。不论它作为一个省略的推理形式或者作为一个判断形式，它都断定了：①p 是 q 的充分条件，②p 是存在的事实，即 p 是真的，③q 也是存在的事实，即 q 也是真的。

例如，“因为中国人民的革命事业是正义的，所以中国人民的朋友遍天下”。这个判断断定了：①如果中国人民的革命事业是正义的，那么，中国人民的朋友就遍天下；②中国人民的革命事业是正义的；③中国人民的朋友遍天下。由此可以看出：

“因为 p，所以 q”等于“p，并且 q，并且如果 p，那么 q”。

【习　　题】

2.01　说明判断的特征和作用。

2.02　形式逻辑怎样研究判断？形式逻辑关于判断的理论，对于恰当地下判断有什么帮助？

2.03 说明判断与语句的关系和区别。

2.04 指出下列各判断是哪一种性质判断,并指出它们的主谓项:

(1)无论什么困难都不是不可克服的。

(2)这棵树不是枣树。

(3)没有无因之果。

(4)个个是英雄。

(5)有的矛盾不是非对抗性的。

(6)鱼目焉能混珠。

(7)木星的所有卫星都是绕木星由西向东运行的。

(8)没有一个资本家不是惟利是图的。

(9)这种基于实践的由浅入深的辩证唯物论的关于认识发展过程的理论在马克思主义以前,是没有一个人这样解决过的。

(10)至少有一种金属比水轻。

2.05 (1)断定"有的鸟是食肉的"是假的与断定"有的鸟不是食肉的"是真的,是否相同,为什么?

(2)断定"一切知识都是来源于实践的"是真的与断定"所有知识都不是来源于实践的"是假的,是否相同,为什么?

2.06 (1)已知SAP与SIP有差等关系,SIP与SEP有矛盾关系,问SAP与SEP有什么关系?

(提示:根据题设,可以从SAP的真假情况,去推出SIP的真假情况;又从SIP的真假情况,去推出SEP的真假情况,从而可由SAP的真假情况直接推出SEP的真假情况。这样就可以求得SAP与SEP的关系。)

(2)已知SAP与SOP有矛盾关系,SEP与SAP有反对关系,问SEP与SOP有什么关系?

2.07 什么叫做周延?为什么肯定判断的谓项不周延而否定判断的谓项周延?

2.08 下列各关系是对称的或传递的吗?

(1)不相等;

(2)选举;

(3)分子和类之间的属于关系。

2.09 下列各组判断之间有什么真假关系?

(1)1. 有人拥护所有的候选人。

2. 所有的候选人都有人拥护。

(2)1. 所有参观者都欣赏全部陈列品。

2. 有的参观者欣赏每件陈列品。

2.10 从关系的逻辑性质方面,指出下列两句话中的逻辑错误:

(1)A 离 B 很近,B 离 C 很近,因之,A 离 C 也很近。

(2)某甲是乙会的会员,乙会是丙会的团体会员,由此可见某甲是丙会的会员。

2.11 断定了一个复合判断,是否必然地断定了它的支判断,为什么?

2.12 下列各判断是哪种复合判断,并指出它们的判断联项和支判断:

(1)只要有决心,困难是可以克服的。

(2)理论一旦掌握群众,就变成物质力量。

(3)谁不接受这个教训,谁就要碰得头破血流。

(4)哪里有帝国主义和社会帝国主义的压迫,哪里就有人民的反抗。

(5)当气体的质量一定时,气体的体积和压力的乘积,跟它的绝对温度成正比。

(6)谦虚使人进步,骄傲使人落后。

(7)会憎,才会爱。

(8)要作一个人民的作家,必须熟悉人民的语言。

(9)若要人不知,除非己莫为。

(10)没有革命的理论,就没有革命的运动。

(11)不破不立,不塞不流,不止不行。

(12)不入虎穴,焉得虎子。

(13)凡事豫则立,不豫则废。

(14)液体沸腾的原因是温度增高,或者是压力下降。

(15)不是东风压倒西风,就是西风压倒东风。

(16)要么走社会主义道路,要么走资本主义道路。

(17)现在不是西风压倒东风,而是东风压倒西风。

(18)中国共产党不仅有武装斗争的丰富经验,也有和平斗争的丰富经验。

(19)知无不言,言无不尽,言者无罪,闻者足戒。

(20)并非所有参加民主运动的人都是马克思主义者。

2.13 分析下列各判断的形式(不必分析到判断的内部结构,即主项、谓项等):

(1)如果马克思主义害怕批评,如果可以批评倒,那末马克思主义就没有用了。

(2)你是资产阶级文艺家,你就不歌颂无产阶级而歌颂资产阶级;你是无产阶级文艺家,你就不歌颂资产阶级而歌颂无产阶级和劳动人民:二者必居其一。

2.14 给出与下列各判断的负判断等值的判断:

(1)如果气温降到0℃以下,就不能施工。

(2)只有下雨,我才不来。

(3)某厂产品质量、数量都超过了原定计划。

(4)那封信或是航空信,或是平信。

2.15 "如果一个人的思想觉悟高,那么他不会计较名誉地位"具有"如p则q"的形式,请改变为具有下列各形式:

(1)如非p则非q。

(2)只有p才q。

2.16 把下列各判断改为充分条件假言判断:

(1)一个人犯错误或是由于立场有问题,或是由于思想方法有问题。

(2)没有一个国家不建设重工业而有巩固的国防。

2.17 把下列各判断改为选言判断:

(1)一个国家不能既不建设重工业,又要想经济独立。

(2)只有你承认了错误,我才会原谅你。

(提示:1."如p则q"等值于"非p或q"。2."非非p"等值于"p"。)

2.18 把下列判断改为联言判断:

并不是如果某甲来,某乙就不来。

2.19 用"p或q"来定义"要么p,要么q"。

(提示:"要么p,要么q"的涵义是"p、q之中至少有一真,且至多有一真"。)

2.20 给出下列各判断的矛盾判断,反对判断或下反对判断,并要求给出的判断的主谓项与原判断的主谓项相同:

(1)行星的轨道必然是椭圆的。

(2)他可能不知道老王的住址。

(3)这种情况的发生是不偶然的。

2.21 设"这消息可能是假的"是真的,根据逻辑知识,与这判断主谓相同的模态判断中还有哪些是(1)真的;(2)假的;(3)真假不定?设原判断是假的,情况又怎样?

2.22 (1)否认"可能 p"是否能得出"可能非 p"?

(2)承认"可能 p"是否能得出"可能非 p"?

2.23 分析下列各判断的形式:

(1)帝国主义就是垄断的资本主义。

(2)只有工人阶级才是大公无私的。

(3)除了革命,没有其他方法可以推翻剥削阶级的统治。

(4)既然帝国主义不会自愿退出历史舞台,那末,我们就不能对它们抱有任何不切实际的幻想。

(5)因为帝国主义和社会帝国主义是不会自愿退出历史舞台的,所以,我们就不能对它们抱有任何不切实际的幻想。

2.24 讨论下列各句话可能表达什么判断:

(1)种瓜得瓜,种豆得豆。

(2)知己知彼,百战不殆。

第四章 演绎推理

第一节 推理的特征

在实践基础上,人们形成了许许多多的判断。判断与判断之间在真假方面是有联系的。有些判断之真,必然地或者或然地导致另一个判断之真。判断与判断之间的真假关系,是人们推理活动的根据。

推理就是根据一个或一些判断得出另一个判断的思维过程。我们可以通过两个具体例子加以说明:

例(1) 如果人口增长是社会发展的主要决定力量,那么,较高的人口密度一定会产生出较高形式的社会制度。 ①

可是,事实上较高的人口密度并不产生出较高形式的社会制度。 ②

所以,人口增长不是社会发展的主要决定力量。 ③

例(2) 蘑菇没有叶绿素, ①

香蕈没有叶绿素, ②

地衣没有叶绿素, ③

蘑菇、香蕈、地衣都是菌类植物, ④

所以,凡菌类植物都没有叶绿素。 ⑤

例(1)是一个推理,根据①、②这两个判断,得出③这个判断。例(2)也是一个推理,根据①、②、③、④这四个判断,得出⑤这个判断。

推理所根据的判断，叫做前提。由前提得出的那个判断，叫做结论。在例（1）这个推理中，判断①与②是前提，判断③是结论。在例（2）这个推理中，判断①、②、③与④是前提，而判断⑤是结论。

推理是由两个或两个以上的判断所组成的一组判断。但是，由两个或两个以上的判断所组成的一组判断,并不一定就是推理。例如，

张某是哲学系学生，

李某是历史系学生，

他们都是共青团员。

这一组判断就不是推理。从语言方面说,识别一组判断是不是推理的方法,就是看表达这一组判断的语言中,是否有“所以”这一类的语词。

在前面所举的例(1)与例(2)中,就都出现了“所以”这个语词。在“所以”前面的判断,就是推理所根据的判断,即前提;在“所以”后面的那一个判断,就是推出的判断,即结论。

在表达推理时,除了用“所以”外,还可以用“因此”、“因为”、“因之”、“就可得出结论”……这些语词或短语。

例(3) 马克思以前的唯物论,离开人的社会性,离开人的历史发展,去观察认识问题,因此不能了解认识对社会实践的依赖关系,……

上面这段话是一个推理,“因此”以前的判断是前提,“因此”以后的判断是结论。

例(4) 亚非拉美的民族解放运动是一定会胜利的,因为,殖民主义是罪恶的,反对殖民主义的民族解放运动是正义的。

例(4)也是一个推理。“因为”前面那个判断是结论;“因为”以后那两个判断是前提。

正如判断有内容与形式两个方面一样，推理也有内容与形式两个方面。推理的内容与形式是既有联系又有区别的。一个具体的推理是由作为前提的具体判断与作为结论的具体判断组成的；而一个推理形式则是由作为前提的判断的形式与作为结论的判断的形式所组成的。前面所举的例(1)与例(2)是两个具体的推理，它们的前提与结论都是具体的判断。这两个具体的推理，既有内容也有形式。如果把这两个具体推理的内容抽去，就可以分别地得到下面两个推理形式：

推理形式(1)　如果 p，那么 q，

非 q，

所以，非 p。

推理形式(2)　S_1 是 P，

S_2 是 P，

S_3 是 P，

S_1、S_2 与 S_3 都是 S，

所以，所有 S 是 P。

在推理形式(1)中，我们用了"p"、"q"这两个判断变项，分别地代替原来例(1)中的两个具体判断；在推理形式(2)中，我们用了"S_1"、"S_2"、"S_3"，"S"与"P"这些概念变项，分别地代替原来例(2)中的五个具体概念。推理形式是用概念变项或判断变项去代替具体推理中的具体概念或具体判断的结果；推理形式是由概念变项或判断变项所组成的一组判断形式。

形式逻辑研究判断时，只研究判断的形式，而不研究判断的具体内容。同样的，形式逻辑研究推理时，也只研究推理的形式，而不研究推理的具体内容。形式逻辑研究由具有哪种判断形式的前提，能够或者不能够推出具有哪种判断形式的结论；形式逻辑研究

作为前提的判断形式与作为结论的判断形式之间联系的规律性。

正确的推理形式及其规律，是从大量的正确的具体推理中抽象出来的，而正确的具体推理又是客观世界中事物情况之间的联系的反映。因此，正确的推理形式及规律，归根到底，是客观世界中事物情况之间的联系的反映。

现代唯心主义流派——约定论者——认为，正确的推理形式及其规律是人们可以任意约定的，正如同人们可以任意约定下棋与玩牌的规则一样。这种唯心主义的逻辑理论，显然是荒谬的。正确的推理形式，就是由真实的前提能够得出真实的结论的推理形式；而真实的前提与结论，就是符合客观事物情况的前提与结论。因此，一个推理形式是否正确，最后还是根据于客观的事物情况之间的关系，而不是根据于人们主观的任意约定。我们应当分别正确的推理形式本身与表达正确的推理形式的语言符号。它们是完全不同的两回事。表达正确推理形式的语言符号，在原则上是人们能够任意约定的；但是，正确的推理形式本身却不是。约定论者把表达正确推理形式的语言符号的约定性，夸大成为正确推理形式本身的约定性，是完全错误的。

由于正确推理形式反映了客观事物情况之间的联系，人们根据正确的推理形式，就能由已有的真实的前提得出原来未知的真实的结论，就能由已有的知识得出未知的知识。在欧几里得几何学中，根据正确的推理形式，人们由少数几条公理就推出许许多多原来未知的定理。不但在几何学中是如此，在其他科学中也是如此。所以，正确的推理与正确的推理形式，是人们获得未知的知识的重要手段。恩格斯说："甚至形式逻辑也首先是探寻新结果的方法，由已知进到未知的方法，……"(《马克思恩格斯选集》第 3 卷，第 174 页。)恩格斯在这里所说的探寻新结果的方法，就包括了正确的推理以及正确的推理形式。

第二节 推理的种类与演绎推理的特征

正如判断可以有不同的分类一样，推理也可以有不同的分类。不同的科学可以从不同的角度对推理进行不同的分类。形式逻辑主要是从真假值的角度来研究思维的形式及其规律的，因而形式逻辑应当根据推理形式在真假值方面的重要特征，来对推理进行分类。

在本章第一节中，我们举了例(1)与例(2)这两个具体推理，并且也指出例(1)与例(2)的形式分别是：

推理形式(1) 如果 p，那么 q，
非 q，
所以，非 p。

推理形式(2) S_1 是 P，
S_2 是 P，
S_3 是 P，
S_1，S_2，S_3 都是 S，
所以，所有 S 都是 P。

这两个推理形式有一个重要的区别。在推理形式(1)中，不论我们用任何具体判断代入"p"与"q"，只要经过代入后的前提是真的，那么，经过代入后的结论也是真的。在推理形式(2)中，我们用某些具体概念代入"S_1"、"S_2"、"S_3"、"S"与"P"，结果前提是真的，结论也是真的；但是，如果用另一些具体概念代入"S_1"、"S_2"、"S_3"、"S"与"P"，结果前提虽然是真的，结论却是假的。这也就是说，在推理形式(1)中，经过代入以后，当前提是真的，结论必然地也是真的；在推理形式(2)中，经过代入以后，当前提是真的，结论

只是或然地是真的。就是在这个意义上,我们说推理形式(1)的前提与结论之间有必然性的联系,而推理形式(2)的前提与结论之间有或然性的联系。

前提与结论之间的联系是必然性的或者是或然性的,这是推理形式在真假值方面的一个极其重要的特征。因为,应用必然性的推理形式,只要前提是真的,就能保证结论也是真的。但是,应用或然性的推理形式,虽然前提是真的,却还不能保证结论也是真的;要保证得到真实可靠的结论,我们还必须依赖其他的方法。

根据前提与结论之间的联系特征,我们把推理分成两大类。一类是演绎推理,另一类是归纳推理。

演绎推理就是前提与结论之间有必然性联系的推理。例如,上节中的例(1)。

归纳推理就是前提与结论之间有或然性联系的推理。例如,上节中的例(2)。

本章只讨论演绎推理,归纳推理在以后第五章再详细讨论。

逻辑书中常讲到“蕴涵”这个概念。所谓一个判断或判断形式p蕴涵一个判断或判断形式q,这就是说,当p是真的,必然地q也是真的。由此就可看出:一个判断或判断形式 p 蕴涵一个判断或判断形式 q,就等于说,两个判断或判断形式 p 与 q 之间有必然性的联系。因而,利用“蕴涵”这个概念,我们也可以对演绎推理作下面的定义:

演绎推理就是前提与结论之间有蕴涵关系的推理。

演绎推理又可以分成模态演绎推理与非模态演绎推理。

模态推理涉及许多复杂的问题,本书只能简略地介绍几种常用的模态推理形式。

非模态演绎推理,又可以分为简单判断的演绎推理与复合判断的演绎推理。简单判断的演绎推理与复合判断的演绎推理还可

以继续分类。这里,演绎推理的分类,基本上是根据于《判断》那章对于判断的分类。我们可以将演绎推理的种类列举如下:

- 演绎推理
  - 非模态演绎推理
    - 简单判断的推理
      - 性质判断的推理
        - 直接推理
          - 换质法
          - 换位法
          - 换质位法
          - 附性法
        - 间接推理——三段论
      - 关系判断的推理
    - 复合判断的推理
      - 假言推理
      - 选言推理
      - 联言推理
      - 二难推理
      - ……
  - 模态演绎推理

第三节　性质判断的推理:(一)直接推理

性质判断的推理,就是前提与结论都是性质判断的推理。性质判断的推理,可以只有一个前提,也可以有两个或两个以上的前提。只有一个前提的性质判断的推理,叫做**直接推理**。有两个或两个以上前提的性质判断的推理,叫做**间接推理**。

直接推理有换质法、换位法、换质位法与附性法等。

换质法

换质法是这样一种直接推理,它的前提的主项是S而谓项是P,它的结论的主项仍然是S而谓项却是P的负概念非P,并且结论的质不同于前提的质。

例如,由“唯心主义不是科学的世界观”这个判断推到“唯心主义是非科学的世界观”这个判断,就是应用了换质法。前一个判断是前提,后一个判断是结论。前提的主项S是“唯心主义”,谓项P是“科学的世界观”;前提的质是否定的。结论的主项仍然是“唯心主义”,谓项却是“非科学的世界观”,“非科学的世界观”是“科学的世界观”的负概念;并且结论的质是肯定的。

在我们说话与写文章时，根据上下文的具体情况，有时用一个肯定判断形式比较合适，有时用一个否定判断形式比较合适。换质法告诉我们如何由一个肯定判断得出一个与之等值的否定判断，或者由一个否定判断得出一个与之等值的肯定判断的规则。

换质法的规则是:

(1)改换前提的质,将肯定改为否定或者将否定改为肯定。

(2)将前提的谓项改成它的负概念。

现以“$\bar{P}$”表示“非P”,根据以上规则,我们就有:

SAP换质为$SE\bar{P}$。

例如,“一切侵略战争都是非正义的”换质为“一切侵略战争都不是正义的”。

SEP换质为$SA\bar{P}$。

例如,“一切剥削阶级都不是甘心退出历史舞台的”换质为“一切剥削阶级都是不甘心退出历史舞台的”。

SIP换质为$SO\bar{P}$。

例如,“有的社会现象是没有阶级性的”换质为“有的社会现象不是有阶级性的”。

SOP换质为$SI\bar{P}$。

例如,“有的作品不是现实主义的”换质为“有的作品是非现实主义的”。

单称肯定判断与单称否定判断也可以换质。它们的推理形式和具体例子，读者可以自己举出。

应当注意，一个判断 p，经过换质后得到另一个判断 q，p 与 q 是等值的。即是说，如果 p 是真的，那么，q 也是真的；而且，如果 q 是真的，那么，p 也是真的。换质法的前提与结论等值，这是推理的特殊情形。一般的推理只是前提蕴涵结论，而不必结论也蕴涵前提。

换位法

换位法是这样一种直接推理，它的前提的主项是S而谓项是P，它的结论的主项是P而谓项是S。

例如，由“有的音乐家是文学家”推出“有的文学家是音乐家”，就是应用了换位法。这里前提的主项是“音乐家”，谓项是“文学家”；而结论的主项是“文学家”，谓项是“音乐家”。

当我们作出了一个判断“S 是(或不是)P”以后，我们常常要提出这样的问题：“P 是(或不是)S”？换位法告诉我们如何把一个判断的主项与谓项互换而得出一个新判断的规则。

应用换位法时应当遵守两条规则：

(1)结论的质必须和前提的质相同，也就是：如果前提是肯定判断，那么，结论也应是肯定判断；如果前提是否定判断，那么，结论也应是否定判断。

(2)在前提中不周延的概念，在结论中不得周延。

根据换位法这两条规则，我们就可以看出，应用换位法由 A、E、I 与 O 四种判断能够推出什么样的结论。

(1)SAP 的换位

由换位规则(1)，SAP 换位只能得出 PAS 与 PIS。再根据换位规则(2)，由 SAP 换位不能得出 PAS；因为，P 这个概念在前提 SAP

中是不周延的，但是，在结论 PAS 中却是周延的。因此：SAP 换位只能得 PIS。

例如，由“所有人都是生物”，通过换位则推出“有的生物是人”。

对于 SAP 的换位，有些人持有不同的意见。他们认为，SAP 通过换位不仅能推出 PIS，而且，有时还可推出 PAS。

SAP 通过换位能否推出 PAS，牵涉到两个更为基本的问题：一个是 SAP 的谓项 P 的周延性问题，另一个是演绎推理的必然性问题。对于第一个问题，我们在《判断》章中已经详细说明了 SAP 的谓项 P 是不周延的，在这里就不再重复了。现在我们只想就演绎推理的必然性，来谈谈 SAP 通过换位能否推出 PAS。

性质判断，可以看作是断定了两个类 S 与 P 之间的关系。在《概念》章中已经讲过，两个类 S 与 P 之间可以有下面五种关系：

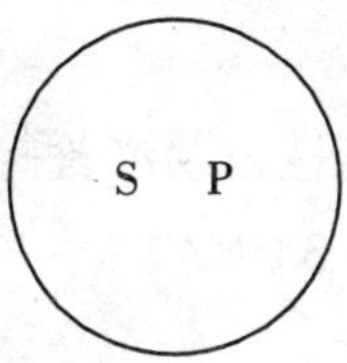

图（1）

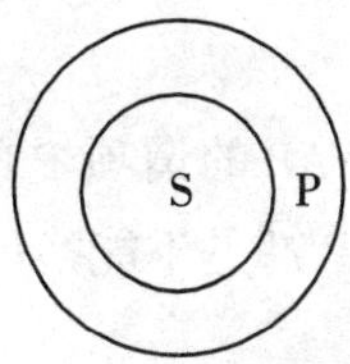

图（2）

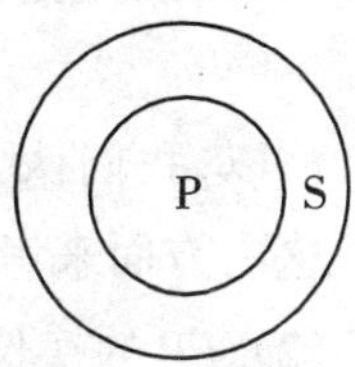

图（3）

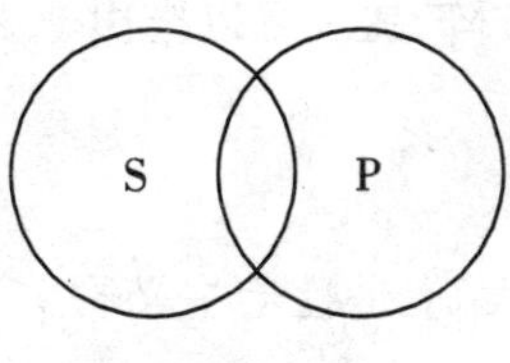

图（4）

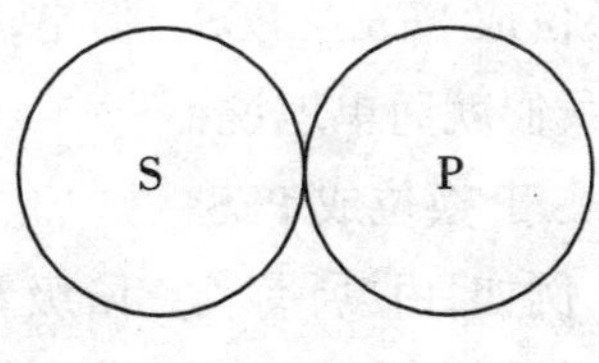

图（5）

当SAP真时,S与P之间的关系,可以是图(1)或图(2)的情形。当PIS真时,S与P之间的关系,是图(1)或图(2)或图(3)或图(4)的情形。当PAS真时,S与P之间的关系,是图(1)或图(3)的情形。由此可以看出:

SAP真的两个可能情形,全部地包括在PIS真的四个可能情形之内。因此,当SAP真时,不论是图(1)或图(2)的情形,PIS都是真的;也就是说,当SAP真时,PIS必然地是真的。

SAP真的两个可能情形,却并不是都包括在PAS真的两个可能情形之内。因此,当SAP在图(1)的情形下为真时,PAS就是真的;但是,当SAP在图(2)的情形下为真时,PAS就是假的。也就是说,当SAP真时,PAS并不必然地是真的。

演绎推理就是前提与结论之间有必然性联系的推理。换位法是一种演绎推理,因此,换位法的前提与结论之间也必须有必然性的联系。既然SAP与PAS之间没有必然性的联系,那么,SAP就不能作为前提,通过换位法,推出PAS;或者说,SAP就不能换位为PAS。

所以,我们认为,就SAP的谓项P的周延性与演绎推理的必然性这两方面来考虑,SAP都是不能换位成PAS的。

(2)SEP的换位

根据换位规则(1),SEP可以换位成PES与POS;再根据换位规则(2),由于S与P这两个概念在SEP中都是周延的,SEP也可以换位成PES与POS。但是,根据逻辑方阵,PES可以推出POS,所以,我们就简单地说:

SEP换位成PES。

例如,由"所有资产阶级专政的国家都不是社会主义国家",通过换位可以推出"所有社会主义国家都不是资产阶级专政的国家"。

(3)SIP 的换位

根据换位规则(1),SIP 可以换位成 PAS 与 PIS;但是,根据换位规则(2),SIP 不能换位成 PAS,因为概念 P 在 SIP 中不周延,而在 PAS 中却是周延的。所以,

SIP 换位成 PIS。

例如,由"有的大学生是共青团员"可以换位成"有的共青团员是大学生"。

在 SAP、SEP、SIP 与 SOP 四种简单性质判断中,前三种都能换位,但是,SOP 却不能换位。因为,根据换位规则(1),如果 SOP 要换位,就只能得出 PES 或 POS。但是,再根据换位规则(2),SOP 既不能换位成 PES,也不能换位成 POS;因为,概念 S 在 SOP 中是不周延的,但是,概念 S 在 PES 与 POS 中却都是周延的。

单称肯定判断与单称否定判断也可以换位。当单称肯定判断的谓项 P 是一个普遍概念时,单称肯定判断只能换位成特称肯定判断。当单称肯定判断的谓项 P 是一个单独概念时,单称肯定判断只能换位成单称肯定判断。类似的,单称否定判断可以换位成特称否定判断或者换位成单称否定判断。

换质位法

换质位法,**就是多次交换地应用换质法与换位法**(**或者换位法与换质法**)**的推理**。

例如,由 SAP 先换质得 $SE\bar{P}$,再换位得 $\bar{P}ES$,再换质得 $\bar{P}A\bar{S}$,……。也可以由 SAP 先换位得 PIS,再换质得 $PO\bar{S}$。

经过换质位后得到的那个判断,叫做**换质位判断**。原来的那个判断叫做原判断。例如,上面的 SAP 是原判断,而 $\bar{P}ES$、$\bar{P}A\bar{S}$、$PO\bar{S}$是换质位判断。

SAP、SEP、SIP 与 SOP 的换质位情形如下("──→"表示推出关

系)：

SAP ⟶ SE$\bar{P}$ ⟶ $\bar{P}$ES ⟶ $\bar{P}$A$\bar{S}$ ⟶ $\bar{S}$I$\bar{P}$ ⟶ $\bar{S}$OP。

SAP ⟶ PIS ⟶ PO$\bar{S}$。

SEP ⟶ SA$\bar{P}$ ⟶ $\bar{P}$IS ⟶ $\bar{P}$O$\bar{S}$。

SEP ⟶ PES ⟶ PA$\bar{S}$ ⟶ $\bar{S}$IP ⟶ $\bar{S}$O$\bar{P}$。

SIP ⟶ SO$\bar{P}$。(SIP 先换质后得 SO$\bar{P}$，就不能再换位。因此，SIP 如果先换质，就不能得到换质位判断。)

SIP ⟶ PIS ⟶ PO$\bar{S}$。

SOP ⟶ SI$\bar{P}$ ⟶ $\bar{P}$IS ⟶ $\bar{P}$O$\bar{S}$。

SOP 不能先换位。

应用换质位法，我们就可以由“所有金属都是有光泽的”，推出：“所有无光泽的都不是金属”；也可以推出：“有些非金属是无光泽的”。应用换质位法，我们就可以由“所有不承认阶级斗争的都不是马克思主义者”，推出：“所有马克思主义者都是承认阶级斗争的”；也可以推出：“有的承认阶级斗争的是马克思主义者”。但是应当注意，却不能推出：“所有承认阶级斗争的都是马克思主义者”。

应该指出，古典逻辑的直接推理是假设了判断主项所表示的事物是存在的。通过换质位法，我们可以由以 S 为主项、P 为谓项的原判断，推出一个以 P 或 $\bar{S}$ 或 $\bar{P}$ 为主项的换质位判断。因此，古典逻辑中的换质位法，是假设了 S、P、$\bar{S}$ 与 $\bar{P}$ 分别表示的事物都是存在的。不满足这个假设，换质位法就可能由真的前提推出假的结论。

例如，我们由“所有有机物都是变化发展的”，用换质位法，即可得出“有些无机物是不变化发展的”。这里前提是真的，而结论却是假的。问题就出在“不变化发展的”(即 $\bar{P}$)所表示的事物是不存在的。

换质法，换位法与换质位法都是直接推理，都具有由已知推未知的作用。但是，有时我们也用这几种逻辑形式来反复阐明与揭露一个判断的内容。例如，在下面这一段话中："凡是唯物主义者都承认有独立存在的客观世界，凡不承认有独立存在的客观世界的都不是唯物主义者"，后一个判断就是前一个判断的换质位判断。后一个判断是用来阐明与揭露前一个判断的内容的。

附性法

附性法是这样一种直接推理，它的前提是"所有S都是P"，而结论是"所有QS都是QP"。

前提"所有S都是P"断定S类包含于P类中。结论中的"Q"表示一个性质，"QS"表示具有Q性质的S类事物，"QP"表示具有Q性质的P类事物。结论断定具有Q性质的S类事物都包含在具有Q性质的P类事物中。

例如，由"劳动模范是先进生产者"推出："农业劳动模范是农业先进生产者"，这就是一个用附性法的推理。前提断定劳动模范（S类）包含于先进生产者（P类）中，而结论断定农业方面的劳动模范（QS）包含于农业方面的先进生产者（QP）中。

由"共产党是工人阶级的先锋队"推出："中国共产党是中国工人阶级的先锋队"，也是一个用附性法的推理。

以上两个附性法的推理都是正确的推理。

附性法要求，结论的主项上所附加的那个性质与谓项上所附加的那个性质是同一的；或者说，结论的主项上所附加的那个概念与谓项上所附加的那个概念是同一的。如果在结论的主项与谓项上分别附加的那两个性质或概念不是同一的，那么，这样的推理就不是一个正确的推理。这里我们要特别注意语词与概念的区别。有时附加在主项与谓项上的语词是同一的，但是，它们所表示的概念却可以是不同的。例如：

蚂蚁是动物，

所以，大蚂蚁是大动物。

结论中“大蚂蚁”之“大”与“大动物”之“大”，就语词方面说，是同一的；但是，就概念说，却是不同的。“大蚂蚁”之“大”，是表示相对于蚂蚁之大，而“大动物”之“大”，却是表示相对于动物之大。由于所附加的两个概念不是同一的，上面的推理就是一个错误的推理。

同样的，由“音乐家是人”推出“不高明的音乐家是不高明的人”，也是一个错误的推理。

第四节　性质判断的推理：(二)三段论

性质判断的推理，有直接推理与间接推理两种。在间接推理中，又有两个前提的间接推理与两个以上前提的间接推理。本书只介绍两个前提的间接推理。这就是三段论。

古代希腊的逻辑学家亚里士多德，就已经提出相当完整的三段论理论。后来传统的逻辑书中所讲的三段论，基本上仍是亚里士多德所提出的那些内容。亚里士多德夸大了三段论的作用，他以为三段论就是推理的全部，其他的推理如假言推理，选言推理甚至归纳推理都可以还原为三段论。这显然是错误的。三段论虽然不是推理的全部，但是，就一般的实际思维来说，三段论确实是一种经常应用的推理形式。

三段论的定义与组成

三段论是这样一种推理，它由也只由三个性质判断组成，其中两个性质判断是前提，另一性质判断是结论；就主项和谓项说，它

包含而且只包含三个不同的概念,每个概念在两个判断中各出现一次。例如:

所有的科学规律都是不以人们的意志为转移的, ①

逻辑学的规律是科学规律, ②

所以,逻辑学的规律是不以人们的意志为转移的。 ③

这就是一个三段论。它由三个简单性质判断①、②与③组成。①与②是前提,③是结论。就主项和谓项说,它包含三个不同的概念,即"科学规律","不以人们的意志为转移的"与"逻辑学的规律"。每一个概念都在两个判断中各出现一次。例如,"逻辑学的规律"这个概念,就在②与③中各出现一次。

三段论所包含的三个不同的概念,分别叫做大项、小项与中项。大项就是作为结论的谓项的那个概念。小项就是作为结论的主项的那个概念。中项就是在两个前提中都出现的那个概念。在上面那个三段论中,"不以人们的意志为转移的"是大项,"逻辑学的规律"是小项。"科学规律"是中项。

在三段论的两个前提中,包含大项的那个前提叫做大前提,包含小项的那个前提叫做小前提。在上面那个三段论中,①是大前提,②是小前提。

三段论的规则

由三段论的定义就可以看出,三段论可以有许许多多的形式。在这许许多多的形式中,有些是正确的三段论形式,有些是不正确的三段论形式。为了要指出哪些是三段论正确的形式和哪些是三段论不正确的形式,逻辑学就提出了三段论的规则。三段论的规则是三段论正确形式的充分与必要条件。这就是说,合乎三段论规则的,就是三段论正确的形式;不合乎三段论规则的,就是三段论不正确的形式。

三段论规则有下面几条：

规则(1)：三段论只能有三个性质判断；就主项和谓项说，只能包含三个不同的概念。

这条规则是由三段论的定义引申出来的。违反这条规则，就要犯四概念的错误。在大前提与小前提中各出现一次的中项，应当是同一个概念。但是，有时在大前提与小前提中用以表示中项的那两个语词虽然是同一的，但是，它们却分别表达了两个不同的概念。这就使我们误以为三段论中只有三个不同的概念，而事实上却是四个不同的概念。这就是四概念的错误。例如：

物质是永恒不灭的，

钢铁是物质，

所以，钢铁是永恒不灭的。

在这个三段论的大前提与小前提中都有“物质”这个语词。但是，这个语词在大前提与小前提中却分别地表达了两个不同的概念。大前提中的“物质”，是表达哲学上物质的概念，它就是：在人们意识之外，并且不依赖于人们的意识的客观实在。在小前提中的“物质”，是表达具体物体这个概念。这个三段论犯了四概念的错误，它违反了三段论的规则，因而是不正确的。

规则(2)：中项至少要在一个前提中周延。

如果中项在两个前提中都不周延，这就是说，两个前提都没有断定中项的全部外延，那么，就可能大项的外延与中项的外延中的某一个部分发生关系，而小项的外延却与中项外延中的另一部分发生关系。由于大项与小项没有同中项的外延中同一个部分发生关系，大项与小项之间的关系就不能确定。这样，就不能必然地推出结论。例如：

伟大的物理学家都是有广博知识的，

伟大的文学家都是有广博知识的，

所以，伟大的文学家都是伟大的物理学家。

这个三段论，就犯了中项不周延的错误。它的两个前提，仅仅是分别地断定了伟大的物理学家包含于“有广博知识的”这一类中和伟大的文学家包含于“有广博知识的”这一类中。因而就有这样一种可能性：伟大的物理学家与伟大的文学家分别属于“有广博知识的”这一类中的两个不同的部分。

但是，结论却断定了“伟大的文学家”这个部分包含在“伟大的物理学家”这个部分中，这显然是错误的。

规则(3)：**在前提中不周延的概念，在结论中不得周延。**

一个概念，例如S，在前提中不周延，这就是说，在前提中我们没有断定S的全部外延，而只断定了S的部分外延。但是，如果在结论中S周延，那就是我们在结论中断定了S的全部外延。很显然，由对S的部分外延的断定，是推不出对S的全部外延的断定的。因此，在前提中不周延的概念，在结论中也不得周延。

语言是没有阶级性的，

语言是社会现象，

所以，凡社会现象都是没有阶级性的。

在这个三段论中，小前提是一个肯定判断，因而小项“社会现象”在小前提中是不周延的。但是，结论是一个全称判断，因而小项在结论中却是周延的。这是一个错误的三段论。这种错误叫做**小项不当周延**。

又例如：

凡社会科学都是有阶级性的，

有的科学不是社会科学，

所以，有的科学不是有阶级性的。

在这个三段论中，大前提是一个肯定判断，因为大项“有阶级性的”在大前提中是不周延的。但是，结论是一个否定判断，因而大项“有阶级性的”在结论中却是周延的。这个结论虽然事实上是真的，但是，这个三段论却是错误的。这种错误叫做大项不当周延。

规则(4)：从两个否定前提不能得结论。

如果两个前提都是否定的，则两个前提有四种可能情况，即(i)EE；(ii)EO；(iii)OE；(iv)OO。我们可以用图解方法来证明在这四种可能情况下，都不能得出结论。我们选择情况(i)、(iv)来加以证明；情况(ii)、(iii)留待读者自证。

在情况(i)下，不论 P 还是 M 为大前提的主项，大前提 E 就是下面这样的图：

图（1）

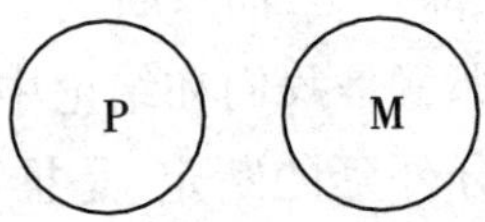

不论 S 还是 M 为小前提的主项，小前提 E 就是下面这样的图：

图（2）

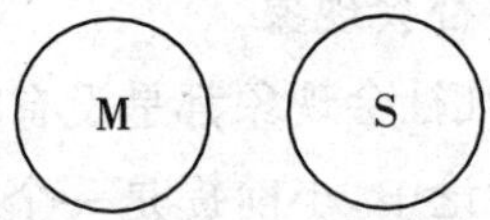

显然，由图(1)和图(2)，不能必然地确定 S 与 P 有什么样的关系。这就是说，在情况(i)下，不能得结论。

在情况(iv)下，不论 P 还是 M 为大前提的主项，大前提 O 是真的，就有并且只有下面几种可能见图(3)：
不论 S 还是 M 为小前提的主项，小前提 O 是真的，就有并且只有下面这样几种可能见图(4)：
当大前提与小前提都真时，大前提可能是图(3)的(d)这种情况，小前提可能是图(4)的(d)这种情况。显然，在这两种情况下，由大前

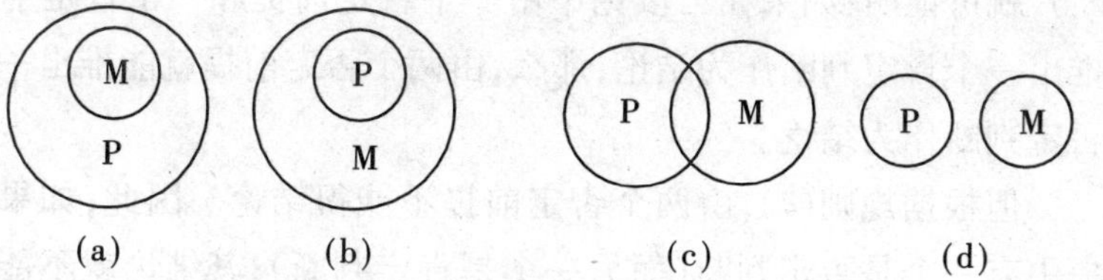

图（3）

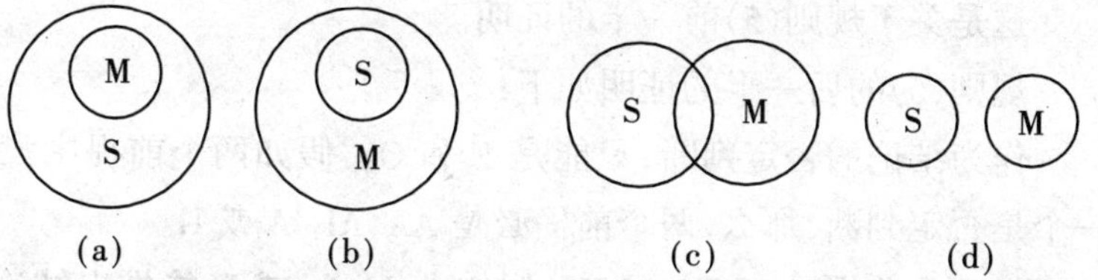

图（4）

提与小前提不能必然地确定 S 与 P 的关系。这就是说,在情况(iv)下,不能得结论。

同样,情况(ii)与(iii),也不能得结论。

以上证明了从两个否定前提不能得结论。

例如,从下面两个否定前提:

机械唯物主义不是唯心主义,

不可知论不是机械唯物主义,

我们既不能必然地得出“不可知论不是唯心主义”这个结论,也不能必然地得出“不可知论是唯心主义”这个结论。

规则(5):**如果前提中有一个否定判断,那么结论必为否定判断;如果结论为否定判断,那么前提中必有一个否定判断。**

根据后面要讲的反三段论(即:“如果非 p 并且 q 则 r”等值于“如果非 p 并且非 r 则非 q”;“如果 p 并且非 q 则 r”等值于“如果非 q 并且非 r 则非 p”)与对当关系(即:在 A、E、I、O 中,否定一个肯定判断就得到一个否定判断,否定一个否定判断就得到一个肯定判断),就可证明:如果在三段论中由一个否定前提和一个肯定前提推出一个肯定判断作为结论,那么,由两个否定前提就能推出一个否定判断作为结论。

但根据规则(4),由两个否定前提不能得结论。因此,如果前提中有一个是否定判断(而另一个是肯定判断),其结论就不能是一个肯定判断而必须是一个否定判断。

这是关于规则(5)前一半的证明。

规则(5)的后一半的证明如下:

作为结论的否定判断,只能是E和O。假如两个前提中没有一个是否定判断,那么,两个前提必是AA,AI,IA或II。

设两个前提是AI,IA或II。假如由AI,IA或II能推出结论E或O,那么,根据规则(3),大项P(由于在结论中周延)必须在两个前提中周延;根据规则(2),中项M也必须在两个前提中周延。但是,在两个前提AI,IA或II中却最多只能有一个概念周延。

因此,由两个前提AI,IA或II都不能推出结论E或O。

设两个前提是AA,大前提A可以是下面的(a)、(b)或(c),小前提A可以是下面的(d)、(e)或(f):

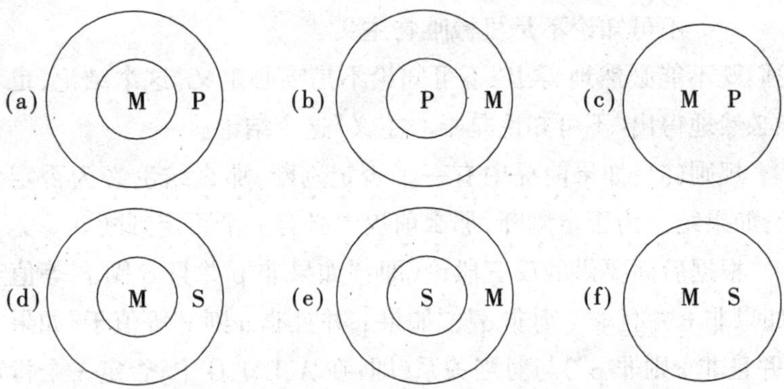

在两个前提AA分别为(c)和(f)的情形下,显然由AA不能推

出E或O。

因此,如果结论是否定判断,则两个前提不能都是肯定判断,而必须有一个是否定判断。例如:

马克思主义者都是支持新生事物的,
修正主义者不是支持新生事物的,
所以,修正主义者不是马克思主义者。

这是一个正确的三段论。在这个三段论中,有一个前提(即小前提)是否定判断,而结论也是否定判断。但是,如果我们把这个三段论的结论改为肯定判断而其余不变,或者把小前提改为肯定判断而其余不变,那么,结果得到的三段论就都是不正确的。

以上规则(2)与规则(3),是关于三段论中概念的周延性的,可以叫做三段论**量方面的规则**。规则(4)与规则(5),是关于前提与结论的肯定与否定的规则,可以叫做三段论**质方面的规则**。

由以上规则(1)—(5),又可推出下面的三条规则:

规则(6):**从两个特称前提不能得结论**。

这条规则可以证明如下:

就质方面说,两个特称前提只有下列三种可能:两个前提都是否定的,两个前提都是肯定的,一个前提是否定的而另一个前提是肯定的。

根据规则(4),两个否定前提不能得结论。

如果两个特称前提都是肯定的,那么,在两个前提中,没有一个概念周延。根据规则(2),也不能得结论。

如果有一个前提是否定的,而另一个前提是肯定的,根据规则(5),结论必为否定。因此,大项在结论中周延。根据规则(3),大项在大前提中也必须周延。又根据规则(2),中项必须在一个前提中周延。但是,在一个为特称否定判断而另一个为特称肯定判断的两个前提中,只能有一个概念周延。因此,在一个前提为特称否定判断而另一个为特称肯定判断的情形下，也得不出结论。

以上三种可能情形都不能得结论，所以，两个特称前提不能得结论。

例如，从下面两个前提：

有的学生是共青团员，

有的学生是运动员，

是不能推出“有的共青团员是运动员”这个结论的，虽然这个判断事实上是真的。

规则(7)：如果前提中有一个是特称，那么，结论必为特称。

证明：这里有三种可能的情形：两个前提都是否定的，两个前提都是肯定的，一个前提是肯定的而另一个前提是否定的。

如果两个前提都是否定的，根据规则(4)，不能得结论。

如果两个前提都是肯定的，那么，由于有一个前提是特称的，在两个前提中就只能有一个概念周延。这个周延的概念或者是小项，或者是大项，或者是中项。如果这个周延的概念是小项或大项，那么，中项在前提中就不周延。根据规则(2)，得不出结论。如果这个周延的概念是中项，那么，小项在前提中就不周延。根据规则(3)，小项在结论中就不得周延。因此，结论必为一特称判断。

如果一个前提是肯定的而另一个前提是否定的，那么，根据规则(5)，结论必须是否定的，因而大项在结论中周延。根据规则(3)，大项在前提中必须周延。又根据规则(2)，中项在前提中必须周延一次。但是，在一个前提为肯定而另一个前提为否定、同时这两个前提中又有一个是特称的情形下，前提中就只能有两个概念周延。

如果前提中这两个周延的概念不是中项与大项，这就违反规则(2)或(3)。

如果前提中这两个周延的概念是中项与大项，则小项在前提中就不周延。既然小项在前提中不周延,则根据规则(3),小项在结论中也不得周延,因此,结论必须是特称的。

所以,如果有一个前提是特称的,则结论必为特称。

规则(8):如果大前提是特称判断,小前提是否定判断,那么,就不能得结论。

证明:如果在大前提是特称而小前提是否定的情形下能得出结论,那么,所得出的结论必须为否定,因而大项在结论中周延。根据规则(3),大项在大前提中必须周延。

但是,大项在大前提中却不周延。因为,小前提既为否定,那么根据规则(4),大前提必为肯定。大前提既为特称又为肯定,在大前提中大项必不周延。

因此,在大前提是特称而小前提是否定的情形下,不能得结论。

三段论的格与式

由于大项、中项与小项在前提中位置不同而形成的各种不同的三段论形式,叫做三段论的格。我们在前面写三段论时,总是把大前提写在前面,小前提写在后面。在这个规定下,只要中项的位置确定了,大项与小项的位置也就跟着确定了。因此,三段论的格,也可以定义为:由于中项在前提中位置不同而形成的各种三段论形式。

三段论有下面四个格:

第一格:M—P

S—M

S—P

第二格:P—M

S—M

S—P

第三格：M—P

$$\frac{M—S}{S—P}$$

第四格：P—M

$$\frac{M—S}{S—P}$$

三段论的大前提，小前提与结论，在质与量方面，也有各种不同的可能。由于三段论的大前提、小前提与结论质量的不同而形成的各种不同的三段论形式，叫做**三段论的式**。例如，在第一格中有一个三段论形式：大前提是全称否定判断，小前提是全称肯定判断，结论是特称否定判断。这就是第一格的EAO式。这里"E"、"A"、"O"三个字母依次代表大前提、小前提与结论。

在各个不同的格中，大项、中项与小项的位置是不同的，因此把三段论的规则应用于四个不同的格，就产生了四个格特殊的规则。

第一格的特殊规则有两条：

（1）**小前提必须是肯定判断**。

证明：如果小前提是否定判断，那么，根据规则（5），结论必为否定判断。因而，大项在结论中周延。

如果大项在结论中周延，那么，根据规则（3），大项在大前提中必须周延。

如果大项在大前提中周延，那么，由于大项是大前提的谓项，大前提就必须是否定判断。

因此，如果小前提是否定判断，大前提就必须也是否定判断。

但是，根据规则（4），不允许两个前提都是否定判断。

所以，小前提不能是否定判断，而必须是肯定判断。

（2）**大前提必须是全称判断**。

证明:如果大前提是特称判断,那么,为了要使中项在前提中周延一次,在第一格的特殊情况下,小前提就必须是否定判断。

但是,上面已证明小前提不能是否定判断。

所以,大前提不能是特称判断,而必须是全称判断。

例:

所有团员都参加团组织活动,

有的同学不是团员,

所以,有的同学不参加团组织活动。

有的教育工作者是党员,

所有大学教员都是教育工作者,

所以,有的大学教员是党员。

这两个例子都是第一格的三段论。它们的前提与结论都是真的。但是,它们分别地违反了第一格的两条规则,因而都是不正确的三段论。

从 A、E、I 与 O 四种判断中,我们任取两种判断作为前提,并且允许这两种判断可以具有同一的形式,例如,它们是 AA。这样,作为前提的两个判断的组合有下面 16 种情形:

AA,AE,AI,AO,EA,EE,EI,EO,

IA,IE,II,IO,OA,OE,OI,OO。

根据三段论规则(4),(6)与(8),就可从这 16 种组合中除去那些不能得结论的组合,剩下的只有下列 8 种组合:

AA,AE,AI,AO,EA,EI,IA,OA。

现在我们再根据第一格的特殊规则,从这 8 种组合中除去那些在第一格中不能得结论的组合。根据第一格的两条特殊规则,AE,AO,IA 与 OA 都不能作为第一格的前提。所以,可以作为第一格前提的,只有 AA,AI,EA 与 EI 四种组合。再根据三段论规则(5)与(7),AA 可得结论 A 或 I,AI 可得结论 I,EA 可得结论 E 或

O,EI 可得结论 O。

所以,第一格三段论的正确的式有下面 6 个,即 AAA,AAI,AII,EAE,EAO,EIO。

按照以上的步骤,我们可以得出第二格、第三格与第四格的特殊规则和正确的式。

第二格的特殊规则有两条:

(1)两个前提中必有一个是否定判断。

(2)大前提必须是全称判断。

第二格中正确的式也有 6 个,即 AEE,AEO,AOO,EAE,EAO,EIO。

第三格的特殊规则也有两条:

(1)小前提必须是肯定判断。

(2)结论必须是特称判断。

第三格中正确的式也有 6 个,即 AAI,AII,EAO,EIO,IAI,OAO。

第四格的特殊规则有三条:

(1)如果大前提是肯定判断,那么小前提必须是全称判断。

(2)如果小前提是肯定判断,那么结论必须是特称判断。

(3)如果前提中有一个是否定判断,那么大前提必须是全称判断。

值得注意,第四格的三条特殊规则都是用假言判断陈述的。只有当某条规则的前件所表示的条件满足的时候,才有遵守这条规则的问题。

第四格中正确的式也有 6 个,即 AAI,AEE,AEO,EAO,EIO,IAI。

三段论四个格共有正确的式 24 个。值得注意,第一格中有 AAA 这个式,也有 AAI 这个式。这两个式的前提完全相同;结论虽不相同,但前一个式的结论是全称肯定判断,而后一个式的结论是特称肯定判断。根据《判断》那章所讲的逻辑方阵,在主项所表示的事物存在的假定下,由全称肯定判断可以推出特称肯定判断。因此,第一格的 AAI,可以由第一格的 AAA 推出。AAI 这种式叫做弱式。第一格有弱式 AAI 与 EAO;第二格有弱式 AEO 与 EAO;第四格有弱式 AEO。

就主项与谓项的周延情形来说,单称肯定判断与全称肯定判断是相同的,单称否定判断与全称否定判断是相同的。因此,在三段论中,我们可以把单称肯定判断与单称否定判断分别地看作全称肯定判断与全称否定判断。

三段论的四个格,各有自己的特征,它们在认识方面的作用也是不相同的。

在四个格中,只有第一格能推出 A、E、I 与 O 四种结论,也只有第一格能推出 A 这种结论,其他三个格都不能。同时,第一格由前提得出结论的必然性,也比其他三格显得自明。第一格在思维中也应用得最多。由于这些缘故,亚里士多德把第一格称作完善的格,而其他三格称作不完善的格。

一般说来,第一格在认识方面的特点是:把普遍的原理应用于特殊的场合。例如:

一切反动派都是纸老虎,
社会帝国主义是反动派,
所以,社会帝国主义是纸老虎。

这个第一格的三段论,把“一切反动派都是纸老虎”这个普通原理应用于反动派的一个特殊场合——社会帝国主义,从而得出“社会帝国主义是纸老虎”这个结论。

第二格的特点是:只能得出否定的结论。第二格在认识方面的作用是确立事物之间的区别。例如:

马克思主义者都是唯物主义者,

有神论者都不是唯物主义者，

所以，有神论者都不是马克思主义者。

这个第二格的三段论，以是不是唯物主义者这一点为根据，来确立马克思主义者与有神论者之间的区别。

第三格的特点是：只能得出特称的结论。在中项是单独概念时，应用第三格最为自然。第三格在认识方面的作用是，用一部分事物的例外情形来否定一条普遍论断。例如：

语言不是上层建筑，

语言是社会现象，

所以，有的社会现象不是上层建筑。

这个第三格的三段论，提出语言这种社会现象不是上层建筑，来否定“所有社会现象都是上层建筑”这一普遍论断。

第四格是一个很不自然的格。在前提中作为谓项的小项，在结论中却成为主项；在前提中作为主项的大项，在结论中却成为谓项。在亚里士多德的三段论体系中，就只有第一、第二和第三格，而没有第四格。但是，就大项，中项与小项在前提中的位置来说，第四格还是我们必须承认的。

三段论的还原

三段论有四个不同的格，每一格又有许多正确的式。但是，这四个格中所有的正确的式，都可以由第一格的两个式，即 AAA 与 EAE，推导出来。逻辑史上所谓把第二、第三与第四格还原为第一格，其实就是由第一格的 AAA 与 EAE 推导出三段论其他格的各个式。

还原所用的方法，主要是换位法，反三段论（见下节）与 A、E、I、O 之间的对当关系。关于各个式的还原，这里不想详细叙述，我们只举出一个具体例子来略加说明。例如：

所有国际主义者都是尊重本国人民的文化的，

所有世界主义者都不是尊重本国人民的文化的，

所以，所有世界主义者都不是国际主义者。

这是一个第二格 AEE 的三段论。我们可以把小前提 E 换位，同时，也把结论 E 换位，这就等于把原来的大前提换为小前提，原来的小前提换为大前提。这样，就得到下面第一格的 EAE 式：

所有尊重本国人民的文化的都不是世界主义者，

所有国际主义者都是尊重本国人民的文化的，

所以，所有国际主义者都不是世界主义者。

上面的还原，是把原来第二格三段论的小前提 E 与结论 E 都加以换位。我们知道，E 判断与它换位所得到的判断是等值的。因此，原来的第二格 AEE 同第一格的 EAE 是等值的。这就表示第二格的 AEE 可以从第一格的 EAE 推导出来。

应用还原法，繁多的三段论形式都可以从两个基本形式，即第一格的 AAA 与 EAE，推导出来。这正如同欧几里德几何学的全部定理都可以从少数公理推导出来一样。因此，三段论第一格的 AAA 与 EAE，就成为三段论整个体系的公理，而整个三段论体系就成为一个完整的公理体系。

三段论的两个基本形式（即第一格的 AAA 与 EAE），分别是：

（1） MAP

$$\frac{SAM}{SAP}$$

（2） MEP

$$\frac{SAM}{SEP}$$

从概念的外延方面来看，（1）这个形式是表示：S 类包含于 M 类，M 类包含于 P 类，所以，S 类包含于 P 类。（2）这个形式是表示:S类包含于M类,M类与P类全异,所以,S类与P类全异。这两个基本形式都是表示类与类之间的包含关系或全异关系。

既然三段论的两个基本形式是表示类与类之间的关系,而三段论的其他形式又可以从这两个基本形式推导出来,那么,从概念的外延观点看,三段论的其他形式也是表示类与类之间的关系的。

因此,事物的类与类之间的关系,是三段论理论的客观基础。

省略三段论与复合三段论

三段论是由三个判断组成的。但是,我们在用语言文字表达思想时,为了表达得经济与简练,又常常将三段论中的某一个判断省略掉。在表达时虽然某个判断被省略了,但是,从逻辑的正确性方面来说,这个被省略的判断仍是三段论推理的必要成分。

省略三段论就是省略了大前提或者小前提或者结论的三段论。

一般来说,当大前提所表示的一般原理是人们所熟知的科学规律时,大前提常常被省去。例如,1946年美蒋反动派向解放区发动进攻时毛泽东同志在《和美国记者安娜·路易斯·斯特朗的谈话》中曾说:“虽然在中国人民面前还存在着许多困难,中国人民在美帝国主义和中国反动派的联合进攻之下,将要受到长时间的苦难,但是这些反动派总有一天要失败,我们总有一天要胜利。这原因不是别的,就在于反动派代表反动,而我们代表进步。”(《毛泽东选集》,第1091页。)这段话中包含了两个省略了大前提的省略三段论。一个被省略的大前提是:“代表反动的总有一天要失败”,另一个被省略的大前提是:“代表进步的总有一天要胜利”。这两个前提所表示的一般原理,已为无数的历史事实所证明并且又为我们所熟知,因而被省略了。如果把这两个被省略的前提都说出来,就可以得到下面两个三段论:

代表反动的总有一天要失败，

美帝国主义与中国反动派代表反动，

所以，美帝国主义与中国反动派总有一天要失败。

代表进步的总有一天要胜利，

我们代表进步，

所以，我们总有一天要胜利。

当小前提所表示的情况非常明显时，人们常省去小前提。例如，“一切正义的事业必然要胜利，因此，一切民族的解放斗争必然要胜利”。

当根据上下文，结论已经十分明显时，我们有时把结论也省略掉。例如：“分清敌友是革命的首要问题，对于社会各阶级的分析就是分清敌友”。这是一个省略三段论，它的结论“对于社会各阶级的分析是革命的首要问题”被省去了。

省略三段论同三段论一样，也有正确与不正确的问题。如果一个省略三段论，在它的省略掉的判断被补充出来以后，能成为一个正确的三段论，那么，这个省略三段论就是正确的；反之，就是不正确的。

省略三段论的错误，常常由于被省去的那个判断是假的。因此，找出省略三段论中被省去的那个判断，对于决定省略三段论的正确与否，是很重要的。在一本唯心主义哲学书中有这样的话：“唯物哲学从观察实际，从事实得出结论，因此，其逻辑一致性不容易保持”。这是一个省略三段论。被省去的前提是：“从观察实际、从事实得出结论的哲学是不容易保持逻辑一致性的”。这个被省去的前提是极其荒谬的，从而这个三段论也是极其荒谬的。

要把一个省略三段论被省去的判断补充出来，不是一件容易的事情。首先，我们应当确定已有的两个判断究竟是前提还是结论。这里有两个情形。一个情形是：两个已有的判断都是前提；另一个情形是:一个已有的判断是前提,而另一个是结论。其次,如果两个已有的判断都是前提,我们可以根据次序决定哪一个是大前提,哪一个是小前提。然后再根据三段论形式方面的知识与上下文的具体内容,把结论补充出来。如果一个已有的判断是前提而另一个已有的判断是结论,我们可以根据在这个已有的前提中出现的是大项还是小项,来确定这个已有的前提是大前提还是小前提。然后再根据三段论形式方面的知识与上下文的具体内容,把省去的那个前提补充出来。

要确定已有的判断是前提或结论,这是比较容易的。根据汉语已确定的意义,在“所以”、“因此”、“因而”……等前面的判断就是前提,在“所以”、“因此”、“因而”……等后面的那个判断就是结论。但是,要确定省去的那个前提或结论的主项、谓项与质量,则是比较困难与复杂的。因为,这里不仅涉及三段论形式方面的知识,而且还涉及上下文的具体内容。

我们来看一个具体的例子:

“……不承认物质第一性的哲学都是唯心主义的。

因此,黑格尔的哲学是唯心主义的。……”

上面这段话是一个省略三段论。根据汉语知识,我们知道,“黑格尔的哲学是唯心主义的”是结论,而“不承认物质第一性的哲学是唯心主义的”是前提。又根据“唯心主义的”是结论中的谓项即大项,我们知道这个已有的前提是大前提。

知道了结论与大前提,那么,大项、小项与中项就同时知道了。因此,我们也知道,组成那个被省去的小前提的两个概念是:“黑格尔的哲学”与“不承认物质第一性的哲学”。但是,在这两个概念中,哪个是主项哪个是谓项,我们还不知道。

这里有两个可能。一个可能是:“黑格尔的哲学”是主项;另一个可能是:“不承认物质第一性的哲学”是主项。“黑格尔的哲学”

是单独概念，而“唯心主义的”是普遍概念。根据一般的语言与思维习惯，单独概念常常是用来作主项，而普遍概念是用来作谓项的。根据这个语言与思维习惯，同时也根据上下文的具体内容，我们就知道这个省去的小前提的主项是“黑格尔的哲学”，谓项是“不承认物质第一性的哲学”。

再根据上下文的具体内容与三段论的知识（例如两个否定前提不能得结论），我们知道，这个省去的小前提是一个肯定判断。又根据逻辑知识，我们知道，用单独概念作主项的判断，只能是一个单称判断（在三段论中算作全称判断）。

因此，我们知道，这个省去的小前提是：“黑格尔的哲学是不承认物质第一性的哲学。”

这个省略三段论是第一格的 AAA 式。这是一个形式正确的三段论。

把几个三段论联接起来，构成一个复杂的推理，并且省去其中的一些前提或结论，这就是**复合三段论**。例如：

> 一切增进人们的知识的东西都是有用的，科学增进人们的知识，所以，科学是有用的。逻辑学是科学，所以，逻辑学是有用的。

这段话是由两个三段论联接而成的复合三段论。前三句话构成第一个三段论。后两句话构成第二个三段论。由于第二个三段论的大前提就是第一个三段论的结论，第二个三段论的大前提就不必重复了。上面这段话是由两个第一格 AAA 式三段论组成的。

又例如：

> 逻辑学是科学，科学能增进人们的知识，能增进人们的知识的是有用的，所以，逻辑学是有用的。

这段话也是由两个三段论构成的复合三段论。第一个三段论省去了一个结论，即“逻辑学是能增进人们的知识的”。第二个三段论省去了一个小前提,这个省去的小前提也是“逻辑学是能增进人们的知识的”。如果把省去的结论与前提都补充出来,上面那段话就是由两个第一格AAA式三段论组成的。

省略三段论与复合三段论,只是三段论在语言表达方面的省略与简化。就思维形式与逻辑形式说,省略三段论就是一个三段论,复合三段论就是几个三段论的联合。因此,省略三段论与复合三段论所应遵守的逻辑规则,也就是三段论的逻辑规则。

有关三段论的几个问题

关于三段论,逻辑学家曾经提出了不少问题。现在我们选择其中几个主要问题,加以讨论。

(1)三段论是否循环?

这个问题很早就提出来了。古希腊的怀疑论者塞克都斯·恩披里柯(Sextus Empiricus,公元前二世纪)曾经提出:三段论的大前提是三段论的结论的根据;但是,大前提本身的成立,又必须依靠结论所断定的那个事实的成立。所以,三段论是循环的,是在兜圈子。

后来十七到十九世纪的归纳派如穆勒等人,为了要论证三段论不是循环的,又走到另一极端。穆勒认为,三段论的普遍性前提实质上是许多已有事例的总和,由三段论的普遍性前提推出结论,实质上是由已有的许多事例推广到一个新的事例。因此他认为,三段论实质上不是一种演绎,而是一种归纳。因而三段论不是循环的。

以上两种说法都是错误的。

人们在实践过程中,能够根据对某些个别事物或事物情况的认识,应用归纳方法,得出反映这些事物或事物情况的普遍规律的全称判断。人们又可以应用这样的全称判断作为三段论的前提,推出许多有关个别事物或事物情况的结论。由于三段论的普遍性前提是应用归纳得到的，而应用归纳得到这些普遍性前提时，并不一定要根据结论所涉及的那个个别事物或事物情况，因而三段论不是循环的。由此可见，怀疑论者对三段论的正确性的怀疑是缺乏根据的。

人们得到三段论的普遍性前提和人们由三段论的普遍性前提推出结论，是迥然不同的两个认识过程。人们要得到三段论的普遍性前提，无疑地最后是需要应用归纳的。但是，人们应用已经由归纳得出的普遍性判断作为三段论的前提，从而推出结论，这却不是归纳，而是演绎。穆勒由于混淆了这两种迥然不同的认识过程，从而否认三段论是一种演绎推理，显然是错误的。

(2)三段论前提的真实性与形式正确性的问题。

一个具体的三段论有两个前提。前提有是否符合客观事实的问题。符合客观事实的前提，就是真实的前提；不符合客观事实的前提，就是虚假的前提。

一个具体的三段论，总是应用了或体现了一个三段论形式。一个具体的三段论所应用或体现的三段论形式，有正确与不正确的问题。如果一个具体的三段论所应用或体现的三段论形式是遵守三段论规则的，那么，这个具体的三段论所应用或体现的三段论形式就是正确的。简言之，这个具体的三段论就是形式正确的。反之，这个具体三段论所应用或体现的三段论形式就是不正确的。简言之，这个具体的三段论就是形式不正确的。

根据上面所给出的前提真实与否和形式正确与否的定义，就可能有、而且事实上确实有四种不同的情形：(i)前提真实且形式正确；(ii)前提真实而形式不正确；(iii)前提不真实而形式正确；(iv)前提不真实且形式不正确。

例(1)所有金属都是可塑的，

所有铜都是金属，

所以，所有铜都是可塑的。

这个具体的三段论的两个前提，都是符合客观事实的，因而都是真实的。它的形式也是正确的。因为，它所应用或体现的三段论形式，是第一格的 AAA。

例(2)所有金属都是可塑的，

所有铜都是可塑的，

所以，所有铜都是金属。

这个具体的三段论的两个前提，都是符合客观事实的，因而都是真实的。但是，它却是形式不正确的。因为，它所应用或体现的三段论形式是属于第二格的 AAA，即

$$\frac{\begin{array}{c}PAM\\SAM\end{array}}{SAP}$$

它违反了三段论规则。

例(3)所有可塑的都是金属，

所有塑胶都是可塑的，

所以，所有塑胶都是金属。

这个具体的三段论的大前提是不符合客观事实的，因而是虚假的。但是，它却是形式正确的，因为，它所应用或体现的三段论形式，是第一格的 AAA。

例(4)所有可塑的都是金属，

所有塑胶都是金属，

所以，所有塑胶都是可塑的。

这个具体的三段论的两个前提都是不符合客观事实的，因而都是虚假的。同时，它也是形式不正确的。因为，它所应用或体现的三段论形式，是第二格的 AAA，是违反三段论规则的。

由以上四个例子可以看出,前提的真实与否和形式的正确与否是相对地独立的。当前提真实的时候,形式可以是正确的,也可以是不正确的;同时,当前提虚假的时候,形式可以是不正确的,也可以是正确的。任何把前提的真实性和形式的正确性混同起来的看法,认为前提真实时形式就一定正确,或者前提虚假时形式就一定不正确的看法,都是毫无根据的。

从上面例子还可以看出,只有前提真实而形式又正确的三段论,就能也才能必然地得出真实的结论(如例(1)),前提不真实或形式不正确的三段论(如例(2)、(3)、(4)),都不能必然地得出真实的结论。因此,人们要利用三段论必然地得出真实的结论,就必须其前提都是真实的,而且形式又是正确的。

正确的具体三段论,是前提真实而形式又正确的三段论。前提虚假的三段论,虽然可以是形式正确的三段论,但却不是正确的具体三段论。

对于任何演绎推理来说,情况也是这样。前提的真实性与形式的正确性是相对地独立的。为了必然地得到真实的结论,一个演绎推理就必须是前提真实而且形式正确。从真的前提出发,利用正确的推理形式,就能够必然地得到真实的结论。这就是演绎推理的根本作用。正如恩格斯所说:"如果我们有正确的前提,并且把思维规律正确地运用于这些前提,那末结果必定与现实相符,……"("《反杜林论》准备材料",《马克思恩格斯全集》第20卷,第661页。)

还有人认为:在一个三段论中,如果有的前提是假的,而三段论的形式是正确的,结论就必然是假的。这个看法也是不符合事实的。我们且看下面的例子:

例(5)凡可塑的都是金属,

铜是可塑的,

所以，铜是金属。

这个具体三段论的大前提假，小前提真，形式正确（它是第一格的AAA），结论却是真的。我们再考察另一个例子：

例(6)凡化合物都是金属，

铜是化合物，

所以，铜是金属。

这个具体三段论形式同上，也是形式正确的，两个前提都假，然而结论也是真的。

对于任何演绎推理（其中包括三段论）来说，如果推理形式正确而前提假，结论却不必然是假的。

但是，如果推理形式正确而结论假，那么，前提之中一定至少有一个是假的。例(3)就是这样。演绎推理的根本作用，从另一方面来说，就表现为：如果推理形式正确，但却得到了假的结论，由此就可以断定，前提之中至少有一个是假的。

(3)关于是否有不符合三段论规则而又形式正确的三段论的问题。

有些人认为：三段论规则是有例外的，有一些推理虽然不合乎三段论规则，但却是正确的三段论。他们举出下面这个推理：

多数金属是导电的，

大多数金属是固体，

所以，有的固体是导电的。

他们认为，这个推理是一个正确的三段论，但是这个推理的两个前提却都是特称的，因而这个推理是违反三段论规则的。

应当承认，这个推理是一个形式正确的推理；由“多数 M 是 P”与“大多数 M 是 S”，能够必然地推出“有 S 是 P”。但是，我们要指出，这个推理却不是三段论。作为三段论的前提或结论的判断，就量方面说，只能是全称的或特称的（单称的算作全称的）。但是，上面那个推理的两个前提,显然不是全称的,而且也不是特称的。因为特称判断的量项是"有的",而不是"多数"与"大多数"。

所以,上面那个推理不是一个不符合三段论规则而又形式正确的三段论。

主张有例外的人还举出下面的推理:

一切非金属都不是能受强烈电磁影响的,
碳不是金属,
所以,碳不是能受强烈电磁影响的。

他们认为,这是一个形式正确的三段论。但是,这个三段论的两个前提却都是否定的,因而是不合三段论规则的。

应当指出,上面那个推理不是一个三段论。因为三段论只能有三个不同的概念,而上面那个推理却有四个不同的概念,即"非金属"、"能受强烈电磁影响的","碳"与"金属"。

假如我们把上面那个推理的一个前提即"碳不是金属"加以换质,就可得到下面的推理:

一切非金属都不是能受强烈电磁影响的,
碳是非金属,
所以,碳不是能受强烈电磁影响的。

这样加以换质以后所得到的推理,只有三个不同的概念,因而是一个三段论,并且是一个形式正确的三段论。但是,这个三段论的两个前提却并不都是否定的。因此,这个形式正确的三段论就不是不合乎三段论规则的。

认为三段论规则有例外的人,还举出下面的推理:

人是有思维能力的,
黑猩猩不是人,
所以,黑猩猩不是有思维能力的。

他们认为,这是一个不合乎三段论规则但又是正确的三段论。

这里涉及对“人是有思维能力的”这个语句的解释问题。从语言表达的严格性来说,这个语句只能解释为表达“所有人都是有思维能力的”这个判断。在这个正确的解释之下,这个推理确是一个三段论。但是,它却是一个不正确的三段论。因为,它由不周延的概念推出了周延的概念,它的前提与结论之间没有蕴涵关系,没有必然性的联系。

有些人认为这是一个正确的推理,实质上他们是把“人是有思维能力的”这个语句解释为表达下面这个联言判断:“所有人都是有思维能力的,而且所有有思维能力的都是人”。在这个解释之下,上面那个推理的确是一个正确的推理。但是,它却不是一个三段论。因为,三段论的每一个前提只能是SAP,SEP,SIP与SOP这样的性质判断,而不能是由两个性质判断组成的联言判断。

由以上讨论可以看出,不可能有不合乎三段论规则而又是形式正确的三段论。三段论的规则是三段论的形式正确性的充分与必要条件。一个三段论如果合乎三段论规则,它就是形式上正确的;如果不合乎三段论规则,它就是形式上不正确的。

第五节　关系判断的推理

关系判断的推理,简称关系推理,在十九世纪末才开始受到逻辑学家充分的重视。在此以前,一般传统逻辑学家都忽视对关系推理的研究;有的逻辑学家还把关系判断还原为性质判断,把关系推理还原为性质判断的推理。但是,事实上关系判断是不同于性质判断的,关系推理是不同于性质判断的推理的。例如:

a大于b,

b大于c,

所以,a大于c。

这是一个利用"大于"这个关系的传递性的关系推理。如果把这个关系推理中的关系判断都变成性质判断,那么,就得到:

a 是大于 b 的,

b 是大于 c 的,

所以,a 是大于 c 的。

这个推理看起来很像三段论,但是实际上却不是三段论。因为,三段论只能有三个不同的概念,而这个推理却有四个不同的概念,即"a"、"大于 b 的"、"b"与"大于 c 的"。

也有人认为,上面那个关系推理可以还原为下面这个三段论:

凡是大于 b 的都是大于 c 的,

a 是大于 b 的,

所以,a 是大于 c 的。

这种还原是很不自然的,不合乎人们实际思维的情况。不仅如此,而且对于有些关系推理,即使要作出这种很不自然的还原,也是有困难的。例如:

有人拥护所有的候选人,

所以,所有候选人都有人拥护。

这一个关系推理,它就很难还原为性质判断的推理。

由于关系推理与性质判断的推理具有不同的逻辑特性,我们认为有必要把关系推理作为一个独立题目加以介绍。

关系推理就是用关系判断作为前提或结论的推理。在有些关系推理中,前提与结论全是关系判断;在另一些关系推理中,有些判断是关系判断而另一些判断又是性质判断。前者叫做纯粹关系推理,后者叫做混合关系推理。

纯粹关系推理,根据于关系的逻辑特性。例如前面提到的那个"a 大于 b, b 大于 c, 所以, a 大于 c"的关系推理,就是根据于"大于"这个关系的传递性。我们不准备介绍纯粹关系推理,我们只想直观地介绍一种在日常思维中经常应用的混合关系推理。这种混合关系推理有两个前提和一个结论;其中一个前提是一个两项的关系判断,另一个前提是性质判断,结论也是一个两项关系判断;在两个前提和结论中,有也只有三个不同的概念。这种混合关系推理很像性质判断的三段论,因而我们把它叫做混合关系三段论。

让我们先举一个混合关系三段论的具体例子:

例(1)所有马克思主义者都反对任何侵略行为,

社会帝国主义在非洲的一切活动都是侵略行为,

所以,所有马克思主义者都反对社会帝国主义在非洲的一切活动。

在例(1)中,第一个前提是一个两项关系判断,关系前项是"马克思主义者",关系后项是"侵略行为"。关系前项和关系后项的量项都是"所有"。

第二个前提是一个全称肯定判断。

结论是一个两项关系判断,关系前项是"马克思主义者",关系后项是"社会帝国主义在非洲的活动"。关系前项和关系后项的量项都是"所有"。

例(1)这个混合的关系三段论的形式是:

所有 a 与所有 b 有 R 关系,

所有 c 都是 b,

所以,所有 a 与所有 c 有 R 关系。

例(1)这个混合的关系推理的形式,显然是正确的。

例(2)所有高一同学都比初一同学个子高,

A 组同学都不是初一同学,

所以,所有高一同学都比 A 组同学个子高。

例(2)的形式是:

所有 a 与所有 b 有 R 关系，

所有 c 都不是 b，

所以，所有 a 与所有 c 有 R 关系。

这个混合关系三段论的形式显然是不正确的。因为，我们可以设想一种情况：A 组同学都是高二同学，而且事实上他们的个子都比高一同学个子高。在这样设想的情况下，例(2)中的两个前提都真而结论却是假的。

我们还可考察其他的例子(例如，把第二个前提换成具有不同的主项与谓项的各种全称否定或特称否定判断，把第一个前提换成各种不同的肯定的与否定的两项关系判断)，我们就会发现：如果混合的关系三段论中那个作为前提的性质判断是否定的，就不能必然得出结论。

因此，我们就得到一条混合关系三段论的规则：

(1)混合的关系三段论前提中的性质判断必须是肯定判断。

在混合关系三段论中，有一个概念在两个前提中都出现。这个概念叫做媒介概念。同三段论相类似，混合关系三段论还有下面几条规则：

(2)媒介概念必须至少周延一次。

(3)在前提中不周延的概念不得在结论中周延。

(4)如果作为前提的关系判断是肯定的，则作为结论的关系判断也必须是肯定的；如果作为前提的关系判断是否定的，则作为结论的关系判断也必须是否定的。

(5)如果关系 R 不是对称的，则在前提中作为关系前项(或后项)的那个概念在结论中也必须相应地作为关系前项(或后项)。

应用上面这五条规则，我们就可以判定一个混合关系三段论是不是正确的。遵守这五条规则的混合关系三段论就是正确的，反之就是不正确的。

第六节　复合判断的推理

推理的前提与结论，不仅可以是简单判断，而且也可以是复合判断。以上两节都是讲以简单的性质判断或关系判断作为前提与结论的推理，本节要讲以复合判断作为前提或结论的推理。

复合判断的推理，就是以复合判断作为前提或结论的推理。复合判断有假言判断、选言判断、联言判断与负判断这几种。以这几种复合判断作为前提或结论的复合判断的推理有：假言推理、选言推理与联言推理等。这几种是复合判断的推理的主要形式。我们除介绍这几种主要形式外，还介绍几种其他的复合判断的推理形式，如二难推理、归谬法、反三段论等。

假言推理

假言推理就是这样一种具有两个前提的推理，其中一个前提是假言判断，另一个前提是这个假言判断的前件（或其负判断）或者是这个假言判断的后件（或其负判断）。假言判断反映了事物情况之间的条件关系。应用假言推理使我们能由某个事物情况是否存在，推出另一事物情况是否存在。假言判断有三种，假言推理也相应地有三种，即充分条件假言推理，必要条件假言推理与充分必要条件假言推理。

(1)充分条件假言推理

充分条件假言推理，就是它的假言前提是一个充分条件假言判断的假言推理。

例(1)如果这个地方的工作人员严格执行了党中央的政策，那么，这个地方群众的社会主义积极性就能够充分调动起来，

这个地方的工作人员严格执行了党中央的政策，

所以，这个地方群众的社会主义积极性能够充分调动起来。

例(2)如果这瓶溶液是酸性的，那么它就能使试纸变红，

这瓶溶液并没有使试纸变红，

所以，这瓶溶液不是酸性的。

例(1)与例(2)就是正确的充分条件假言推理。从例(1)与例(2)我们可以看出，由承认前件进而承认后件或者由否认后件进而否认前件是充分条件假言推理的正确形式。这是因为：如果一个充分条件假言判断是真的，那么，它的前件与后件的真假情况不外三种可能：(i)前件真，后件也真；(ii)前件假，后件真；(iii)前件假，后件也假。当一个充分条件假言判断是真的，而且它的前件又是真的，那就只能是(i)这个情况，因而承认了前件是真的，就必须承认后件是真的。当一个充分条件假言判断是真的，而且它的后件又是假的，那就只能是(iii)这个情况，因而否认后件是真的，就必须否认前件是真的。

因之，正确的充分条件假言推理的两条规则是：

(1)如果承认前件就承认后件。

(2)如果否认后件就否认前件。

相应于这两条规则，就有下面这两个正确的充分条件假言推理的形式：

(1)如果 p，那么 q，

p，

所以，q。

(2)如果 p，那么 q，

非 q，

所以，非 p。

让我们再看下面两个充分条件假言推理：

例(3)如果他缺乏革命干劲，那么他的工作就做不好，

他的革命干劲很足，

所以，他的工作做得好。

例(4)如果他缺乏革命干劲，那么他的工作就做不好，

他的工作没有做好，

所以，他缺乏革命干劲。

例(3)和例(4)都是形式不正确的充分条件假言推理。

要做好工作，必须革命干劲与科学精神相结合。没有革命干劲，工作是一定不能做好的，但是有了革命干劲，工作却不一定能够做好。因此，例(3)是形式不正确的。工作没有做好，也可能是由于缺乏科学精神，而不必然是由于革命干劲不足。因此，例(4)也是形式不正确的。

我们也可以从充分条件假定判断的前件与后件的真假情形来考虑。当一个充分条件假言判断是真的时候，就有三个可能情形：(i)前件真，后件也真；(ii)前件假，后件真；(iii)前件假，后件也假。当一个充分条件假言判断是真的，而且它的前件又是假的，就有(ii)与(iii)这两个情形。在(ii)这个情形下，后件是真的；在(iii)这个情形下，后件是假的。因此，否认前件就否认后件(即由断定前件是假的进而断定后件是假的)，这是不正确的。当一个充分条件假言判断是真的，而且后件也是真的，就有(i)与(ii)这两种情形。在(i)这种情形下，前件是真的，在(ii)这种情形下，前件是假的。因此，承认后件就承认前件(即由断定后件是真的进而断定前件是真的)，这也是不正确的。这也就是说，下面两个充分条件假言推理形式是不正确的：

如果 p，那么 q，

非 p，

所以，非 q。

如果 p，那么 q，

q，

所以，p。

在许多逻辑书中，把下面例(5)这样的推理，也叫做充分条件假言推理。

例(5)如果任何一个数是 4 的倍数，那么，它就是 2 的倍数，

16 是 4 的倍数，

所以，16 是 2 的倍数。

我们可以把例(5)和下面例(6)比较一下。

例(6)如果 16 是 4 的倍数，那么 16 就是 2 的倍数，

16 是 4 的倍数，

所以，16 是 2 的倍数。

例(5)与例(6)的形式是有些不同的。例(6)的一个前提是"如果 16 是 4 的倍数，那么 16 是 2 的倍数"，这是一个假言判断。而例(6)的另一个前提"16 是 4 的倍数"是上面那个假言判断的前件。但是，例(5)的一个前提是"如果任何一个数是 4 的倍数，那么它就是 2 的倍数"，而另一个前提"16 是 4 的倍数"却不是这个假言判断的前件。

根据充分条件假言推理的定义，严格地说，只有例(6)是我们所说的充分条件假言推理，而例(5)则不是。例(5)虽然不是我们所说的充分条件假言推理，但是例(5)中却包含了一个充分条件假言推理。因为例(5)的假言前提"如果任何一个数是 4 的倍数，那么它就是 2 的倍数"，是能够推出例(6)中的那个假言前提"如果 16 是 4 的倍数，那么 16 就是 2 的倍数"的。从例(5)是能够推出例(6)的。因此，一般说来，把例(5)叫做充分条件假言推理，虽然是不够严格的，但也不能说是错误的。

(2)必要条件假言推理

必要条件假言推理，就是它的假言前提是一个必要条件假言判断的假言推理。

例(1)只有承认世界是可知的人才是辩证唯物主义者，

不可知论者不承认世界是可知的，

所以，不可知论者不是辩证唯物主义者。

例(2)只有刻苦钻研才能攀登科学高峰，

他攀登了科学高峰，

所以，他是刻苦钻研的。

这两个推理都是必要条件假言推理。

根据必要条件假言判断的前件与后件之间的真假关系，我们知道，如果一个必要条件假言判断是真的，而且它的后件也是真的，那么它的前件就不可能是假的，而只能是真的。因此，如果承认必要条件假言判断的后件，就必须承认它的前件。同时，如果一个必要条件假言判断是真的，而且它的前件又是假的，那么它的后件就不可能是真的，而只能是假的。因此，如果否认一个必要条件假言判断的前件，就必须否认它的后件。这样，就得出必要条件假言推理的两条规则如下：

(1)否认前件就否认后件。

(2)承认后件就承认前件。

相应于这两条规则的必要条件假言推理的正确形式是：

(1)只有 p，才 q，

非 p，

所以，非 q。

(2)只有 p，才 q，

q，

所以，p。

上面所举的例(1),是应用了形式(1)的必要条件假言推理。上面所举的例(2),是应用了形式(2)的必要条件假言推理。

又根据必要条件假言判断的前件与后件之间的真假关系,我们知道,当必要条件假言判断的前件是真的时候,它的后件可以是真的,也可以是假的;当必要条件假言判断的后件是假的时候,它的前件可以是假的,也可以是真的。因此,承认必要条件假言判断的前件就进而承认它的后件;或者,否认必要条件假言判断的后件就进而否认它的前件,都是不正确的推理。这也就是说,下面两个必要条件假言推理形式是不正确的:

只有 p,才 q,
p,
所以,q。

只有 p,才 q,
非 q,
所以,非 p。

(3)充分必要条件假言推理

充分必要条件假言推理,就是它的一个前提是充分必要条件的假言判断的假言推理。

一个充分必要条件的假言判断如果是真的,它的前件和后件就或者都是真的或者都是假的。因此,如果承认其中的一个,就必须承认其中的另一个;否认其中的一个,就必须否认其中的另一个。

下面是一个充分必要条件假言推理的例子:

一个数的平方是偶数,当且仅当这个数本身是偶数,
3 不是偶数,
所以,3 的平方也不是偶数。

同三段论相似,假言推理在表达时也常有省略一个前提或结

论的情形。例如,

> 中国革命在全国胜利,并且解决了土地问题以后,中国还存在着两种基本的矛盾。第一种是国内的,即工人阶级和资产阶级的矛盾。第二种是国外的,即中国和帝国主义国家的矛盾。因为这样,工人阶级领导的人民共和国的国家政权,在人民民主革命胜利以后,不是可以削弱,而是必须强化。

这一段话是一个省略了假言前提的假言推理。被省略的假言前提是:"如果国内外还存在着阶级矛盾,那么工人阶级领导的国家政权不是可以削弱,而是必须强化。"在这一段话中,"因为这样"以上的那些话,是另一个前提,"因为这样"以后那句话是结论。

在《判断》那章中,我们曾经说过,反诘语句常常间接地作了一个判断。现在我们要指出,在某些特别的情形下,反诘假言语句也间接地作了一个推理。例如:

假如中医是无用的,为什么病人愿意去找中医治病呢?这个反诘假言语句就间接地包括了这样一个假言推理:"如果中医是无用的,那么病人就不愿意去找中医治病;但是,病人愿意去找中医治病,所以,中医不是无用的。"

选言推理

选言推理就是这样一种具有两个前提的推理,其中一个前提是选言判断,另一个前提是这个选言判断的一部分选言支(或其否定)。

选言判断有两种,一种是相容的选言判断,另一种是不相容的选言判断。用这两种不同的选言判断作为前提的选言推理也是不相同的。

让我们先来考察两个例子:

例(1)一份统计表格的错误是由于材料不可靠,或是由于计算

不准确,

这份统计表格的错误不是由于计算不准确,

所以,这份统计表格的错误是由于材料不可靠。

例(2)一份统计表格的错误是由于材料不可靠,或是由于计算不准确,

这份统计表格的错误是由于计算不准确,

所以,这份统计表格的错误不是由于材料不可靠。

例(1)与(2)都是相容的选言推理。因为例(1)与例(2)中的那个选言前提是一个相容的选言判断。

例(1)是一个形式正确的相容的选言推理。例(1)中的那个相容的选言前提断定了:材料不可靠与计算不准确这二者中至少有一个是一份统计表格错误的原因。而例(1)中的另一个前提又断定了计算不准确不是这份统计表格错误的原因。由此显然能够必然地推出"材料不可靠"是这份统计表格错误的原因。

例(2)是一个形式不正确的相容选言推理。例(2)中的选言前提只断定了材料不可靠与计算不准确这二者中至少有一个是这份统计表格错误的原因。二者中至少有一个是这份统计表格错误的原因就表示可能这二者都是这份统计表格错误的原因。因而,当例(2)的另一个前提断定了计算不准确是错误的原因时,不能由此就必然地推出材料不可靠不是错误的原因。

由以上这两个例子可以看出:在相容的选言推理中,由一部分选言支的假,能够推出另一部分选言支的真;但是,由一部分选言支的真,却不能推出另一部分选言支的假。因此,相容的选言推理的规则是:

否认一部分选言支就承认另一部分选言支。

如果选言判断的选言支是两个的话,正确的相容选言推理的形式就:

p 或 q，
非 p，
所以，q。
p 或 q，
非 q，
所以，p。

选言判断的选言支不限于两个，可以有三个或更多。具有三个选言支的相容选言推理的正确形式就有下面这些：

p 或 q 或 r，
非 p，
所以，q 或 r。
……
p 或 q 或 r，
非(p 或 q)，
所以，r。
……

为了说明的简便，以后我们不再考虑有两个以上选言支的选言推理。

让我再来考察下面两个例子：

例(3)哲学家要么属于唯物主义阵营，要么属于唯心主义阵营，
二元论者不属于唯物主义阵营，
所以，二元论者属于唯心主义阵营。

例(4)中国农民要么走资本主义道路，要么走社会主义道路，
中国农民走社会主义道路，
所以，中国农民不走资本主义道路。

例(3)与例(4)都是不相容的选言推理，因为，它们的选言前提

都是不相容的选言判断。

一个真的不相容的选言判断至少有一个选言支是真的，因此，如果否认一部分选言支就能够承认另一部分选言支。例(3)正是这个情形，因此，例(3)是一个形式正确的不相容的选言推理。同时，一个真的不相容的选言判断又至多只有一个选言支是真的；因此，如果承认了一部分选言支就能够否认另一部分选言支。例(4)正是这个情形，因此，例(4)是一个形式正确的不相容的选言推理。

不相容的选言推理的规则是下面两条：

(1)否认一部分选言支就承认另一部分选言支。

(2)承认一部分选言支就否认另一部分选言支。

正确的不相容的选言推理的形式是：

要么 p，要么 q，
非 p(或非 q)，
所以，q(或 p)。

要么 p，要么 q，
p(或 q)，
所以，非 q(或非 p)。

选言推理在表达时也常采取省略的形式。例如：

二元论者不属于唯物主义阵营，
所以，二元论者属于唯心主义阵营。

这就是一个省略了选言前提的选言推理。它的省略的选言前提是："二元论者要么属于唯物主义阵营，要么属于唯心主义阵营。"

联言推理

联言推理在从前的传统逻辑书中是没有地位的。这种推理虽然非常简单，但是，在思维中却是经常要用到的。同时，联言推理还常常同假言推理与选言推理结合，构成许多复杂的推理。要分析这些复杂的推理，就必须对联言推理有明确的理解。

联言推理就是这样一种推理，或者结论是一个联言判断，而各个前提是该联言判断的各个联言支；或者前提是一个联言判断，而结论是这个联言判断的一个联言支。

联言推理的正确形式如下：

（1）p，

q，

所以，p并且q。

（2）p并且q，

所以，p（或q）。

形式（1）叫做联言推理的合成式。这种形式的正确性是很显然的。就联言判断与它的联言支的真假关系来说，如果所有的联言支都是真的，那么，联言判断就是真的。联言推理合成式的前提分别断定了各个联言支是真的，因而联言推理合成式的结论就能够断定由这些联言支所构成的联言判断是真的。利用联言推理合成式，我们就能把对事物各个方面的知识综合成比较完整与全面的知识。

在《中国革命战争的战略问题》一文中，毛泽东同志对于中国革命战争的第一个特点作了下面的论述：

“中国政治经济发展不平衡……

“中国是一个半殖民地国家……

“中国是一个大国……

“中国是经过了一次大革命的……

“所以我们说，中国是一个经过了一次革命的、政治经济发展不平衡的、半殖民地的大国……”（《毛泽东选集》第172—173页。）

这里应用了联言推理的合成式。前提是四个联言支，结论是由这四个联言支所构成的联言判断。由于这几个联言支的主项都是相同的，为了表达的简练，结论就压缩成为一句话。

联言推理的形式(2)叫做联言推理的分解式。这种形式的正确性也是显而易见的。根据联言判断与它的联言支的真假关系，我们知道，如果一个联言判断是真的，它的联言支就都是真的。联言推理的分解式的前提断定了一个联言判断是真的，因而联言推理分解式的结论就能够断定这个联言判断的联言支是真的。当我们要应用一个真的联言判断的某一个联言支时，我们就可以利用联言推理分解式。

二难推理

二难推理是一种特别的有两个假言前提和一个选言前提的推理。当我们考虑事物有两种可能性以及每一种可能性会导致某一后果时，我们常常采取二难推理的形式。二难推理在辩论中常常用到。辩论的一方常常提出一个断定两种可能性的选言前提，再由这两种可能性都引申出对方难于接受的结论。二难推理之所以叫做“二难”，就是由于这个缘故。

有时事物不只有两种可能性，而是有三种或四种可能性，我们也可以用一个断定这三种或四种可能性的选言判断作为前提，再分别地由这三种或四种可能性中引出对方难于接受的结论。这样的推理形式，可以分别地叫做三难推理或四难推理。

《论人民民主专政》中有这样一段话：“对于这些人(指帝国主义及其走狗——引者)，并不发生刺激与否的问题，刺激也是那样，不刺激也是那样，因为他们是反动派。”(《毛泽东选集》第 1362 页。)这段话中包含了下面这个二难推理：

如果我们刺激帝国主义及其走狗，他们要与人民为敌，

如果我们不刺激帝国主义及其走狗，他们也要与人民为敌，

或者我们刺激帝国主义及其走狗，或者不，

帝国主义及其走狗总是要与人民为敌的。

这个二难推理具有下面的形式：

(1)如果 p 那么 r，

如果 q 那么 r，

p 或 q，

所以，r。

恩格斯在《论权威》一文中，曾对那些反权威主义者作了下面的批判："总之，二者必居其一。或者是反权威主义者自己不知所云，如果是这样，那他只是在散布糊涂观念；或者他们是知道的，如果是这样，那他们就是在背叛无产阶级运动。在这两种情况下，他们都只是为反动派效劳。"(《马克思恩格斯选集》第 2 卷，第 554 页。)这段话包含了这样一个二难推理：

如果反权威主义者自己不知所云，那么他们只是在散布糊涂观念；

如果反权威主义者知道自己所说的是些什么，那么他们就是背叛无产阶级的事业；

反权威主义者或者自己不知所云，或者知道自己所说的是什么；

所以，他们或者只是在散布糊涂观念，或者是背叛无产阶级的事业。

这个二难推理有下面的形式：

(2)如果 p 那么 r，

如果 q 那么 s，

p 或 q，

所以，r或s。

二难推理的形式(1)与形式(2)，通常叫做二难推理构成式。二难推理是假言推理与选言推理联合而成的推理，因此，它服从假言推理与选言推理的规则。二难推理构成式的选言前提的各个选言支，分别地承认了每个充分条件的假言前提的前件，结论就分别地承认了各个充分条件假言前提的后件。

二难推理除了有构成式以外，还有破坏式。在二难推理破坏式中，选言前提的各个选言支分别地否认各个充分条件假言前提的后件，结论就分别地否认各个充分条件假言前提的前件。

二难推理破坏式有下面两种正确形式：

(3)如果p那么q，
如果p那么r，
非q或非r，
所以，非p。

(4)如果p那么r，
如果q那么s，
非r或非s，
所以，非p或非q。

由于二难推理是辩论中非常有用的工具，诡辩者就常常利用二难推理来进行诡辩。对于一个不正确的二难推理，我们可以从形式不正确或前提不真实两个方面来加以驳斥。如果一个二难推理的形式是不正确的，那么，我们可以根据假言推理与选言推理的规则指出它的错误。如果一个二难推理的前提是虚假的，我们可以用下面两种方法。

(1)指出假言前提是虚假的。

例如，在抗日战争初期，亡国论者与速胜论者曾经亟力散布他们的谬论。把他们的谬论联系起来，就可以得到下面的二难推理：

如果抗战能够胜利,那么就是速胜;

如果抗战不能够胜利,那么中国就会亡;

抗战或者能够胜利,或者不能,

所以,或者是速胜或者是中国会亡。

这个二难推理的错误,不是在于它的形式,而是在于它的假言前提。毛泽东同志在《论持久战》中指出,中国能够胜利,但不是速胜,而是持久战。这实质上就是驳斥了上面那个错误的二难推理的假言前提。

(2)指出选言前提是虚假的。

例如,有人提出这样一个二难推理:

如果一个演绎推理不正确,那么它就没有价值;

如果一个演绎推理不能从已知推出未知,那么它也没有价值;

一个演绎推理或者不正确或者不能从已知推出未知,

所以,一个演绎推理总是没有价值。

这个二难推理是错误的。它的选言前提断定了:没有既正确又能从已知推出未知的演绎推理。但是,事实上正相反,有既正确又能从已知推出未知的演绎推理。我们可以指出选言前提的虚假,从而驳斥这个二难推理。

(3)构造一个与原来的二难推理相反的二难推理。

逻辑书中常常还提到第三种破二难推理的方法,即构造一个与原来二难推理相反的二难推理。这种方法在辩论中也是常用的。构造出来的相反的二难推理虽然能驳斥原来的二难推理,但是,它本身却不一定就是正确的。

逻辑书常常举出下面这个著名的例子:

据说古代希腊有一个人叫做欧提勒士(Euathlus),他从当时著名的辩者普罗达哥拉斯(Protagaras)学法律。两人订有合同:在毕业时欧提勒士须付普罗达哥拉斯一半学费,另一半学费等欧提勒士第一次打赢官司时付清。但是,欧提勒士毕业后并不执行律师职务。普罗达哥拉斯等得不耐烦,就向法庭提出诉讼,并且提出下面的二难推理:

如果欧提勒士这次官司打胜,那么按照合同,他应给我另一半学费。

如果他这次官司打败,那么按法庭判决,他也应给我另一半学费。

他这次官司或者打胜或者打败。

所以,他都应给我另一半学费。

欧提勒士针对上面的二难推理,提出了一个相反的二难推理:

如果我这次官司打胜,那么按法庭判决,我不应给普罗达哥拉斯另一半学费。

如果我这次官司打败,那么按照合同,我也不应给他另一半学费。

我这次官司或者打胜或者打败。

所以,我都不应给他另一半学费。

欧提勒士的二难推理驳斥了原来的二难推理。原来的二难推理的错误在于:普罗达哥拉斯在推理中采取了两个不同的标准,一个是法庭判决,一个是合同。这样才能得出"他都应给我钱"这个结论。但是,"如果欧提勒士这次官司打胜了,那么,按照合同,他应给我另一半学费"这个假言前提是假的。因为,欧提勒士官司打胜了,这就表示法庭判决了欧提勒士不应给另一半学费。由于有一个假言前提是假的,普罗达哥拉斯的二难推理就是不正确的。

欧提勒士的二难推理,同样地利用了普罗达哥拉斯的那两个不同的标准。欧提勒士的二难推理,虽然成功地驳斥了普罗达哥拉斯的二难推理,但是,它本身也是不正确的。

几种常见的以假言判断、选言判断和联言判断为前提的推理

(1)假言易位推理

马克思在《雇佣劳动与资本》中曾说:“人们……(中略——引者)如果不以一定方式结合起来共同活动和互相交换其活动,便不能进行生产。为了进行生产,人们便发生一定的联系和关系;……”(《马克思恩格斯选集》第1卷,第362页。)这一段话包含了下面这个假言易位推理:

如果人们不用一定的方式结合起来共同活动和互相交换其活动,人们便不能从事生产。

所以,为了从事生产,人们便发生了一定的联系和关系。

假言易位推理的形式是:

如果p那么q,

所以,如果非q那么非p。

在《判断》章中,我们曾经画出了一些表格,说明各种复合判断和它们所包含的支判断之间的真假关系。这些表格叫做复合判断的**真值表**。假言易位推理的正确性,可以用充分条件假言判断与负判断的真值表来加以验证。

判断p有真与假两种可能,判断q也有真与假两种可能。因而,p和q配合在一起,就有四种可能的真假情形:(i)p真,q真;(ii)p真,q假;(iii)p假,q真;(iv)p假,q假。首先,我们根据p与q这四种可能的真假情形,来决定“如果p那么q”的真假和“如果非q那么非p”的真假。在考虑“如果非q那么非p”之前,我们还要先考虑一下在p与q的四种真假情形之下“非q”与“非p”的真假。(这是因为“如果非q,那么非p”的前件与后件分别地是“非q”与“非p”)。然后再根据“非p”与“非q”的真假,来决定“如果非q那么非p”的真假。这些情形可以列出如下表:

p	q	如果 p,那么 q	非 p	非 q	如果非 q,那么非 p
真	真	真	假	假	真
真	假	假	假	真	假
假	真	真	真	假	真
假	假	真	真	真	真

这个表中横线以下的第一横行是表示:在 p 真与 q 真的情况下,“如果 p,那么 q”、“非 p”、“非 q”与“如果非 q,那么非 p”的真假情形。横线下的第二横行,第三横行与第四横行的意义是类似的。由上表可以看出,在 p 与 q 的四种可能的真假情形下,“如果 p,那么 q”与“如果非 q,那么非 p”的真假情形是完全相同的。这就是说,它们有等值关系,或者说,他们有互相蕴涵关系。因此,由它们中的任何一个,能够必然地推出另一个。假言易位推理的正确性,由上表就得到验证。

通过假言易位推理,我们知道,如果 p 是 q 的充分条件,那么,非 q 就是非 p 的充分条件,非 p 就是非 q 的必要条件。

(2)归谬法

归谬法这个推理形式是在证明中经常应用的。我们在证明“如果大前提是特称,小前提是否定,那么,就不能得结论”这一条三段论规则时,就应用了归谬法。我们先假定在大前提是特称而小前提是否定的情况下能得结论,并进而推出“大项在大前提中周延”与“大项在大前提中不周延”这两个互相矛盾的判断。这样,我们就否定了原来的假定,从而承认在大前提是特称而小前提是否定时,不能得结论。

归谬法的形式是:

如果 p,那么 q,

如果 p,那么非 q,

所以，非 p。

归谬法这种推理形式的正确性，也可以用前面所说的真值表来加以验证。

(3)假言联锁推理

斯大林的《无产阶级和无产阶级政党》一文中有下面这一段话："这就是说，要做一个党员，就必须实现党的纲领、策略和组织观点；要实现党的观点，就必须为这种观点而斗争；要为这种观点而斗争，就必须在党的组织中工作并和党一起工作。显然，要做一个党员，就必须参加党的一个组织。"(《斯大林全集》第 1 卷，第 58 页。)这段话构成了下面这个假言联锁推理：

要做一个党员，就必须实现党的纲领、策略和组织观点；

要实现党的这些观点，就必须为党的这些观点斗争；

要为党的这些观点而斗争，就必须在党的组织中工作并和党一起工作；

所以，要做一个党员，就必须参加党的一个组织。假言联锁推理的形式是：

如果 p，那么 q，

如果 q，那么 r，

所以，如果 p，那么 r。

上面这个假言联锁推理形式，只有两个假言前提。假言联锁推理可以具有两个以上的假言前提。上面引的斯大林那一段话，就是具有三个假言前提的假言联锁推理。

假言联锁推理这个推理形式，也可以用真值表来证明它的正确性。在假言联锁推理中，出现了三个变项 p、q 与 r。p、q 与 r 的真假可能有下面八个：(i)p 真，q 真，r 真；(ii)p 真，q 真，r 假；(iii)p 真，q 假，r 真；(iv)p 真，q 假，r 假；(v)p 假，q 真，r 真；(vi)p 假，q 真，r 假；(vii)p 假，q 假，r 真；(viii)p 假，q 假，r 假。用前面画表办法，可看出：在p、q与r这八个真假可能情形下，当前提“如果p那么q”与“如果q那么r”都真的时候，结论“如果p那么r”也是真的。这就表明，在任何情形下，前提都能推出结论。因而假言联锁推理，是一个正确的形式。

(4)反三段论

让我们先举一个例子：

如果客观条件已经成熟，而主观方面也作了充分的努力，那么，工作一定能成功；

所以，如果客观条件已经成熟，而工作却没有能成功，那么，一定是主观方面还没有作充分的努力。

反三段论的形式如下：

如果p并且q，那么r，

所以，如果p并且非r，那么非q。

反三段论的前提“如果p并且q，那么r”，可以看作一个三段论。反三段论的结论“如果p并且非r，那么非q”可以看成是把该三段论的一个前提加以否定，结论也加以否定，并且调换它们的位置而成。

反三段论在思维中是经常出现的。如果几个条件联合起来构成某一情况的充分条件，那么，当该情况不出现时，就可推出几个条件中至少有一个条件尚未具备。凡是作这样的推理时，我们就是应用了反三段论的形式。

反三段论形式的正确性，也可以用上面画表的方法来加以证明。反三段论不但前提蕴涵结论，而且结论也蕴涵前提，也就是说，前提与结论是等值的。

(5)假言联言推理

毛泽东同志说：“如果我们在全体上过高估计敌人力量，因而不敢推翻他们，不敢胜利，我们就要犯右倾机会主义的错误。如果我们在每一个局部上，在每一个具体问题上，不采取谨慎态度，不讲究斗争艺术，不集中全力作战，不注意争取一切应当争取的同盟者……(中略——引者)，我们就要犯'左'倾机会主义的错误。"(《毛泽东选集》第1162—1163页。)毛泽东同志这个思想，如果用一个简短的方式表达出来，就是"如果在战略上不藐视敌人，我们就要犯右倾机会主义的错误；如果在战术上不重视敌人，我们就要犯'左'倾机会主义的错误。"

用上面这两个假言判断作为前提，我们就可作出下面两个推理：

(1)如果我们在战略上不藐视敌人，我们就要犯右倾机会主义的错误；

如果我们在战术上不重视敌人，我们就要犯"左"倾机会主义的错误；

所以，如果我们既在战略上不藐视敌人，又在战术上不重视敌人，那么，我们就要既犯右倾机会主义的错误又犯"左"倾机会主义的错误。

(2)如果我们在战略上不藐视敌人，我们就要犯右倾机会主义的错误；

如果我们在战术上不重视敌人，我们就要犯"左"倾机会主义的错误；

所以，如果我们要既不犯右倾机会主义的错误，又不犯"左"倾机会主义的错误，那么，我们就要既在战略上藐视敌人，又在战术上重视敌人。

这两个推理的形式是：

(1)如果p那么q，

如果r那么s，

所以，如果p并且r，那么q并且s。

(2)如果 p 那么 q,

如果 r 那么 s,

所以,如果非 q 并且非 s,那么非 p 并且非 r。

在形式（1）与形式（2）中，前提是两个假言判断，而结论是由联言判断作为前件与后件的假言判断。所以，这两个形式是假言联言推理形式。它们遵守假言推理与联言推理的规则。假言联言推理形式说明：两个情况的充分条件之合构成两个情况之合的充分条件。这种推理形式的正确性，也可以通过真值表来加以验证。

第七节　模态推理

模态推理就是以模态判断为前提或结论的推理。早在两千多年前,亚里士多德就已对模态三段论作过深入的研究。但一方面由于亚里士多德的模态三段论还有许多缺点,另一方面又由于模态三段论所涉及的问题比较复杂,后来的传统逻辑书就很少谈到模态三段论。直到本世纪,由于数理逻辑的发展,人们才又重新开展对模态逻辑的研究。

在本节中,我们只想根据《判断》章中讲过的基本概念,对一些常见的模态推理作一些直观的说明。

(1)"必然(p 并且 q)"等值于"必然 p 并且必然 q"。

两个等值的判断是互相蕴涵的,因而由其中一个判断就可推出另一个判断。

例如,"资本主义要灭亡并且共产主义要胜利是必然的"等值于"资本主义要灭亡是必然的,并且共产主义要胜利也是必然的"。这两个等值的判断是可以互相推出的。

(2)"必然 p 或者必然 q"蕴涵"必然(p 或 q)"。

例如,“必然 A 队获得篮球冠军或者必然 B 队获得篮球冠军”蕴涵“A 队获得篮球冠军或者 B 队获得篮球冠军是必然的”。

但是,“必然(p 或 q)”却并不蕴涵“必然 p 或必然 q”。

例如,假定 A 队与 B 队在进行决赛,争夺篮球冠军,那么,“A 队获得篮球冠军或 B 队获得篮球冠军是必然的”这个判断就是真的。但是,“必然 A 队获得篮球冠军或必然 B 队获得篮球冠军”却可以是假的。因为,可能事实上 A 队与 B 队势均力敌,不论 A 队或 B 队获得篮球冠军都有一些偶然性因素在起作用,即是说,都不是必然的。

据说,斯多阿派的克利普斯(Chrysipus,公元前三世纪)曾经提出这样一个推理:必然一个人做某件事情或不做这件事情,所以,必然一个人做某件事情或必然这个人不做这件事情。根据排中律,“一个人做某件事情或这个人不做这件事情”是必然真的,因而上面那个推理的前提是真的。但是,必然一个人做某件事情或必然这个人不做这件事情,却是一个宿命论的思想。因此,上面那个推理的结论是一个假的判断。这个推理的前提真而结论假,因而是一个不正确的推理。

(3)“可能(p 或 q)”等值于“可能 p 或可能 q”。

例如,“可能明天刮风或下雨”等值于“可能明天刮风或可能明天下雨”,这两个等值的判断是可以互相推出的。

(4)“可能(p 并且 q)”蕴涵“可能 p 并且可能 q”。

例如,“可能明天既刮风又下雨”蕴涵“可能明天刮风并且可能明天下雨”。

但是,应当注意,“可能 p 并且可能 q”却不蕴涵“可能(p 并且 q)”。

例如,“可能一个人做某件事情并且可能这个人不做这件事情”,这在某种情况下是一个真的判断。但是,“一个人做某件事情并且他又不做这件事情是可能的”，却是一个假的判断。因为，根据矛盾律，“一个人做某件事情并且这个人不做这件事情”是不可能的。

根据上面这个例子可以看出：在某个解释下“可能 p 并且可能 q”是真的，而“可能(p 并且 q)”却是假的。这就表明前者不蕴涵后者。

(5)“不可能(p 并且非 q)”等值于“必然(如果 p 那么 q)”。

例如，“不可能一个政府执行反动的政策而不会遭到人民的反对”等值于“如果一个政府执行反动的政策，那么就会遭到人民的反对，这是必然的”。

(6)“并非(必然所有 S 都是 P)”等值于“可能有的 S 不是 P”。

例如：“并非必然所有文学家都是戏剧家”等值于“可能有的文学家不是戏剧家。”

(7)“并非(必然所有 S 都不是 P)”等值于“可能有的 S 是 P”。

例如：“并非必然所有运动员都不能跳过二米五，”等值于“可能有的运动员能跳过二米五。”

(8)“并非(可能所有 S 都是 P)”等值于“必然有的 S 不是 P”。

例如：“不可能一切规律都已为我们所掌握”等值于“必然有的规律还没有为我们所掌握”。

(9)“并非(可能所有 S 都不是 P)”等值于“必然有的 S 是 P”。

例如：“不可能任何科学都没有阶级性”等值于“必然有的科学有阶级性”。

由上面(6)至(9)的等值关系，可以看出：“必然 SAP”与“可能 SOP”是一对矛盾判断；“可能 SAP”与“必然 SOP”之间也有矛盾关系。此外，“必然 SEP”与“可能 SIP”之间，“可能 SEP”之间，也是矛盾关系。

应当注意：“必然 SAP”与“必然 SOP”之间，却没有矛盾关系，我们可以设想一种情况：可能所有 S 是 P，但又不必然所有 S 是 P。在此情况下，“必然 SAP”是假的，而“必然 SOP”也是假的。

由此可以看出，否定“必然 SAP”（即“并非（必然 SAP）”），并不蕴涵（因而推不出）“必然 SOP”。

同样地，“可能 SAP”与“可能 SOP”之间，也没有矛盾关系。因而否定前者并不蕴涵（因而推不出）后者。

同样地，“必然 SEP”与“必然 SIP”之间，“可能 SEP”与“可能 SIP”之间，也都没有矛盾关系。

【习　　题】

3.01　说明演绎推理的特征和作用。

3.02　使演绎推理具有逻辑性，要注意些什么？

3.03　利用直接推理的知识回答以下各问题：

(1)从“凡不劳动者不得食”能推出“得食的”怎样？

(2)从“凡正确的推理都是形式正确的推理”，能推出“不正确的推理”怎样？

(3)从“一切生物都是发展变化着的”能否知道“非生物”怎样？

(4)从“有的建筑物是住宅”能否推出“所有住宅都是建筑物”？

3.04　说明下列各判断之间的关系：

(1)只有甲班同学赞成这个提议。

(2)赞成这个提议的都是甲班同学。

(3)并非赞成这个提议的都是甲班同学。

(4)只有甲班同学才不赞成这个提议。

（提示：1. 首先把上述四判断都改变为典型的性质判断。2. 根据逻辑方阵和直接推理的知识来确定它们之间的真假关系。）

3.05　根据三段论的一般规则及合格的特殊规则，说明下列推理的形式是否正确：

(1)根据婚姻法的规定：凡男女双方自愿离婚的，准予离婚。而某婚姻案件中并不是双方自愿离婚的；所以，这个案件是不能判决离婚的。

(2)许多金属比水重,铁是金属;所以,铁比水重。

(3)所有不劳而食的人都是剥削者,资本家是剥削者;所以,资本家是不劳而食的。

(4)a 是 f(x)的解;因为 f(x)的解都能满足 f(x),而 a 满足 f(x)。

(5)这个药有剧毒;因为它含有砒,而砒是有剧毒的。

3.06 以下列各组判断为前提,根据三段论的一般规则及各格的特殊规则,说明能否得结论。如能得结论,能得什么结论?并请写出它的推理形式。

(1)没有有机物不是含碳的,没有蛋白质不是有机物。

(2)只有民族资本家是通过国家资本主义的方式改造的,民族资本家不是农村小商贩。

(3)半导体不是良导体,有的金属是良导体。

(4)鸭嘴兽是哺乳动物,鸭嘴兽又是卵生的。

(5)反革命分子是破坏无产阶级专政的敌人,所有破坏无产阶级专政的敌人都必须严加制裁。

(6)只有唯心主义哲学家才不承认物质第一性,并不是一切哲学家都承认物质第一性。

(7)有的蛇有毒,蟒蛇是蛇。

(8)没有马克思主义者是唯心主义者,没有有神论者是马克思主义者。

(提示:如果给出的判断不是典型的性质判断,那么首先把它化为 A、E、I、O 的形式。)

3.07 设 a、b 两类,b、c 两类分别有以下关系,问 a、c 两类有什么关系:

(1)设 a 类与 b 类全异,b 类与 c 类交叉。

(2)设 a 类包含 b 类,c 类也包含 b 类。

(提示:根据各种关系的定义,组成不同的三段论,从而求得 a、c 两类的关系。a 包含 b,就是说所有 b 是 a。)

3.08 写出一正确三段论形式,它的大项在前提中周延,但在结论中不周延。

3.09 一个正确三段论能否三个项都周延两次?为什么?

3.10 证明:如果正确三段论的结论是全称的,则中项不能两次周延。

(提示:分别(1)两前提都肯定;(2)一前提否定,一前提肯定,两种情况来考虑。)

3.11 写出下列两个省略三段论的省略的判断,并指出三段论的形式。

(答案不必是惟一的)。

(1)这种物质不是有机物,因为它不含碳。

(2)汉字结构复杂,给打字、排版、印刷、通讯、情报检索等利用电子计算机和机械处理带来许多困难。因此,汉字必须改革。

3.12 分析下列各推理的形式:

(1)解决人民内部问题的社会改革运动都应采用宣传教育的方针,因为解决人民内部问题的社会改革运动都不宜用检举斗争。贯彻婚姻法的群众运动是解决人民内部问题的社会改革运动,因为贯彻婚姻法的群众运动是使人民内部改善彼此的关系,以期得到共同幸福的生活的;因此,贯彻婚姻法的群众运动应采用宣传教育的方针。

(2)法律科学是社会科学的一部分,整个社会科学是阶级社会的产物并为阶级斗争服务的科学,而在阶级社会中产生并为阶级斗争服务的科学实质上也就是为阶级的政治服务的科学,可见,法律科学是为阶级的政治服务的。

3.13 下列各混合关系三段论的形式是否正确,为什么?

(1)所有固体都能为有的液体所溶解,有的金属是固体;所以,有的金属能为有的液体所溶解。

(2)一切负整数都不比一切正整数大,零不是负整数;所以,零不比一切正整数大。

(3)每个人都同意有些提议,有些提议是十分宝贵的;所以,每个人都同意有些十分宝贵的提议。

3.14 下列各推理的形式是否正确,为什么?

(1)如果降落的球不受外力影响,它就不会改变降落的方向,既然球受到了外力的影响;所以,它改变了降落的方向。

(2)只有甲队体力强,技术高,配合好,才能战胜乙队;甲队体力不强,或技术不高,或配合不好;所以,甲队不能战胜乙队。

3.15 由前提"某人犯错误不外乎两个原因:或者是由于立场有问题,或者是思想方法不对头",进行选言推理:

加上前提(1):"某人犯错误是由于立场有问题",能得什么结论?为什么?

加上前提(2):"某人犯错误不是由于立场有问题",能得什么结论?为什么?

3.16 以下列各判断作为前提，进行二难推理，能得什么结论？并写出推理形式。

如果他头脑清楚，他就会认识自己的错误，如果他态度诚恳，他就会公开承认自己的错误；他或者没有认识自己的错误，或者没有公开承认自己的错误。

3.17 批评下列乙的谈话中所包含的推理：

甲："这本书写得不好。"

乙："你怎么知道这本书不好？你看过这本书没有？如果你没有看过，怎么知道它不好？如果它真的不好，你为什么要看？"

3.18 试用划真值表的办法，说明下列推理形式是正确的：

只有 p 才 q，

所以，只有非 q 才非 p。

3.19 如果有人认为："一切判断都是真的"，我们就可以用归谬法来驳斥他，我们首先接受他的意见：

(1)"一切判断都是真的。"但"有的判断不是真的"是判断，因之"有的判断不是真的"是真的，这就是说：(2)"有的判断不是真的。"

由(1)、(2)根据归谬法，就可得出结论："一切判断都是真的"是假的，这就是说：有的判断不是真的。

试仿上例用归谬法证明："一切判断都是假的"是假的。

3.20 下列各推理的形式是否正确？为什么？

(1)如果有了合适的温度和湿度，又有了一定的空气存在，那么正常的种子就会萌发。所以，如果有了一定的空气，而种子并不萌发，那么就是温度和湿度都不合适。

(2)张同志或者不想来，或者误了车；如果误了车，他会打电话来。张同志是想来的。所以，一会儿他必打电话来。

(提示：本题(2)包含了不止一个推理。)

3.21 下列各推理的形式是否正确？为什么？

(1)不可能不实事求是而能搞好工作。因之，必然是，如果不实事求是，那就不能搞好工作。

(2)可能是这个演绎推理的前提假；可能是这个演绎推理的形式不正确。所以，可能这个演绎推理的前提既假，形式也不正确。

(3)不可能造出永动机，也不可能用直尺和圆规来三等分任意角。所以,必然不能造出永动机和用直尺圆规来等分任意角。

3.22 试用"可能(p或q)"与"可能p或可能q"的等值关系,证明:"必然(p且q)"与"必然p并且必然q"的等值关系。

(提示:从"可能(非p或非q)"等值于"可能非p或可能非q"开始证。因为这是题设的一个特殊情况,因之它必然成立。)

3.23 下列推理是否正确,为什么?

(1)不可能有人不会犯错误,因之,必然所有的人都会犯错误。

(2)必然所有的人都会犯错误,因之,并非必然有人不会犯错误。

(3)必然所有金属都是固体,是假的;所以,必然有金属不是固体。

(4)可能有金属不是固体,所以,并非必然一切金属都是固体。

第五章　归　纳　法

第一节　归纳法的特征

在客观事物中，个别与普遍既是对立的，又是统一的。个别表现普遍，普遍表现于个别。人们对客观事物的认识是一个发展的过程，总是由认识个别的事物开始，进而认识事物的普遍规律；又以普遍规律为指导，返回来更深刻地认识个别的事物。这样循环往复，不断前进。毛泽东同志说："就人类认识运动的秩序说来，总是由认识个别的和特殊的事物，逐步地扩大到认识一般的事物。人们总是首先认识了许多不同事物的特殊的本质，然后才有可能更进一步地进行概括工作，认识诸种事物的共同的本质。"（《毛泽东选集》第284—285页）

在实践的基础上，人们要从个别事物和现象中认识它的普遍规律和本质，就必须以正确的世界观即辩证唯物主义为指导，就必须应用已有的科学知识；除此以外，人们还必须正确地应用归纳方法。归纳方法在人们由个别上升到普遍的认识过程中起着重要的作用。

归纳法是由两大部分组成的；一大部分是归纳推理；另一大部分是其他的归纳方法。简单枚举法、类比法、统计推理与求因果五法属于归纳推理的范围。观察、实验、比较、分类、分析、综合、统计中的选样、求平均数以及假说，属于其他归纳方法的范围。

归纳推理一般说是由个别的事物或现象推出该类事物或现象

的普遍性规律的推理。

例如，要研究宇宙飞行的失重状态对动物身体的影响，我们就用某些个别的动物（如狗、老鼠和果蝇）进行实验，观察它们在失重状态下的反应以及经过宇宙飞行后身体的变化。经过几次实验以后，我们由这些个别的动物能够经受长时间的失重状态，就推出一条普遍性的规律，即所有动物都能够经受长时间的失重状态。这就是一个归纳推理。

归纳推理的前提是一些关于个别事物或现象的判断，而结论却是关于该类事物或现象的普遍性判断。因此，归纳推理的结论超出了前提所断定的范围。

在归纳推理的形式中，前提与结论之间的联系不是必然性的，而是或然性的。这点在《演绎推理》第二节中已讲过了。形式逻辑着重研究思维形式的性质。从形式逻辑的角度看，前提与结论之间有或然性的联系是归纳推理的一个十分重要的特征。

归纳推理和其他的归纳方法是有机地联系着的。要发现客观事物或现象的规律，就必须首先取得有关客观事物或现象的感性材料。这就要应用观察与实验。通过观察实验所得到的感性材料，还必须进一步加以整理和加工。这就要应用比较、分类、分析与综合这些方法。我们还要应用简单枚举法和类比法这些初步的归纳推理，对客观事物或现象的规律作初步的探索，进而再应用比较严密的归纳推理如求因果五法，得出比较可靠的结论。

在某些特殊的研究领域内，我们还要应用概率和统计，来整理感性材料并作出初步的结论。

人们对客观事物规律的探索，总是以已有的知识为基础。人们应用已有的知识，对事物的规律作出一个初步的预想，这就是假说。假说在整个归纳过程中起着重要的作用。

各种归纳方法（包括归纳推理与其他的归纳方法）是一个有机

整体。各种归纳方法的有机应用,可以提高归纳法的可靠性与有效性。归纳法是人们在长期实践与认识过程中总结出来的。在生产与科学还不发达的古代,人们只能应用一些简单的归纳方法去认识事物。到了十七、十八世纪实验科学兴起以后,人们才总结出一些精确的判明因果联系的方法。这些精确的判明因果联系的方法,同其他的归纳方法结合起来,就成为人们探索客观规律的有力工具。

归纳法一直是唯心主义散布谬论的场所。近代的不可知论者休谟提出了所谓"归纳问题"。他说:即使两种现象千百次联结在一起,我们也不能认为它们之间有必然的联系。休谟认为,由一类对象的一部分具有某种属性,无法推出这类对象的全部都具有这一属性。

从休谟开始的对归纳法的怀疑论,直到今天还在资产阶级的哲学家与逻辑学家中流行着。有的人说:归纳法是哲学中无法解决的问题。还有的人说:关于自然界最不可理解的一点,就是自然界是可以理解的。对于这一类唯心主义的呓语,我们的回答是:人类的实践,证实了人们能够通过归纳方法认识客观事物的普遍规律,证实了客观世界是可知的,证实了事物将来的发展是可以预测的。

恩格斯说:"把这些以及其他一切哲学上的谬论驳斥得最彻底的是实践,即实验与工业。"(《费尔巴哈与德国古典哲学的终结》,人民出版社 1957 年版,第 15 页)列宁说:"在唯物主义者看来,人类实践的'成功'证明着我们的想象和我们所感知的事物的客观本性的符合。"(《列宁全集》,第 14 卷,第 139 页)毛泽东同志说:"马克思主义者认为,只有人们的社会实践,才是人们对于外界认识的真理性的标准。实际的情形是这样的,只有在社会实践过程中(物质生产过程中,阶级斗争过程中,科学实验过程中),人们达到了思

想中所预想的结果时，人们的认识才被证实了。”“真理的标准只能是社会的实践。”(《毛泽东选集》，第 261 页)

马克思主义认为，实践是检验认识的真理性的惟一标准。当然，实践也是检验归纳法的有效性的惟一标准。人们应用归纳法所得到的认识，能够达到思想所预期的结果，这就不但证明了人们的认识是正确的，而且也证明了归纳法是得到正确认识的有效工具。

第二节　观察、实验与一些整理感性材料的方法

观察与实验

认识起源于实践。在实践过程中，人们通过感官对事物或现象的认识，得到许多感性的材料。根据这些感性材料，再应用比较、分类、分析、综合与各种归纳推理，人们才能认识事物或现象的规律性。

人们通过感官认识事物，有时是在事物的自然状态下进行的；有时人们又要人为地改变事物的状态，控制事物或现象运动变化的条件，使自然界提供我们需要知道的材料。

在事物或现象的自然状态下，通过感官去认识事物或现象，这就是观察。

在控制事物或现象的条件的情形下，通过感官去认识事物或现象，这就是实验。

观察与一般的感觉知觉是不同的。观察是依据一个确定的研究目的进行的。但是，感觉知觉却不一定有一个确定的研究目的。普通人抬头看见天空中的风云变化，这只是感觉知觉；而气象工作者为了研究气象的规律，而把风雨阴晴的变化系统地记录下来，这

才是观察。

观察是一种有目的的认识活动,因而观察是有选择性的。人们不是漫无边际地对一切都加以观察,而是根据已有的知识,选择那些与我们所研究的问题有关的对象进行观察。观察的选择性,表现了人们认识的主动性。

但是,观察只是在自然状态的事物这个范围内进行选择,因此,从这方面看,观察还是带有很大的被动性。为了充分发挥认识的主动性,人们就要进行实验。实验能够改变事物的自然状态,使客观世界向我们提供我们所需要的材料。

实验比观察有下列优点:

(1)在自然状态下,总是许许多多的现象错综复杂交织在一起,因而我们就不容易发现现象之间的关系。通过实验,我们可以人为地使某一或某些现象发生,而使另一或一些现象不发生;使某一或一些现象发生变化,而使另一或一些现象保持不变。这样,就容易认识现象之间的因果联系。

例如,我们看见铁球与鸡毛在空气中落下的速度不同,这究竟是与空气有关还是无关呢?这究竟是由于空气的浮力还是由于地球的引力呢?在事物或现象的自然状态下,我们是不能弄清楚这个问题的。要解答这个问题,我们必须设计一个实验:把铁球与鸡毛都放在抽掉空气的容器中,看它们落下的速度是否相同。这样,就容易发现铁球与鸡毛在空气中落下速度不同与空气浮力的关系。在这个实验中,我们就人为地把空气这个因素去掉了。而这个因素在事物或现象的自然状态下是必然存在的。

(2)在实验中,我们可以人为地创造一些在自然状态下不容易得到或得不到的环境或条件。例如,在地球上的自然状态下人们就得不到真空,但是,在实验时人们却可以人为地创造真空。在地球上人们也得不到几万度的高温,但是,人们在实验室中却可以创造几万度的高温。

(3)在实验中,我们可以使一些现象在任何时间任意多次地重复出现,从而便于进行深入的观察。例如,强烈的风在自然状态下只是偶尔出现。但是在科学实验室中,我们可以设计一个风洞,使强烈的风在任何时间任意多次地重复出现。

还有,一个科学实验的"可重复性",是验证这个科学实验的正确性的必要条件。如果某人作了一个科学实验,而他自己与别人都不能重复作出,那么,这个科学实验的正确性就是无法验证的。这样的科学实验,如果我们还叫它做科学实验的话,是毫无科学价值的。在科学实验报告中,要求详细说明进行实验所应用的材料、方法与步骤等,就是为了别人可以重复这一实验,从而可以验证它的正确性。

科学需要通过观察与实验取得它所需要的感性材料。由于各门科学的研究对象的特殊性或者由于在一定历史时期人们控制研究对象的能力的不同,在有些科学中观察是取得感性材料的主要方法,而在另外一些科学中实验又是取得感性材料的主要方法。

例如,在天文学与气象学中,由于人们还缺乏控制天体运动与气候变化的能力,观察是主要的取得感性材料的方法。但是,在另一些科学如原子能科学中,实验却是主要的,而观察则是次要的。

一般地来说,在科学发展的过程中,初期常常是以观察为主,后来才逐渐进入以实验为主。

在现代的自然科学研究中,不论是观察或实验,都大量应用了精密的威力强大的仪器。例如,用电子显微镜观察细微的物质结构,用强大的射电望远镜探测遥远天体的运动。人们还把宇宙飞船射到空间,用潜艇深入海底,以便更准确地观察空间与深海的情况。人们还用精密的自动仪器记录那些变化极其迅速的现象。

科学仪器可以说是人们感官的延长,加大了人们认识的广度与深度。

在观察与实验中,应该力求避免主观性与片面性。

研究者总是已经具有一定的经验与认识的人。研究者很容易在不知不觉中把他已有的经验或认识掺入到他的观察中去,不知不觉地用他已有的经验与认识去解释他观察到的东西。在一个人已有的经验与认识中,难免有一些不正确的成分。如果在不知不觉中用这些不正确的经验与认识去解释观察到的东西,就会产生观察中的主观性,把个人主观的东西当作客观存在的东西。

在观察与实验中,把个人主观的东西当作客观存在的东西,叫做“误观察”的错误。

在观察与实验中，由于研究者的疏忽，可能产生误差。还有，由于研究者生理上的原因，也可能产生误差。例如，在天文学中有所谓“个人误差方程式”的问题。当研究者观测到一颗星进入望远镜头上的十字中心时，就用手作一记号。由于各个人的手的反应快慢不同，就会得出不同的观测结果，就会造成观察的误差。

人们在进行观察与实验以前,总是在不同程度上对所研究的问题有初步的看法。这个初步看法常常容易影响人们的观察,容易使人们只看到与自己已有看法相合的东西,而忽略与自己已有看法不合的东西,容易只看到正面的东西,而忽略反面的东西。这样,就会产生观察的片面性。

在观察与实验中,只看到一部分有关的材料,而不看到另一部分有关的材料,叫做“未观察”的错误。

不正确的世界观,特别在对社会现象的研究中,会使观察带有很大的主观性与片面性。例如,帝国主义、社会帝国主义、各国反动派与现代修正主义者常常是过高估计自己的力量而过低估计革命人民的力量。这是与他们唯心的反动的世界观有联系的。他们已经受到并且还会继续受到历史的无情的惩罚。

正确的世界观,是正确的观察实验的一个重要的条件。除此以外,要避免观察实验的主观性,还应严格区分观察所得到的材料与对这些材料的解释,从而使个人主观的东西不能冒充客观的材料;还要设法消除观察实验中的各种误差。要避免观察实验的片面性,不但应当详尽地收集与自己已有看法相合的材料,而且还应当详尽地收集与自己已有看法不合的材料,不但应当详尽地收集正面的材料,而且还应当详尽地收集反面的材料。

比较、分类、分析与综合

通过观察实验取得了许多感性材料以后,还必须对这些感性材料加以整理。这里就要用到比较、分类、分析与综合这些方法。

(1)比较

比较就是比较两个或两类事物的共同点和差异点。通过比较就能更好地认识事物的性质。

例如斯大林在《马克思主义与语言学问题》一书中曾把语法与几何学加以比较,说明二者有许多共同之点。他说:"语法的特点在于,它得出词的变化的规则,而这不是指具体的词,而是指没有任何具体性的一般的词;它得出造句的规则,而这不是指某些具体的句子,例如具体的主语、具体的谓语等等,而是指任何的句子,不管某个句子的具体形式如何……"(第 17 页)"就这一方面来说,语法很像几何学,几何学得出自己的定理是,它从具体对象中抽象出来,把各种对象看成没有具体性的物体,它所规定的不是某些具体对象之间的具体关系,而是没有任何具体性的一般物体之间的相互关系。"(第 18 页)通过这个比较,看出了语法与几何学的共同点,从而语法的普遍性质与抽象性质就变得十分明显了。

又例如,抗日战争时期,毛泽东同志在《论联合政府》中,把蒋管区同解放区加以比较。毛泽东同志指出:

国民党实行了反对人民战争的消极抗日的路线,即使国民党统治区处在极端有利和取得外国接济的地位,其结果是失败的;解放区实行了人民战争的路线,即使它处在环境恶劣和毫无外援的地位,其结果是胜利的。

国民党把自己的失败归咎于缺乏武器,实际上最缺乏武器的是解放区的军队。国民党中央系的军队,比起地方系的军队来要好得多,但是比起战斗力来,中央系却多数劣于地方系。

国民党拥有广大的人力资源,但是在它的错误的兵役政策下,人力补充却极端困难;解放区处在被敌人分割和战斗频繁的情况之下,因为普遍实施了正确的政策,它的人力动员却可以源源不竭。

国民党拥有粮食丰富的广大地区,人民每年供给它七千万至一万万市担的粮食,但是大部分被经手人中饱了,士兵饿得面黄肌瘦,解放区的主要部分隔在敌后,受尽敌人"三光"政策的摧残,其中有些地区非常贫瘠,却很好地解决了粮食问题。

国民党区经济危机极端严重,工业大部分破产了,连布匹这样的日用品也要从美国运来;解放区却能用发展工业的方法,自己解决问题。

在国民党区,广大人民生活痛苦,达于极点;解放区的全体人民都有饭吃,有衣穿,有事做。

利用抗日发国难财,官吏即商人,贪污成风,廉耻扫地,这是国民党区域的特色之一;艰苦奋斗,以身作则;工作之外,还要生产,奖励廉洁,禁绝贪污,这是解放区的特色之一。

国民党区域剥夺人民的一切自由;解放区则给予人民以充分的自由。(参看《毛泽东选集》第948—950页)

通过这个比较，看出了蒋管区与解放区的根本差异，从而蒋管区的腐败反动与消极抗日和解放区的进步民主与积极抗日就变得十分明显了。

在进行比较时，必须注意以下几点：首先，必须在同一关系下进行比较。例如一个国家在使用某种旧货币时的物价与经过币制改革后的物价，就是不能直接加以比较的。其次，要就对象的实质方面进行比较，不要因某种表面上的相同，而忽略实质上的差异，也不要因表面上的差异，而忽略实质上的相同。如果只用现象上的偶然性的东西来进行比较，就会发生错误。

(2)分类

根据事物的共同性与差异性，就可把事物分类。具有相同属性的事物归入一类，具有不同属性的事物，各归入不同的类。

科学要掌握事物的普遍的规律，而普遍的规律就是一类一类事物的规律。因此，分类是科学研究中不可缺少的一步。

还有，通过分类有时还可发现事物的重要规律。例如，门捷列夫根据原子量与化学性质的关系对元素进行分类，提出了元素周期表，发现了有关元素的重要规律。

分类的逻辑规则与《概念》章所讲的划分规则是相同的。

(3)分析与综合

分析是在思想中把对象分解为各个部分或因素，分别加以考察的逻辑方法。例如，我们在观察一类植物时，把它分成根、干、花、叶等部分。又如在考察国际局势时，把国际局势分成各个方面与各个因素进行考察。

综合是在思想中把对象的各个部分或因素结合成为一个统一体加以考察的逻辑方法。例如，我们考察了国际局势中的各个方面与各个因素以后，还需要把各个方面或因素结合起来，形成一个整体的认识。当然，在综合过程中，还要分清各个因素和方面的主次，以及它们之间的相互联系。

分析与综合是两个方向相反的思维过程。一般是先分析后综合。当我们对于对象的各个部分与各个因素分别考察以后，才能形成有关这一类对象的整体的认识。但这两种方法是紧密联系着的，没有分析就不能有综合，同时，没有综合的分析也只是片面的分析。关于分析与综合，恩格斯曾经说"……思维不仅在于把相互联系的元素综合成为统一体，而且也以同样程度来把认识的对象分解成为各个元素。没有分析就没有综合"。（《反杜林论》，人民出版社1962年版，第42页）

比较、分类、分析和综合是几种处理感性材料的逻辑方法，是在归纳过程中经常要用到的。

第三节　简单枚举法与完全归纳法

简单枚举法

我们观察到某类中许多事物都有某属性，而又没有观察到相反的事例，我们就作出结论：某类事物都有某属性。这就是简单枚举法。简单枚举法是由某类中已观察到的事物都有某属性，推出某类事物都有某属性。

用S表示一类事物，用S_1，S_2，……，表示S类中的个别事物，用P表示一个属性。简单枚举法可用图式表示如下：

S_1是P，

S_2是P，

⋮

S_n是P，

所以，所有S都是P。

例如，住在海边的人看到，每当月亮圆的时候，海上潮水最高。

他们由此就得出结论:月亮圆的时候潮水最高。他们由“在一段有限时间内观察到的月亮圆时潮水最高”,推到“在任何月亮圆时都潮水最高”。这就是用了简单枚举法。

过去劳动人民对于气候与农业的关系所作的许多论断,如“瑞雪兆丰年”等等,也是根据大量事实应用简单枚举法得到的。

简单枚举法是一种初步的简单的归纳推理,因为它只是根据一个一个的事例的枚举,对于这些事例没有进行深入的分析。简单枚举法的可靠性,完全建筑在枚举的事例的数量上。当枚举的事例的数量不断增大时,简单枚举法的可靠性会有所增加。但是,即使枚举的事例很多,简单枚举法的可靠性仍然是不大的。欧洲人在发现澳大利亚以前,观察到千千万万的天鹅都是白的,他们应用简单枚举法作出结论:所有天鹅都是白的。后来欧洲人在澳大利亚发现了黑天鹅,原来应用简单枚举法得出的结论就被推翻了。

简单枚举法虽然是一种可靠性不大的归纳推理,但是,在日常生活中我们却经常应用它。常识中的许多普遍性判断都是应用简单枚举法得来的。在有的科学中,有时也靠应用简单枚举法作出普遍性的结论。例如,在校释古典文献的工作中,有时就靠应用简单枚举法。清代学者钱大昕曾经根据古书中一百多条例子,证明近代读轻唇音的字在古代都读作重唇音。(见《十驾斋养新录》中“古无轻唇音”条。)

在大多数的精密科学中,已经很少用简单枚举法来建立它的普遍性的结论。但是,作为一个初步的探索方法,即作为提供假说的方法,简单枚举法在科学研究中仍有其重要的作用。

完全归纳法

完全归纳法是由某类中每一个事物都具有某属性,推出该类全部事物都具有该属性。

用图式来表示完全归纳法就是：

S_1 是 P，

S_2 是 P，

⋮

S_n 是 P，

（S 类中只有 $S_1, S_2, \cdots, S_n$ 这些事物）

所以，所有 S 都是 P。

例如，某个生产队有十块麦田，收割时每块麦田的产量都比计划的产量高。由此就作出结论：某个生产队的所有麦田都超产了。这就是一个完全归纳法。

某个班上有五十个学生，每个学生的学习成绩都很好，我们就说，某班所有学生的学习成绩都很好。这也是一个完全归纳法。

完全归纳法要求完全枚举一类中所有的分子。完全归纳法与简单枚举法在需要应用枚举这点上是相同的。完全归纳法与简单枚举法的不同，在于前者完全地枚举了一类中所有的分子，而后者只是枚举了一类中的一部分的分子。

完全归纳法不能应用于一个具有无穷分子的类，因为无穷的分子是不能完全枚举出来的。

在历史上一个很长时期，完全归纳法被看作一种归纳推理，因为它的前提是个别的，而结论是普遍性的。但是，完全归纳法的前提与结论之间的联系是必然性的，结论所断定的又没有超出前提所断定的范围。从这两点看，完全归纳法又与归纳推理的一般特征正好相反，因而它又不能是归纳推理。现代逻辑学认为完全归纳法是一种演绎推理。

第四节 类 比 法

我们观察到两个或两类事物在许多属性上都相同,便推出它们在其他属性上也相同。这就是类比法。

用 A 与 B 分别代表两个或两类不同的事物,用 $a_1, a_2, \cdots, a_n$, b,分别代表几个不同的属性。类比法可用下面图式表示:

A 与 B 有属性 $a_1, a_2, \cdots, a_n$,

A 有属性 b,

所以,B 也有属性 b。

例如,几十年前曾经有些科学家根据地球与火星都是太阳系的一个行星,都有大气层,都是温度适中,都有水分,而地球上有高等动物存在,便推出火星上也有高等动物存在。这就是一个类比法的应用。

前些年我国一个食品工厂的工人,曾经试用一种真空充氮的方法来削减蛋制品中的沙门氏菌。(真空充氮的方法,就是把罐头中的空气抽出来,而把氮气充进去。)他们想到某些国家在制作奶粉罐头时,常使用真空充氮的方法来防止脂肪腐败。而蛋粉与奶粉在许多属性上是相同的,例如,都是粉末状的食品,都不能应用高温灭菌等。由此,他们便想到蛋粉罐头也可以用真空充氮方法。这也是应用了类比法。

类比法的可靠程度决定于两个或两类事物的相同属性(如图式中 $a_1, a_2, \cdots, a_n$)与推出的那个属性(如图式中的 b)之间的相关程度。如果相同的属性与推出的属性之间的相关程度越高,那么,类比法的可靠性就越大。

如果人们已知相同属性与推出的属性之间的联系达到了必然性的程度,那么,人们就会应用下面的演绎推理,而不会再应用类比法了：

所有有属性 $a_1, a_2, \cdots, a_n$ 的都有属性 b，

B 有属性 $a_1, a_2, \cdots, a_n$，

所以，B 有属性 b。

从类比法的形式看，类比法无法保证相同属性与推出属性密切相关。因此，类比法的可靠程度是不高的。

类比法的可靠程度可以随着相同属性数量的加多而有所增长。

应用类比法有时会产生错误。例如，前面举出的关于“火星上有高等动物”的类比，就是不正确的。近年来发现，火星上大气层中含氧气极少，而充足的氧气却是高等动物生存的必要条件。因此，现在大多数科学家都认为，火星上几乎不可能有高等动物。

唯心主义哲学家常常应用类比法来“证明”他们的荒谬理论。例如，基督教神学中就应用类比法来“证明”上帝的存在。他们认为，宇宙是由许多部分构成的一个和谐的整体，正如同钟表是由许多部分构成的和谐的整体一样，而钟表有一个创造者，所以，宇宙也有一个创造者——上帝。这就是一个类比法的误用。

由于类比法的可靠性不大，在科学中单纯应用类比法来建立一条科学规律这种情形，已经很少见了。但是，类比法在科学家发现科学规律的过程中，却仍然起着重要的作用。科学家常常是应用类比法得出新的假说。不但在一般的实验科学中是如此，就是在演绎性质的数学中也是如此。例如，数学家由三维空间有某些性质，就猜想到 n 维空间也有这些性质。n 维空间究竟有或没有这些性质，当然是要靠严格的数学证明，但是，提出 n 维空间有这些性质这一个假说，却是应用类比法的结果。

类比法的前提和结论，或者都是关于个别事物的判断，或者都是关于一类事物的普遍性判断。因此，类比法或者是一种由个别

到个别的推理，或者是一种由普遍到普遍的推理。类比法不是一种由个别到普遍的推理，但是其他的归纳推理都是由个别到普遍的推理。就是由于这个原故，有些逻辑学家认为类比法不是一种归纳推理。他们把推理分为演绎、归纳与类比三种。

但是，从另一方面看，类比法的结论所断定的超出了前提所断定的范围，类比法的前提和结论之间的联系是或然性的。这又是和其他的归纳推理相同的。还有，类比法是提供假设的常用方法，和其他归纳方法有极密切的联系。根据这些理由，我们把类比法看作归纳法中的一个部分。

近年来自然科学和技术科学中广泛地应用一种模拟方法，这种方法同类比法是很近似的，我们附带在这里加以说明。

模拟方法是在实验室中模拟在自然界出现的某些现象，构造出这种现象的模型，从模型中研究其规律。有时是以较简单的过程来模拟复杂过程，有时是以小的模型来模拟自然界中大规模的现象。

我国科学家利用模拟方法，研究黄河下流的“游荡”问题，即研究如果在河上游筑了拦水坝，下游会不会发生改道的问题。这就是用小的模型来模拟自然界大规模的现象。

我们再举几个用较简单的过程来模拟复杂过程的例子：例如有的生物学实验室，曾用线路构成章鱼的神经系统的模型，发现了有关章鱼的记忆能力的一些性质。目前也有人在试验用物理过程来模拟更高级的神经活动，即人脑的某些部分的功能。快速电子计算机的发展为这项工作提供了一些条件。我们知道电子计算机是一种能够依照一定的指令自动地连续进行计算的机器。在这种机器中有一个部分是专门用来储存数据的（在进行计算时，一定要有初始数据，在计算过程中会产生大量的中间结果。人用手进行计算时，这些数据是记在纸上的。而在一台自动进行计算的机器中,这些数据必须存放在机器的某一部分里面)。由于计算机有这样的装置,在一定意义上,可以说,计算机模拟了高等动物的记忆功能。关于计算机的存储部分性质的研究,可能对于了解人类的记忆有用。

科学家已经有可能用物理过程模拟人的大脑的某些较简单的功能。当然,即使模拟它的某些较简单的功能也是有很多困难的。如目前关于大脑中电的过程究竟是离散的,还是连续的,或者是部分离散,部分连续的也还没有弄清楚。

模拟方法有两个优点,首先是通过这一方法将复杂的过程化为较简单的过程,将自然界中大规模的现象变成实验室中的现象,从而便于研究。其次是工程技术上有些设计,必须先在实验室中进行多次小规模的试验,也就是进行模拟,才能进行制造或建造,以避免生产上的浪费。例如飞机的发动机要先在风洞中进行试验。

关于模拟方法还有许多逻辑问题有待进一步的研究。

第五节　判明因果联系的方法

现象间的因果联系

物质世界是一个无限复杂、互相联系与互相依赖的统一整体。一个或一些现象的产生,会引起另一个或另一些现象的产生,前一个或一些现象就是后一个或一些现象的原因,后一个或一些现象就是前一个或一些现象的结果。例如,给一个电炉通电,电炉就会发热。电炉通电是电炉发热的原因,而电炉发热是电炉通电的结果。

因果联系是普遍联系的一种,无论在自然界中或社会中,都存在着因果联系,没有一个现象不是由一定的原因引起的。

因果联系是物质发展的锁链上的一个环节。同一个现象可以既是原因,又是结果;对于后于它的某个现象,它是原因;但是,对于先于它的某个现象,它又是结果。电炉发热是通电的结果,但是,电炉发热又是使电炉上的一壶水沸腾的原因。

因果联系是一种必然联系,当原因存在时,结果必然会产生。

原因与结果在时间上是先后相继的,原因先于结果,结果后于原因。但是,在时间上先后相继的两个现象,却不必就有因果联系。例如,白天和黑夜,春天和夏天,虽然是先后相继的,但是,它们之间却不存在因果联系。

因果联系是复杂的,多种多样的。一个现象的产生,可以是由一个原因引起的,也可以是由多种原因引起的。忽视原因的多样性,在实践上会导致有害的后果。例如,一块地中的农作物生长不好的原因,可以是水分不足,也可以是肥料太少,也可以是病虫害,……。如果我们忽略了原因的多样性,而只注意灌溉,或只注意施肥,那就会导致减产的有害后果。

在哲学史中,唯物主义与唯心主义围绕因果问题曾经进行了并还会进行激烈的斗争。唯心主义哲学都否认因果联系的客观性。近代唯心主义者休谟,把因果联系说成是人类的一种心理习惯。他认为,事物之间本来是没有因果联系的;当人们经常看到两类现象在一起出现时,由于人类特有的心理习惯,就由其中一个的出现必然地想到另一个的出现。唯心主义者康德认为,客观世界中根本没有因果联系,因果联系只是思维本身先验地具有的范畴。他认为,人们通常所说的客观事物之间的因果联系,实际上只是人们把思维规律投射到客观事物上去的结果。

马赫赞同休谟关于因果性的看法。他说:"除了逻辑的必然性,任何其他的必然性,例如物理的必然性,都是不存在的。"(转引自《列宁全集》,第14卷,第160页)"因果律的一切形式都是从主

观意向中产生的；对自然界说来，并没有必要去同这些形式相适应。”（同上）

唯心主义关于因果联系的各种谬论，列宁在《唯物主义与经验批判主义》中曾经给以毁灭性的批判。列宁指出，因果联系是划分唯物主义与唯心主义的重要标志。他说：“世界是合乎规律的运动着的物质，而我们的认识，作为自然界的最高产物，只能反映这个规律性”。（《唯物主义与经验批判主义》人民出版社 1954 年版，第 197 页）

辩证唯物主义关于因果的理论，已为人们的长期实践和科学的不断发展所完全证实。

唯心主义关于因果联系的谬论，不仅被人们的实践完全否定，而且这些谬论本身也是破绽百出的。康德一方面主张客观事物根本没有因果性；但是，另一方面，他又认为，独立于人们思想的物自体是现象界的原因，即是说，他又认为客观事物有因果性。这就是自相矛盾的。马赫一方面主张因果性是纯主观的；但是，另一方面，马赫又说：“自然界教导我们去发现自然现象中的均一性。”（转引自《列宁全集》，第 14 卷，第 162 页。）即是说，他又主张自然界中有均一性与因果性。这也是自相矛盾的。

求因果联系的五种方法

判明因果联系的方法，是人们在长期的实践与认识过程中逐渐总结出来的。远在古代，这些方法就已经有了萌芽。到了近代实验科学兴起以后，这些方法才完整地严格地总结出来。

穆勒在他的《逻辑体系》中，把自培根以来已经提出的求因果方法加以系统的说明，因而一般逻辑书中都把判明因果的几种方法叫做穆勒氏方法。

穆勒提出了五种判明因果的方法，即契合法、差异法、契合差异并用法、共变法与剩余法。现在我们分别介绍如下。

(1)契合法

契合法的规则:如果在所研究的现象出现的两个或两个以上的场合中,只有一个情况是共同的,那么,这个共同的情况就与所研究的现象之间有因果联系。

我们用A、B、C、D与E分别代表不同的情况,用a,b,c,d与e分别代表不同的现象。其中a是我们所研究的现象。契合法可用下例图式来表示:

场合(1) A,B,C——a,b,c,

场合(2) A,B,D——a,b,d,

场合(3) A,C,E——a,c,e,

⋮

所以,A与a之间有因果联系。

这里"A、B、C——a、b、c"是表示一个具体的场合,在这个具体场合中,情况A、B与C出现,现象a、b与c也出现。余类推。

例如:钟的摆有一定的摆动周期。为了要找出形成摆的摆动周期的原因,我们可以进行观察实验。我们看到,用不同物质做成的形状不同的许许多多的摆,如果它们的长度相同,那么,它们的摆动周期也相同。应用契合法,根据在摆动周期(这是所研究的现象)相同的许多具体场合中摆的长度(这是共同的情况)都相同,我们就可得出结论:摆的长度与摆的摆动周期有因果联系。

契合法不是一个很有效的判明因果的方法。因为:(1)在我们观察到的几个具体场合中那个共同的情况,可能和我们所研究的现象毫无关系。(2)在我们观察到的几个具体场合中的那些不同的情况,经过进一步的分析以后,可能都包含着一个共同的因素,而这个共同的因素却是我们所研究的现象的原因。

例如:某甲一个晚上看了二小时书,又喝了几杯浓茶,结果整夜失眠。某甲第二天晚上又读了二小时书,吸了许多纸烟,结果又整夜失眠。某甲第三天晚上,又读了二小时书,喝了大量的咖啡,结果又整夜失眠。三个晚上只有一个共同的情况:即读了二小时书,应用契合法,读二小时书应当是整夜失眠的原因。

喝几杯浓茶、吸大量纸烟与喝大量的咖啡,虽然是三个不同的情况,但是,这三者中却包含了一个共同的因素,即食用了大量兴奋性的东西,而这个共同的因素在一般的情形下正是失眠的原因。

在应用契合法时,有时可以遇到这样的情形:在各个场合不只是有一个共同的情况,而是有几个共同的情况。在这种情形下,我们可以初步确定这几个共同情况是所研究的现象的原因。然后再用其他的方法,进一步找出这几个共同情况之间的相同的因素。

在应用契合法时,也可以遇到另一种情形,即在各个场合中没有一个共同的情况。在这种情形下,我们应当对这些不同的情况作进一步的分析。如果发现各个不同的情况之中都包含有一个或几个共同的因素,那么,仍然可以用契合法,得出这一个或几个共同的因素与所研究的现象有因果联系。

契合法的可靠性,是和观察到的场合的数量有关的,也是和各个场合中不相同情况之间差异程度有关的。观察到的场合越多,各个不相同情况之间的差异越大,契合法就越可靠。

(2)差异法

差异法的规则:如果所研究的现象出现的场合与它不出现的场合之间,只有一点不同,即在一个场合中有某个情况出现,而在另一个场合中这个情况不出现,那么,这个情况与所研究的现象之间就有因果联系。

差异法可用图式表示如下:

场合(1) A,B,C——a,b,c,

场合(2)　　B,C——　b,c,

所以A与a之间有因果联系。

在场合(1)中,原因(或结果)A出现,所研究的现象a也出现。场合(1)叫做正面场合。在场合(2)中,原因(或结果)A不出现,所研究的现象也不出现。场合(2)叫做反面场合。

下面是两个应用差异法的例子:

前些年我国有的地方曾经试验一种温汤浸种法。把白薯种分为两部分,一部分先用温水浸过,另一部分则不经过这种手续。结果用温水浸种的那块白薯地产量比不经过浸种的那块白薯地的产量高。由于其他条件都相同,惟一不同的只是:一块地的薯种用温水浸过,而另一块的薯种没有用温水浸过,于是得出结论:用温水浸薯种是白薯增产的原因。

有些生物学家曾用鸡作过一种关于营养的实验。他们用去糠的精白米喂一组鸡,而用粗米喂另一组鸡。吃精白米的那一组鸡不久都得了一种和人类的脚气病类似的病,吃粗白米的那一组鸡却没有得这种病。他们又用粗米喂那组得了这种病的鸡,不久都痊愈了。于是他们作出结论:这种病与长期吃去糠的精白米有关。

由上面两个例子可以看出,在实验过程中应用差异法时,总是有一个正面场合与一个反面场合。在正面场合中加入了一个新条件,而在反面的场合中则不加入这个条件,然后比较这两个场合各产生什么结果。

差异法在实验科学中有着广泛的应用。因为,在多数的实验中,我们是使一个相关的条件发生变化,而其他的条件保持不变。这正是应用差异法时的特点。

差异法比契合法有较大的可靠性。因为:(1)在差异法中不仅有正面场合,而且有反面场合。(2)在差异法中,除了在正面场合中有某个情况与在反面场合中没有这个情况以外,其他情况是完全相同的。这样，就能够较准确地判明某个情况与所研究的现象之间的因果联系。

差异法虽然有较大的可靠性，但是，应用差异法也可能产生错误。应用差异法时，要求正面场合与反面场合只有一点不同，即在正面场合中有某个情况出现，而在反面场合中这个情况不出现。如果在正面场合中还存在着其他在反面场合中没有的情况，而这个其他情况又被忽略了，那么，就会产生错误。

例如，曾经有这样一件事情：一个学生每当上课时他就头疼，而不上课时就好了。他以为是患了神经衰弱症，以为头疼的原因是上课听讲。后来经过医生检查，发现引起他头疼的原因，是他在上课时才戴的那副不合适的近视眼镜。这个学生原来的想法，就是差异法的误用。他只注意到上课与不上课这个差异，而没有注意到（上课时）戴眼镜与（下课时）不戴眼镜这个差异，因而把真正引起头疼的原因忽略了。

（3）契合差异并用法

这一方法的规则是：**如果在出现所研究的现象的几个场合中，都存在着一个共同的情况，而在所研究的现象不出现的几个场合中，都没有这个情况，那么，这个情况与所研究的现象之间就有因果联系。**

这一方法可用图式表示如下：

正面场合：
- A、B、C——a、b、c，
- A、D、E——a、d、e，
- A、F、G——a、f、g，

反面场合：
- B、M、N——b、m、n，
- D、O、P——d、o、p，
- F、Q、R——f、q、r，

所以，A与a之间有因果联系。

例如:人们很早就知道,种植豆类植物如豌豆,蚕豆,大豆时,不仅不需要给土壤施氮肥,而且豆类植物还可使土壤增加氮;而种植其他植物则没有这种现象。经过研究后,人们发现,豆类植物的根部有称作根瘤的突起物,而其他植物则没有。由此人们得出结论:豆类植物的根瘤能使土壤中增加氮。

在上面这个例子中,人们用了契合差异并用法。如果按照图式写出来,就是:

正面场合	豌豆有根瘤	土壤中增加氮
	蚕豆有根瘤	土壤中增加氮
	大豆有根瘤	土壤中增加氮
反面场合	麦子无根瘤	土壤中不增加氮
	稻子无根瘤	土壤中不增加氮
	油菜无根瘤	土壤中不增加氮

所以,豆类植物的根瘤与土壤中增加氮有因果联系。

契合差异并用法,可以分析为三个步骤。第一步,把所研究的现象出现的那些场合加以比较。第二步,把所研究的现象不出现的那些情况加以比较。第三步,把前两步比较所得的结果再加以比较。

契合差异并用法,是既用了契合法,也用了差异法。在那些正面场合中,只有一个共同情况,这里用契合法就可得出:那个共同的情况是所研究的现象的原因(或结果)。在那些反面场合中,都没有出现某个情况(例如,都没有根瘤),我们可以把"没有出现某个情况"看作一个共同的情况。这样,我们就可用契合法得出:没有某个情况是所研究的现象不出现的原因(或结果)。再把由正面场合所得出的结论与由反面场合所得出的结论加以比较,应用差异法即可得出:某个共同的情况是所研究的现象的原因(或结果)。

契合差异并用法和契合法是不同的。因为,在契合法中没有反面场合,但是在契合差异并用法中却有了反面场合。契合差异并用法和差异法也是不同的。因为,差异法的正面场合与反面场合,除了有一点不同而外,其余的情况是完全相同的。但是,契合差异并用法的正面场合与反面场合,却没有满足这个要求。

(4)共变法

共变法的规则:如果每当某一现象发生一定程度的变化时,另一现象也随之发生一定程度的变化,那么,这两个现象之间有因果联系。

设 A_1, A_2, A_3,……是现象 A 的不同状态 a_1, a_2, a_3,……是另一现象 a 的不同状态。共变法可用图式表示如下:

场合(1)　A_1、B、C——a_1、b、c,

场合(2)　A_2、B、C——a_2、b、c,

场合(3)　A_3、B、C——a_3、b、c,

所以,A 与 a 有因果联系。

这里由场合(1)变化到场合(2)时,现象 A_1 变成 A_2,现象 a_1 变化成 a_2,其他的现象都保持不变。由场合(2)变化到场合(3)时,现象 A_2 变成 A_3,现象 a_2 变成 a_3,其他现象都保持不变。

物理学中的物体遇热膨胀规律,就是应用共变法得来的。我们对于一个物体加热,在其他条件不变的情形下,当物体的温度不断升高时,物体的体积就不断膨胀。由此便得出结论:物体受热与物体体积膨胀有因果联系。

应用共变法时,只能有一个现象变化而另一个现象随之而变化,其他的现象应保持不变。如果还有其他的现象在发生变化,那么,应用共变法就会得出错误的结论。例如,我们对一个物体逐渐加热,但是,同时我们又对这个物体不断加上强大的压力,因而这个物体的体积不是不断膨胀而是不断缩小。如果我们忽略压力不断加大这个现象,以为对物体加热是物体体积缩小的原因。这就是共变法的误用。

应当注意,两个现象有共变关系,常常是在一定的限度之内。超过这个限度,它们的共变关系就会消失,或者发生一种相反的共变关系。

例如,多吃营养的食物如蛋白质与脂肪,在一定的限度内,可以增进健康。但是,如果超过了这个限度,则不但不会增进健康,反而会引起疾病。农作物的密植,在一定限度内,可以增产。但是,如果超过合理的限度,则不但不会增产,反而会造成减产。

以前讲过的三种方法,即契合法、差异法与契合差异并用法,都是从情况或现象的出现或不出现来判明因果联系的。共变法却是从现象变化的数量或程度来判明因果联系的,因此,在应用共变法时现象是可以度量的。应用共变法可以得出一个函数关系,因而有较大的可靠性。这是共变法的一个优点。

共变法还有另一个优点。有些现象是无法消除的或者不容易消除的。我们研究这些现象之间的因果联系时,显然是不能用差异法的,因为差异法要求消除这些现象。当不能消除或不容易消除的现象比较多的时候,甚至也不能用契合法。在上述情形下,我们却可以用共变法,使那些不能消除或不容易消除的现象发生数量上的变化,从而判明它们之间的因果关系。

例如,对于牛顿的运动第一定律,即运动的物体如果不受阻力则沿着直线作等速运动,我们就既不能用契合法也不能用差异法来加以证明,因为阻力这个因素根本无法去掉。但是,我们却可以用共变法来加以证明。我们可以设计这样一个实验:用同一初速多次发射同一个物体,并使每一次所受的阻力都比前一次大些。结果随着阻力的越来越大(而其他条件保持不变),物体的射程就越来越短。我们用共变法即可得出:运动的物体所以静止下来是受了阻力的原故。这样也就证明了:如果物体不受阻力则沿着直线作等速运动。

共变法与差异法是密切有关的。我们可以把共变法的第一个场合看作正面场合,而把共变法的第二个场合看作反面场合,或者把共变法的第二个场合看作正面场合,而把共变法的第三个场合看作反面场合;这样,共变法就可看作差异法的变形。我们也可以把差异法中的正面场合与反面场合看作共变法的两个场合。这样,差异法也就可以看作共变法的一个极端情形。

(5)剩余法

剩余法的规则:**如果已知某一复合现象是另一复合现象的原因,同时又知前一现象中的某一部分是后一现象中的某一部分的原因,那么,前一现象的其余部分与后一现象的其余部分有因果联系。**

剩余法可用图式表示如下:

A、B、C、D 是 a、b、c、d 的原因,

A 是 a 的原因,

B 是 b 的原因,

C 是 c 的原因,

所以,D 与 d 之间有因果联系。

例如,居里夫人发现镭,实际上是用了剩余法。居里夫人已知纯铀发出的放射线的强度,并且已知一定量的沥青矿石所含的纯铀数量。但是,她观察到一定量的沥青矿石所发出的放射线要比它所含的纯铀所发出的放射线强许多倍。由此,她推出在沥青矿石中一定还含有其他的放射性极强的元素。经过艰苦的工作,她终于发现了镭。

1846 年海王星的发现,也是一个应用剩余法的例子。科学家

根据万有引力定律，已经算出当时已知的各个天体对天王星的影响，从而算出天王星的运行轨道。但是，根据望远镜的观察，天王星实际运行的轨道与算出的轨道有些不同，在某些地方偏离了算出的轨道。由此科学家就推断，这个偏离现象是由于某个尚未发现的天体的引力的影响。科学家算出了这个尚未发现的天体的位置，后来果然在这个位置上发现了这个天体——海王星。

剩余法在科学中，特别是在化学与天文学中，有着广泛的应用。

以上我们分别说明了五种方法。但在实际研究中，往往同时用到这几种方法。我们下面就一篇生物学的研究报告加以分析：

> "蜜蜂是一种群体生活的昆虫，一个蜂群中主要由三类成员组成，即蜂王、工蜂和雄蜂。蜂王和工蜂皆为雌性，……蜂王和工蜂在卵期以及幼虫初期(孵化后1—2天)是完全相同的，并无差别。但到了幼虫期第三天，将来成为蜂王的幼虫，工蜂不断地用大量王浆喂养，这种蜂王幼虫和蛹的发育期比较短。将来发育成为工蜂的幼虫，工蜂就减少喂饲王浆，杂以花粉和蜂蜜，这种工蜂幼虫，蛹的发育期也就比较长。现在大多数人认为王浆是决定工蜂和蜂王分化为两个型的极重要的因素。……
>
> "有人以相应于蜂王幼虫不同发育阶段的新鲜王浆在实验室喂养幼虫，结果得到蜂王，而同期的幼虫用在5℃经过一年保存后的王浆喂养，得到的是工蜂，他推测王浆中某些类型的分化所必需的物质在保存期间分解。……
>
> "对于生殖方面的影响。由于蜂王的巨大生殖力，曾使人想到王浆中可能含有促进生殖作用的物质。注射王浆到未成熟的鼠身上可使不同成熟期的白鼠的葛拉芬氏囊状卵泡膨大。在果蝇食料中加入王浆后产卵量增加60%，并且性成熟

加快。这些结果表明王浆有刺激性腺的作用。……

“王浆对于肾上腺的影响方面，曾以豚鼠进行试验，一次注射60毫克，经1、2、3和4天后杀死检查，测得肾上腺中的维生素C含量降低，然后又增高；或以60毫克王浆注射一次后，隔一星期再注射一次，在第一次注射后隔8、9、10和11天后杀死豚鼠检查，见肾上腺体积减小，然后慢慢恢复。……

“有人指出1∶1,000的王浆稀释液具有抑制葡萄球菌和链球杆菌生长的作用，然而1∶10,000的王浆稀释液却有着明显的促进生长的作用。”(《蜜蜂王浆》,《科学通报》1960年第19期)

这一研究报告中提到了好几种实验。我们很容易看出，其中有些实验应用了我们在上面所讲的方法。例如，在确定王浆与幼虫发育为蜂王的关系的实验中，就应用了差异法；在王浆有没有刺激性腺的作用的实验中，也用了差异法；在关于王浆与肾上腺关系的实验中，还是应用了差异法。只是在这一实验中，实验者是将豚鼠分批杀死，进行检查。这样就不仅发现了王浆有使豚鼠肾上腺体积减小的作用，而且发现，过几天以后还会恢复。这是一种形式较复杂的差异法。

关于王浆稀释液与葡萄球菌和链球杆菌生长的关系所作出的结论，看来是应用共变法得到的。值得注意，1∶1,000的王浆稀释液有抑制这些细菌生长的作用，而1∶10,000的王浆稀释液却又有促进生长的作用。这里表明了共变范围的重要性。

由上面这个例子可以看出，在科学研究中，实际上是应用了求因果联系的方法，特别是差异法与共变法。因此，不承认求因果五法在科学研究中的作用，是不正确的。但是，如果夸大了这些方法在科学研究中的作用，也是不正确的。

培根与穆勒等人夸大了求因果联系方法的作用。他们认为，任何人应用了求因果联系的方法,就能发现现象的因果联系,正如同任何人应用了直尺和圆规就能画出直线与圆一样。培根曾经说:"我们的科学发现方法,使得智慧的锐敏性和力量很少有发挥的余地,并且实际上能拉平智慧和智力的水平。因为,正像在用手画出直线或精确的圆形时,主要依靠手的稳定性和练习,而如果应用直尺或圆规,那么这两者就很少需要了。对于我们的方法也可以这样说。"(《新工具》第1卷,第61节)

我们知道,求因果联系五法是或然性的推理。它的可靠性依赖于下列两个因素。

(1)正确地划出有关情况的范围。

在所研究的现象出现以前(或以后),有很多甚至无穷多的情况出现。因此,如果不能正确地从其中划出有关情况的范围,那么事实上我们是无法应用求因果联系方法的。同时,如果把根本无关情况当作有关的情况或者把本来有关的情况当作无关的情况,那就会作出错误的结论。

(2)正确地分析有关的情况。

有关情况的范围划定了,还必须对有关情况作出正确的分析。如果对有关情况的分析是不正确的,那么,得出的结论就是不可靠的。前面有一个例子曾经提到,认为读二小时书是整夜失眠的原因,其错误就在于没有正确地分析出有关的情况(服大量兴奋性的东西)。

不论是正确地划出有关情况的范围,或是正确地分析有关情况,都是求因果联系五法本身不能解决的。要解决这些问题,就必须根据已有的具体科学知识并且把这些科学知识正确地应用于当前所研究的场合,就必须应用演绎法。因此,片面地夸大求因果五法的作用,而忽视它同已有的具体科学知识和演绎方法之间的密切联系是不正确的。

第六节　概率与统计

概率

对于某一个事件，我们不仅要考虑它是否可能出现，而且还要考虑它出现的可能性的程度。**对于一个事件出现的可能性的程度或可能性的大小作出数量方面的估计，这就是概率**。例如，我们把00，01，……，99这一百个数码放在箱子里，而从箱子里面任意抽出一个数码。某一个数码被抽出的可能性，显然是百分之一。这就是对某一数码被抽出的可能性的估计，百分之一就是某个数码被抽出的概率。

由于人们所作出的结论，有时只是可能真的，或者说，只是具有一定概率的判断，形式逻辑需要研究得出这一类结论的推理。这一类推理是属于归纳范畴的。逻辑中早就包括有这一部分的研究，例如穆勒在他的《逻辑体系》一书中归纳部分就有两章讨论概率，但长期以来，关于概率的逻辑发展很少，只是近半个世纪以来才有了较详尽的研究。

有几种不同的概率定义。应用较久的一种，称作"古典定义"。根据这种定义，一个事件A出现的概率，是A可能出现的情况与全部可能情况的比率。例如在前面所说的数码抽签的例子中，某一两位的数码可能出现的情况是1种，而全部可能的情况是100种，于是A出现的概率是$\frac{1}{100}$。

但是这一定义有很大的局限性，因为它假定了全部可能情况都是"同等可能的"。当这一条件不能满足时，这一定义就不适用。在实际问题中，与一个事件有关的全部可能情况，常常不是"同等可能的"。例如一个地区在某一天的天气，一般说来，晴和阴不是同等可能的。由于古典定义的缺点，人们就提出了其他的定义。

现在一般采用的是频率定义。根据这种定义，任一事件 A 出现的概率，等于 A 在若干次试验中出现的频率，即 A 在试验中出现的次数与试验的总次数的比率。事件 A 出现的概率可用公式表示如下：

$$A出现的概率=\frac{A出现的次数}{试验总次数}$$

现在我们看一个军事上的例子。假定为了摧毁某种目标，有 5 发炮弹命中就够了。我们要研究的问题是：我们是否能在 40 发射击中得到所需要的 5 发命中？我们可以在打靶场进行试验。每批射击 40 发，如此进行许多批（比如说 200 批）；然后查明在多少批射击中，得到了不少于 5 发的命中。比如说，在 200 批中有 195 批射击得到了这样的成绩，则所要求的概率 P 可计算如下：

$$P=\frac{195}{200}=0.975$$

设以 P 表示事件 A 出现的概率，则 $P=1$ 表示事件 A 一定出现，$P=0$ 表示事件 A 一定不出现。

如果两个事件不可能同时出现，我们称之为“不相容的事件”。

现在我们举一个极其简单的计算概率的例子。设有两个事件 A_1 与 A_2。已知 A_1 出现的概率是 P_1，A_2 出现的概率是 P_2，并且已知 A_1 与 A_2 是相容的。我们要求知道 A_1 与 A_2 同时出现的概率。设这一概率为 P，则我们有 $P=P_1\cdot P_2$（即 P 等于 P_1 与 P_2 的乘积）。

我们现在举一个具体的例子，即掷骰子的例子。掷一颗骰子出 4 点的概率是$\frac{1}{6}$。掷两颗骰子都出 4 点的概率是多少呢？按照上面的公式可以算出是$\frac{1}{6}\times\frac{1}{6}$即$\frac{1}{36}$。

统计方法

在科学研究中,经常要处理数据,在一般工作中,也时常要求作到“胸中有数”。但实际上遇到的数据,时常量很大,需要有一定的方法加以处理。例如我们要知道某一个人民公社一亩地上小麦的产量。由于各亩之间产量会有差别,在统计时会得到大量不同的数字,而我们所需要的却只是一个数,这就需要算出平均亩产量。分析由计量得到的数据,从而对于大量现象作出估计的方法构成了统计学。

统计学是一门专门的科学,统计学中所提出的许多方法都带有专门的性质。下面我们只想介绍一些经常碰到的统计学中的基本概念与方法,从而可以看出统计在归纳法中的作用。

(1)统计平均数　我们首先将介绍一些算平均数的方法。统计方法中所求的平均数不止一种,重要的有下列这几种:

(i)算术平均数　这就是把许多数据加在一起,然后用这些数据的数目去除,而得到的数。例如,设有一块 10 亩大的地,每亩的产量分别为 510 斤、520 斤、480 斤、460 斤、550 斤、560 斤、514 斤、496 斤、470 斤、484 斤,则可以算出平均亩产量是 494.4 斤。

算术平均数容易计算,这是它的优点。还有一个优点就是可以在这种平均数上进行代数运算。例如设有两组数据 80,75,95,60,70;和 80,70,60,75,65。第一组的平均数是 76,第二组是 70。两组合在一起的平均数是 73。而把第一组与第二组的平均数加起来,用 2 除,得到的结果也是 73。算术平均数的这一代数性质,在计算中有时是可以利用的。

(ii)加权平均数　在有些场合,简单的算术平均数是不适用的。例如,设某一国家在某年的物价为 100,并设在十年后这个国家的几类主要商品与十年前的价格相比较的百分比如下:食物

120,衣服 110,房租 105,燃料 105,书籍及文化用品 50,药品 40。这些百分比的算术平均数是 88.3。我们能否说,这个国家的主要商品价格在十年后相当于十年前的 88.3%?也就是说,生活费用降低了呢?这显然是不可以的。因为这几类商品在人民生活中的重要性是有差别的。在计算平均数时,应该把这种差别考虑在内。我们可以用下列的方法来表示这种差别。

首先估计一下这几类商品在人民生活费用中所占的比例,设分别为:食物 40%,衣服 20%,房租 20%,燃料 5%,书籍及文化用品 10%,药品 5%。这六类商品的比率就是 8:4:4:1:2:1。我们在计算这些类商品的百分比时,如果把上面的比率也计算在内,就可以得到可用的百分比。计算方法如下:

$$\frac{8\times120+4\times110+4\times105+1\times105+2\times50+1\times40}{8+4+4+1+2+1}=103.2$$

这说明生活费用是上涨了。这样得到的平均数,称作“加权平均数”。(8,4,4,1,2,1 等这一串数称作“权”。)

(iii)中数　中数就是按大小排列起来的一串数的中间的一个。例如 3,4,4,5,5,7,7 这一串数的中数是 5。当一串数的数目是偶数时,中数是它们中间两个数的算术平均数,例如 40,50,50,60,70,90 这一串数的中数是 55。中数是一串数中间的一项,在它的前面和后面有着相同数目的项。中数不像算术平均数那样,会因为一组数据中少数数据的变化,而受到很大的影响,它是一个比较稳定的平均数。

(2)选样

假如我们要想知道全国各住户对收音机的需要量,显然地我们不能对全国所有住户一一加以调查。因为这样作既花费大量的人力,又需要很长的时间。通常总是从全国所有住户中选出一部分住户进行调查。全国所有住户是我们研究的对象,统计学中叫做总体。从总体中抽选出来的那一部分对象，统计学中叫做样本。从总体中选出样本这种方法，统计学中叫做选样。

选样方法的目的，是想通过对样本的研究，从样本具有某种属性，得出总体也具有这种属性。因此，在选样中，应注意样本的代表性，应设法选出能代表总体的样本。

样本的代表性与样本的数量是密切有关的。样本的数量越大，样本的代表性就越大。例如，我们从全国住户中选出十万户进行调查的结果，就比只选出一千户进行调查的结果，更能代表全国住户的情况。

还有，总体中各个对象之间的差异程度，也与样本的代表性有关。假如全国各户都是只需要一个收音机，即是说，各户之间毫无差异，那么，我们对样本(不论是一千户或十万户)进行调查的结果，就完全能代表全国住户的情况。但是，假如各户之间的差异很大，有的住户需要三个收音机，而有的住户却根本不需要收音机，那么，我们可能选出的样本都是不需收音机的住户，或者都是需要三个收音机的住户，显然地这样的样本代表性很小。

所以，总体中各个对象之间的差异程度越大，样本的代表性就越小；总体中各个对象之间的差异程度越小，样本的代表性就越大。

因之，为了加大样本的代表性，我们一方面应尽量加大样本的数量，另一方面应当应用分层抽样的方法。

分层抽样的方法是这样的：根据与所研究的问题有关的性质，把总体分成许多层(即许多小类)，再从各层中选出样本。

例如，按经济收入的多少，把全国住户分为三层，即每月收入在三百货币单位以上的住户，每月收入在一百五十货币单位以上三百货币单位以下的住户，和每月收入在一百五十货币单位以下的住户。再从这三类住户中，分别地抽出样本。

把一个差别性较大的总体分为许多层，每层中的差异性就较总体中的差异性小多了。因而从每层抽出的样本，则能较多地代表每层的情形。每层的样本联合起来，就能较多地代表总体的情形。

选样方法是统计中的一个重要方法。样本代表性的大小影响着统计可靠性的程度。

(3)统计推理

统计推理是由样本具有某属性推出总体具有某属性的推理。统计推理需要应用许多统计学中专门的计算方法(其中包括概率)，在本书中无法加以详细介绍。下面只举两个简化了的具体例子，从而简单地说明一下统计推理的性质。

例(1)　假如我们要了解全国住户对收音机的需要量。我们考虑到经济收入的多少影响到各户对收音机的需要量，我们就把住户分为三类：每月收入在三百货币单位以上的住户(简称甲类户)，每月收入三百货币单位以下一百五十以上的住户(简称乙类户)，和每月收入在一百五十货币单位以下的住户(简称丙类户)。

以每类中抽出一千户进行调查。得到下面结果：

甲类户平均需要量为 2 个收音机，

乙类户平均需要量为 1 个收音机，

丙类户平均需要量为 0.5 个收音机。

假设全国住户共有一亿五千万户，并且假定甲类户有两千万户，乙类户有一亿一千万户，丙类户有两千万户，那么，全国住户需要收音机的总额就是：

$$2 \times 20,000,000 + 1 \times 110,000,000 + 0.5 \times 20,000,000$$

$= 160,000,000$ 个收音机。

例(2)　假如我们要研究中学生经常参加体育锻炼是否能提高他们的学习成绩，我们就从学习平均成绩为 90—100 分的中学生中抽出一千人,并且在抽出这一千人时还考虑到不同的学校、不同的性别与不同的年龄等条件。再求出这一千人参加体育锻炼的平均次数,假定每学期平均为118次。

再从学习平均成绩为0—90分的中学生中抽出一千人,并且这一千人与前一千人在学校、性别与年龄方面都是分别地相同的或近似的。再求出这一千人每学期参加体育锻炼的平均次数,我们假定为35次。

由以上的数据,就可推出,经常参加体育锻炼能提高中学生的学习成绩。

以上两个例子,都是统计推理,都是由样本具有某属性推出总体具有某属性。例(1)是由分层样本的收音机平均需要量分别为2,1与0.5个收音机,推出甲类、乙类与丙类户(总体的各层)的收音机平均需要量分别为2,1与0.5个收音机。例(2)由为作样本的中学生经常参加体育锻炼能提高学习成绩,推出全部中学生也是如此。

以上两个例子都是非常简化的例子。在实际的精确的统计推理中,还要应用许多复杂的统计方法,以加大样本的代表性,削减样本与总体之间的误差,从而加大统计推理的可靠性。在这些复杂的统计方法中,大量应用了概率的方法。

统计推理是由部分到全部的推理,它的前提与结论之间只有或然性的联系,它的结论所断定的超出了前提所断定的范围。因此,统计推理是一种归纳推理。其他的统计方法以及与统计方法密切有关的概率方法,也可以看作归纳法的一部分。

应用统计方法时常见的错误

统计方法在应用不当时是会产生错误的。下面是几种比较常见的错误。

(1)对统计平均数的错误解释

一些统计平均数在进一步加以分析以前,不能认为是表示一种严格不变的关系。英国历史学家巴克尔(Buckle)在他的《英国文明史》一书中,根据一些统计上的平均数字,就作出结论:英国每年自杀的人数几乎是固定的,谋杀案也是有规律的。他认为自杀或谋杀,像潮汐或四季更迭一样,遵循着一种自然界的规律。这是完全错误的解释。实际上近代英国不合理的资本主义制度,是造成许多起自杀或谋杀案的原因,而不是有什么自然界的规律,使得必定会有一定数目的人进行自杀或谋杀。

(2)虚假的相关

有时两类事实从一些统计数字来看似乎是相关的。例如在一定时期内,第一类事实和第二类事实都在逐渐增多等等,而实际上这二者可能并无因果联系。例如曾有人根据英国某一时期癌症病例的逐年增加的统计数据与同时期苹果进口数量逐年增加的统计数据,就断定英国癌症病例的增加与进口苹果的增加有关。这是错误的,因为把癌症与苹果联系起来是没有任何科学根据的。

(3)错误的抽样

统计方法的误用,有时也可以是由于抽样方面发生的错误。例如十九世纪末美西战争期间,在美国曾经有人认为:战时在海军中服役的人比一般居民还安全。这一说法引用了下列统计数字:在这一期间海军士兵中每千人死亡了九人,而在纽约市居民中每千人死亡了十六人。但稍一检查就可以看出这种说法的谬误。因为在一般居民中包括了老年人、婴儿和病人,而海军士兵都是青年人并且入伍时经过体格检查,已证明都是健康的。大家都知道,老年人、婴儿与病人的死亡率较高。因之上面这一说法中所作的比较是错误的。这是美国当时的剥削阶级,为了驱使人民为他们卖命,故意作出的欺骗宣传。

(4)由于忽略搜集材料时方法的变更而产生的错误

应用统计方法时,有一种隐蔽的错误需要注意。有时两组数字是根据不同方法搜集来的。如果以这样两组数字的比较为根据而作出结论,就会发生错误。例如美国1900年发表的人口调查中所列的小商店数目的百分比,比1890年人口调查中的百分比要大。是否可以由此得出结论:美国小商店数目的百分比有了增加呢?这是不可以的。因为这份人口调查中曾说明,1900年的调查比1890年要充分。因此,根据这两次调查的统计数字,就不能说明事实上小商店的百分比是增大了。根据对近年来癌症的统计数字与对过去癌症的统计数字,有些人认为,近年来癌症患者的数目比过去有了大幅度的增加。但这不一定是合乎实际情况的。因为前些年统计可能不够充分,并且检查方法不够准确,而近年来统计比较充分而且检查方法则精确得多,很可能过去有许多癌症病例没有被统计到或没有被检查出来。因此,我们仅仅根据这个统计数字,还不能充分证明近年来癌症患者是大幅度地增加了,要证明这点,还需要其他的科学根据。

第七节　假　　说

假说的性质

人们对客观事物或现象的研究,总是以人们已有的知识为基础的。根据已有假说知识,人们对于所研究的事物或现象作出初步的解释,这就是假说。

假说有时是关于一个个别事物或现象的,有时又是关于一类事物或现象的。

例如,我们看见一小块田里的小麦倒伏了;有的人认为,这是牲口践踏的;有的人以为,这是小孩践踏的;有的人则以为,这是汽车压倒的。这三种不同的解释,就是对于这一小块田里的小麦倒伏这个个别现象所作的三种不同的假说。

癌症产生的原因,目前还没有得到可靠的结论。有的科学家认为,癌症是由细菌引起的;有的科学家则认为癌症是由于内分泌不正常引起的;也有的科学家认为,癌症是由环境污染引起的等等。这几种不同的解释,都是对于癌症这一类现象所作的假说。

假说的发展

假说是人们对事物或现象的初步想法。假说有一个发展的过程。假说的发展,大体上可分为三步:首先是假说的提出,其次是由假说推出一些结论,最后是验证这些结论。

(1)假说的提出

假说总是根据已有的知识提出来的,它与无根据的胡思乱想是有分别的。提出假说时,应特别注意不要与已证实的科学基本原理相违背。例如,我们已知月球上既没有水,也没有空气。根据已证实的生物学的基本规律,没有空气与水的地方,生物是不能生存的。因此,我们就不能提出"月球上有高等动物"这样的假说。

但是,另一方面,我们提出假说时,又不要迷信某一条或某几条科学上已承认的定律。人类的知识是不断发展的,某一条或某几条科学上已承认的定律,也可能是错误的,只要我们有充分的可靠的事实根据,我们完全有理由提一个新的假说,而不考虑某一条或某几条科学上已承认的定律。例如,历史上很长一个时期,人们普遍认为地球是不动的。但是,哥白尼根据充分的确实的材料,却提出了地球绕太阳运动这个假说。结果事实证明了哥白尼的理论是正确的,而原来人们长时期的普遍看法是错误的。

在提出假说时,我们常常要应用一些其他的归纳方法,像简单枚举法与类比法,特别是后者。例如,在前面我们讲类比法时提到的那个例子中,工人们想到真空充氮能消灭沙门氏菌,这就是一个假说。这个假说的提出,就是工人们应用了类比法的结果。

(2)由假说推出结论

我们要验证一个假说,就必须从假说中推出一些判断,并且通过事实来验证这些推出的判断。例如,对于一小块田里的小麦倒伏了,我们提出了一个假说:这是牲口践踏的。从这个假说,我们就可推出:这块小麦地上有许多牲口脚印。当年牛顿提出万有引力的假说,即两物体间存在着引力,引力的大小与两物体的质量乘积成正比,与它们之间的距离的平方成反比。由这个假说,通过复杂的推理,就可推出:行星绕太阳运行的轨道是椭圆的,而且太阳在这个椭圆的一个焦点上。

从假说推出结论,要用到演绎推理。除此以外,还要引用其他的科学原理。因此,从假说推出结论时,应检查推理的过程是否正确,也应检查所引用的其他科学原理是否正确。

(3)进行验证

要验证由假说推出的结论,有时仅仅应用观察就够了,有时却需要设计复杂的实验,需要应用求因果方法。

经过验证的结果,如果由假说推出的结论与事实相合,那么,这个假说就被证实了。在大量事实不断证实的情况之下,一个假说就变成了科学的定律。

例如,俄国化学家门捷也夫提出了化学元素周期律之后,他从周期律推出一系列的结论,他作了许多大胆的预言。法国化学家巴波德朗用光谱分析发现一个新元素镓,并且测定比重为4.7。但是,门捷也夫根据他的周期律却推出镓的比重应为5.9—6.0。后来巴波德朗又重新测量镓的比重,果然是5.96。门捷也夫还根据周期律推出有一种"类硼"的元素与一种"类矽"的元素以及这两种元素的许多重要性质。后来这两种元素分别为瑞典化学家尼尔逊与德国化学家文克尔所发现。这些新元素的性质几乎完全如门捷也夫所预言的那样。

科学中的假说,常常不是全部被证实了或者全部被否证了。较多的情形是:假说的一部分被证实了而另一部分被否证了。

例如,十六世纪哥白尼所提出的"太阳中心说",认为太阳是宇宙的中心,地球和其他行星循着圆形轨道绕太阳运行。这个假说中的一部分,即地球和行星绕太阳运行,被证实了,而另一部分,即太阳是宇宙的中心和行星绕太阳运行的轨道是圆形的,却被否证了。

本世纪波尔与罗德福等人提出的原子结构的假说,认为原子有些像太阳系,中间有一个原子核,有许多电子分别地在若干层轨道上围绕着原子核运行;并且认为原子是由带负电的电子和带正电的质子构成的。波尔等人的假说,大部分被证实了;但是一小部分却被否证了,因为后来发现在原子中,除了有电子和质子外,还有不带电的中子和其他多种粒子。

我们在上面已经分别地说明了假说发展的三个步骤,现在我们再举一个完整的例子,来说明假说的发展。

人们早就发现,蝙蝠在黑夜能作快速飞行,而不会撞在障碍物上。这个现象如何解释呢?生物学家根据已有知识(例如动物的眼睛是发现远处障碍物的感官),提出了一个假说:蝙蝠能在黑夜避开障碍物是由于他有特别强的视力。由这个假说就可推出:如果把蝙蝠的眼睛蒙上,它就会撞在障碍物上。为了要验证这个由假说推出的结论,科学家就设计一个实验。在一个暗室中系上许多条纵横交错的钢丝,并在每条钢丝上系上一个铃(为的是当蝙蝠撞钢丝时会发出铃声)。将一些蝙蝠蒙上眼睛,放在这个暗室里飞行。实验结果,蝙蝠仍然能作快速飞行而不撞在钢丝上。这个事实证明了由假说推出的那个判断是假的,从而推翻了这个假说。

后来,科学家根据他们关于超声波的知识,又提出另一个假说:蝙蝠能在黑夜中避开障碍物,是由于它能发出一种超声波,而耳朵能听到这种超声波遇到障碍物时所产生的回声。由这个假说就可推出一个结论:如果把蝙蝠的耳朵塞严了,那么,它就会碰在障碍物上。于是,把塞了耳朵的一些蝙蝠放到暗室中。结果发现,蝙蝠马上失去了发现障碍物的能力。由假说推出的一个结论被证实了,从而假说就成立了。为了要验证这个假说的正确性,我们还应当由这个假说推出其他的结论,并且进一步验证这些结论。

假说的作用

假说是对所研究的问题的一个初步想法。它在整个研究过程中都起着重要的作用,它同研究过程所用的其他归纳法有着密切的联系。

我们知道,观察与实验是有目的性的,有选择性的。观察实验的目的性与选择性,都根据于假说。在科学研究中,要用到求因果五法,求因果五法也是与假说有联系的。例如,我们在某一次科学研究中用了差异法,我们为什么在正面场合中加入某个情况,而不加入另一个情况,这是受假说指导的。

假说贯穿在整个归纳活动中,是科学研究过程中的重要方法。所以,恩格斯说:"只要自然科学在思维着,它的发展形式就是假说。"(《自然辩证法》,人民出版社1963年版,第201页)

假说不仅是自然科学的发展形式,假说也是社会科学发展的形式。列宁在《什么是"人民之友"以及他们如何攻击社会民主主义者?》一书中指出,唯物史观的基本观点,最初也是作为假说提出的。他说:"社会学中这种唯物主义思想本身已经是天才思想。当然,这在那时暂且还只是一个假设,但是,一个第一次使人们有可能极科学地对待历史问题和社会问题的假设。"(《列宁全集》,第1

卷,第119页)他接着又指出:“现在,自从《资本论》问世以来,唯物主义历史观已经不是假设而是科学地证明了的原理。”(同上,第122页)

假说方法是一个比较复杂的方法。在由假说推出结论时还应用了演绎推理。但是,总的说来,假说方法是由个别得出普遍规律的方法,它贯穿在其他归纳方法中,与其他归纳方法有着极其密切的联系。因此,总的说来,假说方法应当是一种归纳方法。

第八节　归纳与演绎的关系

归纳推理与演绎推理既是有区别的,又是密切联系的。归纳推理与演绎推理的区别有下面三点:

(1)推理形式方面的区别。

在演绎推理形式中,前提与结论之间有必然联系。这也就是说,当我们用任何具体内容代入前提与结论时,如果前提是真的,结论也是真的。这种必然的联系,有时我们叫做蕴涵关系。

在归纳推理形式中,前提与结论之间,却没有必然性的联系,而只有一种或然性的联系。这也就是说,当我们用某些具体内容代入前提与结论时,前提是真的,结论也是真的;但是,用另一些具体内容代入前提与结论时,前提是真的,但结论却是假的。

归纳推理有或然性而演绎推理有必然性,这是归纳推理与演绎推理在形式方面的区别。

(2)认识发展过程方面的区别。

演绎推理,一般说来,是由一般(或普遍)到个别。就是说,前提是普遍性的判断而结论是个别性的判断。归纳推理,一般说来,是由个别到一般(或普遍)。就是说,前提是个别性的判断而结论是普遍性的判断。

当然,演绎推理有时也可以是由一般到一般或个别到个别;归纳推理有时也可以由个别到个别或一般到一般。但是,这只是次要的而不是主要的。

归纳是由个别到一般而演绎是由一般到个别,这是归纳推理与演绎推理在认识发展过程方面的区别。

(3)前提与结论所断定的范围方面的区别。

演绎推理的结论所断定的,没有超出前提所断定的范围。例如,由前提"所有金属是有光泽的"与"铜是金属",推出结论"铜是有光泽的"。铜是金属中的一种,因而"铜是有光泽的"这个结论所断定的范围没有超出"所有金属是有光泽的"这个前提所断定的范围。

归纳推理的结论所断定的,却超出了前提所断定的范围。例如,由前提"铜是有光泽的"、"银是有光泽的"、"铅是有光泽的"…… 用简单枚举法推出"所有金属都是有光泽的"。金属除了铜、银、铅……之外,还包括其他的金属,因而结论"所有金属都是有光泽的"所断定的,超出了前提"铜是有光泽的"、"银是有光泽的"、"铅是有光泽的"……所断定的范围。

归纳推理的结论所断定的超出了前提所断定的范围,而演绎推理的结论所断定的却没有超出前提所断定的范围,这又是归纳推理与演绎推理的一个区别。

从以上三方面看,归纳推理与演绎推理是有区别的,各有特点的。但是,除此以外,有的人还提出,演绎推理的规律是属于思维形式方面的规律,而归纳推理的规律则不是。这个看法是很难成立的。事实上,归纳推理的规律主要也是思维形式方面的规律。例如,我们在说明契合法,差异法……时,也是列出一些图式。这些归纳推理的图式,同演绎推理的形式一样,也是抽象的推理形式,也不涉及推理的具体内容。过去对于归纳推理形式方面的研究的确是比演绎推理少一些,但是目前这方面的研究正在开展。

归纳推理和演绎推理虽然是两种不同的推理,但是它们是互相依赖的,缺一不可的。

演绎推理需要普遍性的判断作为前提,而普遍性的判断,归根到底,总是靠归纳推理来提供的。

不仅是在一般的科学中需要应用归纳推理,即使在演绎性的科学如数学中,也是要应用归纳推理的。数学中的证明方法与发现方法是很不相同的。就前者而言,确是只用演绎法,而没有用到归纳法的地方(所谓"数学归纳法"实际上是一种演绎法)。在数学证明中,如果引用由事实方面归纳出来的结论,就是错误的。例如在证明几何学的定理时,不允许引用由直观得来的事实。但是,在发现数学定理的过程中,我们常要作出一些"猜测",这种"猜测"有时是通过简单枚举或类比得到的。例如关于素数有这样一条定理:在任一素数和它的二倍之间,至少存在着一个素数。如 2 与 4 之间有素数 3,3 与 6 之间有素数 5,5 与 10 之间有素数 7 等等。这条定理在数学中曾长期是一个猜测。而看来最初是利用简单枚举法得到的。

不仅演绎推理要依赖归纳推理,同时归纳推理也要依赖演绎推理。假说是贯穿在整个归纳过程中的重要方法,而假说就是明显地应用了演绎推理的。要验证假说,就必须从假说推出一些结论。这里所说的"推出",就是指演绎推理的推出。

还有,归纳推理要提高它的可靠性,就必须和已有的科学知识相结合,就必须应用已有的科学知识来分析所研究的现象。应用普遍性的知识来分析个别性的现象,这里就需要用到演绎推理。

归纳与演绎是密切联系同等重要的,不应有此轻彼重的看法。历史上有理性主义倾向的哲学家,多夸大演绎法,而有经验主义倾向的哲学家,则多夸大归纳法。十九世纪前半叶英国一些经验主义者是后者的明显的例子。恩格斯曾对于这些人作过尖锐的批判。恩格斯说:“世界上的任何归纳法都永远不会帮助我们把归纳过程弄清楚。只有这个过程的分析才能作到这点。——归纳和演绎正如分析和综合一样是必然相互联系着的。我们不应当在两者之中牺牲一个而把另一个高高地抬上天去,我们应当力求在其适当的地位来应用它们中间的任何一个,而要做到这点,就只有注意它们的相互联系,它们的相互补充。”(《自然辩证法》,人民出版社1963年版,第189页。着重点是原有的——引者)

现代资产阶级哲学家和逻辑学家中间,则又出现了夸大演绎法的倾向,主要是表现为对数学方法的夸大。这也是错误的。正确的看法只能是像恩格斯所说的,应当适当地应用演绎法与归纳法,并注意它们的相互联系和相互补充。

【习　　题】

4.01　说明归纳推理的特征和作用。

4.02　讨论归纳推理与演绎推理的关系。

4.03　说明在什么情况下应用求因果五法和类比法,在应用这些方法时应注意哪些问题?

4.04　说明假说的特征和作用。

4.05　提出一个假说,要注意哪些问题?

4.06　下列各推理能否成立,为什么?

(1)红牵牛花、红大理花、一品红等红花都不香。所以一切红花都不香。

(2)24与28之间没有素数(除1以外,只能被1或自身除尽的正整数叫素数)。因为24、25、26、27、28都不是素数。

4.07　在施温(Schwaun)和施列登(Schleiden)分别发现了动物和植物的机体都是由细胞组成的之后,施列登又在植物细胞中发现了细胞核,并且研究了细胞核与细胞其他部分的关系。施列登把自己的结果告诉了施温。施温想起,如果动物和植物机体的相似不是表面的,而是实质的,那么动物的细胞一定也会有细胞核。后来用显微镜观察,果然在动物细胞中也发现了细胞核。施温的判断,根据什么推理?

4.08 古罗马的克莱奥梅德斯(Cleomedes)发现,一只戒指放在空的容器里,正好被容器壁挡住而看不见。但当容器里充满了水后,其它条件不变,就可以看见容器底的戒指了。于是他断定,当我们看见太阳将落未落时,太阳已经是在地平线的下面。克莱奥梅德斯的判断是根据什么方法得到的?

4.09 确定下列各因果联系的过程中用到了什么归纳推理?

(1)棉花能保温。积雪也能保持地面温度。据测定,新降落的雪有40%至50%的空气间隙。棉花是植物纤维,雪是水冻结成的,它们很不相同;但两者都是疏松多孔的。由此可见疏松多孔的东西能保温。

(2)敲锣发声时,如用手指触锣面,会感到锣面在振动。在锣不发声时,手指触锣面,并不感到锣面振动。用琴弓拉琴弦发声时,让纸条跟发声的弦接触,纸条被弦推动得跳动起来。如果琴弦不发声,则与弦接触的纸条不会跳动。人说话时,如用手去摸咽喉,也会觉得它在振动。人停止说话,咽喉也停止振动。由于对上述现象的观察得出结论:物体在发声的时候,总是振动着的。

(3)达尔文在研究动物和环境的关系时发现,不同类的动物生活在相同的环境里,常常呈现相同的形态,鲨鱼属于鱼类,鱼龙属于爬行类,海豚属于哺乳类,种类不同,但由于长期生活在相同的环境中,外貌相似,身体都是梭形,都有胸鳍、背鳍和尾鳍。反之,同类的动物如果生活在不同的环境里,就有不同的形态,例如狼、蝙蝠、鲸都是哺乳类,由于生活条件不同,形态就不同,狼适于奔跑,蝙蝠适于飞翔,鲸适于游水。由此可知,生物的形态构造与其生活条件和环境有关。

(4)科学家发现,地球磁场除了有规则的昼夜变化之外,还有约十年左右的周期性的磁暴发生。又发现,磁暴的周期性经常与太阳黑子的周期(即两次黑子出现达到高峰之间的时期)相合。同时,随着太阳上黑子数目的增加,磁暴的强烈程度也增高,太阳黑子的数目减少时,磁暴的强烈程度也随之减少。由此科学家们提出假说:太阳黑子的出现是磁暴的原因。

(5)把新鲜的植物叶子浸在有水的容器里,并使叶子照到日光,就会有气泡从叶子表面溢出并升出水面。(水在这里只是帮助人们看见气泡)若日光逐渐减少,气泡也逐渐减少。若不使叶子照到日光,则气泡完全停止产生。若继续使之照到日光,又有气泡溢出。日光强度逐渐增加,气泡也逐渐增加。由此可见,植物的叶子放出气泡与日光的照射有关。

(6)以湿铁放在有空气的密闭容器里。数天后,铁生锈。瓶中空气体积减少。因其他条件未变,所以知道空气与铁生锈有关。以干铁作同样处理,未见它生锈。所以知道水分与铁生锈也有关。使湿铁生锈的瓶中空气原来可以助燃烧,而生锈后瓶中空气不再能助燃烧。所以知道空气中失去的部分必定能助燃烧。

4.10 在下列各情况下能推出什么结论,是运用了什么归纳推理得出结论的?

(1)在一块很疏松,但很贫瘠的土地上,沿着一个直径半米的圆圈,种上一些作物的种子,而在圈子的中央埋进一团厩肥,深 20—25 厘米,其他地方不要再施任何肥料,并拔掉这个圈子里所有的杂草,让植物很好地生长发育。等作物生长得很壮大时,小心地掘开圆圈里的土壤,就能看到,所有作物都把自己的根伸向中央的厩肥,并用根密密实实地把这团厩肥缠绕了起来。

用温水做成一杯普通的明胶溶液,然后把它倒进一个盘子里,让它凝固。在这胶冻的边上种几粒发芽的种子,并把它们压进胶冻,在胶冻的中央放进一小块硝酸钾或别的肥料。经过三四天后,就可以清楚地看到所有的根都伸向中央并且把这块肥料围绕了起来。

(2)有一种虾能躲避一种强烈气味,把这种虾的触角除去,则它对上述气味没有反应。但在同样情况下,有触角的虾都产生灵敏的反应。

(3)巴斯德(Pasteur)在曲颈瓶中装了一点葡萄酒。然后把瓶密封起来。不久葡萄酒变成了醋。巴斯德把瓶浸在水底里,再拔掉瓶塞,水就进入瓶里,充满了原来由空气占据的空间的五分之一。已经知道空气(从体积方面来说)是一份氧,四份氮的混合物。又知道瓶中剩留下来的气体不助燃烧,有氮的特性。

(4)户外植物的叶子一般都是绿的;但把马铃薯、白薯、葱头、萝卜等放在地窖里，它们发芽后长出的叶子都没有绿色。田里的韭菜、蒜都有绿叶；但在暗房里培养出来的韭黄、蒜黄都是黄色的。把一株在户外生长，有绿叶的植物移入暗室，它的绿色渐渐退去；若再把它移到户外，则绿色逐渐恢复。户外的野草是绿的；但在石头下长的草也没有绿色。

4.11 请设计一实验来验证：

(1)狗的条件反射是由于大脑皮质的作用。

(2)蛋黄的黄色跟鸡所吃的绿色植物性饲料有关。

4.12 为什么酒暴露在空气中会变成醋？利比西(Liebiq)的假说认为酒中含氮。他做了一个实验，水和酒精都不含氮，都不变成醋，但若在两者中加些含氮的化合物，两者都变成了醋。巴斯德反对这个假说，另立假说，认为酒变醋是因为酒中有酵菌。他指出：酒和水都不含有酵菌，所以不会变成醋；但若加进某些不含氮的盐类进去，两者也会变成醋，因此推翻了利比西假说。利比西实验中的氮化合物不过是包含酵菌的媒介。利比西和巴斯德各用了什么方法？并指出利比西产生错误的原因。

4.13 在高出海面很多的岩石中发现有许多贝壳。有人归因于土壤的可塑性；有人说是其他天体的影响产生的；有的说是发酵的结果；也有人说是游览的人带来的；有的认为这是海底软体动物的遗迹，是海和陆地的相对位置的改变所造成的。土壤的可塑性和其他天体的影响造成这种现象，是不能理解的。从来没有人发现过发酵会产生贝壳。游人的搬动是很可能的，但不能说明为什么山上有这么多贝壳。有甲壳的软体动物死后甲壳留在海底，这是正常的情况。海底升起成为陆地，是已被观察到的。问：在研究高出海面很多的岩石中有贝壳的原因时，提出了哪些假说？它们所根据的是什么事实？是否有足够的根据？

4.14 库克(Koch)发现豚鼠、老鼠和其他动物会染炭疽热而死，而鸟类都不受影响。巴斯德已经由实验知道，炭疽热菌在44℃时不能发育。鸟的体温在41℃—42℃之间。巴斯德考虑：鸟类所以不染炭疽热，是否由于它们的血很暖，并且鸟类的抵抗力能使它们的体温增加到44℃，如果是这样，则使鸟类血液的温度下降，将使它们感染炭疽热。于是巴斯德将患炭疽热者的血注射给一只母鸡，并将这母鸡的脚浸于25℃的水中。这鸡的体温降至37℃。24小时后此母鸡死亡,它的血中充满了炭疽热菌。又另取一只母鸡,注射病菌如前,开始也把它的脚浸于水中,等鸡发烧得很厉害时,把它从水中取出,裹以棉花,置于35℃的温室中。此鸡逐渐恢复健康,数小时后,完全恢复健康。杀死这只鸡,检验它的血液,不见有炭疽热菌。巴斯德在这里研究了什么问题?提出了什么假说?他是怎样提出和证实他的假说的?

第六章 形式逻辑的基本规律

第一节 形式逻辑基本规律的一般性质

形式逻辑是以思维形式为主要研究对象的科学,形式逻辑的规律主要是关于思维形式的规律。在以前各章中,我们已经分别讲了概念、判断、推理和论证方面的规律,现在我们要讲形式逻辑的基本规律,即:同一律、矛盾律和排中律。

这三条规律相互之间有特别密切的联系。它们是从不同的角度,要求与保证思维有确定性,要求与保证任何思想有确定的内容,确定地反映客观对象。同一律、矛盾律和排中律对于一切思维形态都是普遍有效的。任何正确的思想,不论是概念、判断、推理或论证,都必须具有确定性。

以上各章讲到的那些逻辑规律,都不是对一切思维形式都普遍有效的,而只是关于特殊的思维形式的规律。例如,三段论的规则只适用于三段论,不适用于假言推理或选言推理,也不适用于归纳推理,也不适用于某一个概念或某一个判断。

同一律、矛盾律和排中律是其他逻辑规律所必须假设的。例如,逻辑方阵中的差等关系,即由“所有 S 都是 P”推出“有的 S 是 P”,就是以同一律为基础的。因为,在差等关系这条规律中,“S”和“P”必须都有确定的意义,而且“所有 S 都是 P”和“有的 S 是 P”也必须都有确定的意义。

相反地,同一律、矛盾律和排中律却并不假设其他的逻辑规律，因为，同一律、矛盾律和排中律只要求思维有确定性，而毫不涉及思维具有甚么特殊的形式，遵守甚么特殊的逻辑规律。

同一律、矛盾律和排中律是对于一切思维形式都普遍有效的，是一切逻辑规律都必须假设的。在这个意义下，我们把这三条规律叫做形式逻辑的基本规律。

形式逻辑的基本规律是客观事物某些最普遍的性质的反映。一个事物，如果它存在，那么它就存在；它不能既存在又不存在；它或者存在，或者不存在。一个事物，如果它在某个时间在某个方面具有某个属性，那么它在这个时间在这个方面就具有这个属性；它不能既具有又不具有这个属性；它或者具有这个属性，或者不具有这个属性。这就是客观事物的确实性。同一律、矛盾律和排中律分别从不同角度反映了事物客观的确实性。

逻辑规律是客观事物某些最普遍的性质在思维中的反映，这是唯物主义的反映论的观点。唯心主义者总是否认逻辑规律的客观基础。他们或者根本否认客观事物的存在，或者虽然承认有客观事物，但是却否认逻辑规律是客观事物的规律性在思维中的反映。这些观点实质上是相同的，都是从思维第一性这个唯心主义的基本原则得出来的结论。这些唯心主义的说法是不符合事实的，已被科学和实践所彻底粉碎。列宁曾经指出："逻辑规律就是客观事物在人的主观意识中的反映。"（《列宁全集》第38卷，第195页）

客观事物的某些普遍性质，经过长期的实践，才反映到人的意识中，从而形成逻辑的规律。逻辑规律的正确性，归根到底，也是要通过实践检验的。

由于形式逻辑的基本规律反映了事物的某些最普遍的性质，人们的思维要如实地反映客观事物，就必须遵守形式逻辑的基本规律。形式逻辑基本规律与其他形式逻辑规律对于思维具有规范作用。它们是正确思维与正确认识的必要条件。违反了这些规律的思想和认识,必然是混乱的、不正确的。

第二节　同 一 律

同一律的内容是:**任何思想如果反映某客观对象,那么,它就反映这个客观对象。**

一个思想或者如实地反映了客观对象,或者没有如实地反映客观对象。在前一种情形下,这个思想就是真的;在后一种情形下,这个思想就是假的。从这个角度来考虑,同一律也可以表示为:**任何思想如果是真的,那么,它就是真的;如果它是假的,那么,它就是假的。**

同一律要求思想必须有确定性。

就概念方面说,同一律要求,一个概念如果反映某类事物,那么,它就必须反映这类事物。例如,“书”这个概念,它既然反映具有某种属性的一类事物(即书这一类事物),那么,它就必须反映这样一类事物。“书”这个概念必须有确定的内涵。

就判断方面说,同一律要求,一个判断如果断定了某种事物情况,那么,它就必须断定这种事物情况;如果它是真的,那么,它就必须是真的,如果它是假的,那么,它就必须是假的。例如,“柏拉图是个唯心主义者”这个判断,断定了柏拉图是唯心主义者这一个事物情况。既然如此,那么,它就必须断定这个事物情况。如果这个判断是真的,那么,它就必须是真的。“曹植是一个军事家”这个判断,断定了曹植是一个军事家这一事物情况。既然如此,那么,它就必须断定这个事物情况。如果这个判断是假的,那么,这个判断就必须是假的。

类似地,在推理或论证方面,同一律也是要求推理和论证有确定性。

概念通过语词来表达，判断通过语句来表达，推理和论证通过一组有联系的语句来表达。就语言方面来说，同一律要求：如果一个语词(语句或一组语句)表达某概念(判断，推理或论证)，它就必须表达这个概念(判断，推理或论证)。同一律要求语言(语词，语句或一组语句)有确定的意义。

利用语词歧义的诡辩、偷换概念、转移论题等，都属于违反同一律要求的错误。

一个语词在不同的语言环境中可以表示不同的东西，有不同的意义。但是，在同一个语言环境中，如果一个语词同时表达了几个不同的意义，这就犯了语词歧义的错误。

"物"这个语词，在不同的语言环境中，有时可以指脱离人的意识而独立存在的东西，即表达哲学上的"物质"概念；有时可以指有具体形色状态的个别事物，即表达"物体"的概念。如果在应用这个语词时，在同一语言环境中既指前者又指后者，就犯了语词歧义的错误。例如，在下面这个推理中："物质是不灭的，人体是物质，所以，人体是不灭的"，就是一个利用语词歧义的诡辩。

又如，在讨论形式逻辑有无阶级性时，有的人说："对于同一件事情，我们说：'好得很！'而反动派则说：'糟得很！'可见革命人民有革命人民的逻辑，而反动派则有反动派的逻辑。由此可知，形式逻辑是有阶级性的。"上面这段话，就犯了偷换概念的错误。形式逻辑是一门主要研究思维形式及其规律的科学，而对于具体事物的看法，却是对于这些具体事情的具体论断。对于涉及阶级利益的事物，革命人民的看法无疑地是同反动派的看法正相反对的。但是，对于具体问题的看法，跟形式逻辑是不同的两回事。把前者偷换为后者，这是一种逻辑错误。

转移或偷换论题是论证中常见的错误，这种错误是有意或无意地用另一个判断去代替原来所要论证的判断。

例如,无政府主义者反对马克思主义的"人们的经济地位决定人们的意识,决定人们的思想"这一个科学原理。但是他们不可能拿出什么有力的根据来,于是他们用完全不同的另一个判断——"吃饭决定思想体系"来替代原来的判断。然后便大肆攻击,说马克思的唯物史观是"填胃的理论",说什么根据这种理论,就会得出"某些饕餮之徒就会是天才人物了"的结论,等等。这是无政府主义者故意的歪曲。众所周知,马克思主义所说的"人们的经济地位"是指人们的社会物质生产关系,而"吃饭"却是指一种生理现象。无政府主义者把这两个完全不同的判断混同起来,就是犯了转移论题的错误。(参阅《斯大林全集》第1卷,第299页)

同一律保证了思想的确定性,而确定性是正确思想的一个基本的必要条件。因此,一切正确思想都必须遵守同一律。如果一个思想不遵守同一律,那么,它就不能有确定的内容,从而它也就不能正确反映客观事物。

客观事物的确实性,是同一律的客观基础。主张客观事物有确实性,并不否认客观事物有变化发展。不仅如此,而且事物的确实性和事物的变化发展还是相辅相成的。因为,如果事物没有确实性,事物也就不可能有变化发展,或者说就无所谓变化发展。例如,资本主义制度经历了一个发展的过程。它曾经有过一个上升的时期,而现在已处在没落和死亡的末日。资本主义制度在上升的时期,它必须确实地是在上升时期。当今天资本主义制度正在没落和死亡,它必须确实是在没落和死亡。而资本主义制度的由上升到没落和死亡的过程,必须确实是这样一个过程。

把同一律解释为事物的绝对不变,是形而上学对同一律的歪曲。在历史上,甚至在今天,也还有不少人坚持形而上学的观点。他们把同一律"a = a"解释为:a这个事物永远是a这个事物。这种反对变化的形而上学观点，显然是错误的。恩格斯指出："旧形而上学意义下的同一律是旧世界观的基本原则：a = a。每一个事物和它自己同一。一切都是永久不变的，太阳系、星体、有机体都是如此。这个命题在每个场合下都被自然科学一点一点地驳倒了，……"（《马克思恩格斯选集》第3卷，第538页）自然科学以无数的事实，证明了事物自身的绝对同一在现实中是根本不存在的。

主张思想有确定性，也并不否认思想的变化发展。不仅如此，而且思想的确定性和思想的变化发展也是相辅相成的。有确定性的思想总是变化发展的思想，变化发展的思想也总是有确定性的思想。例如，一个人的思想发展了，在他思想发展的全部过程中必然有确定的思想内容。在他思想发展过程中的各个阶段，也必然有确定的思想内容。假如一个变化发展的思想过程以及它的各个阶段都没有确定的思想内容，那么，就不成其为一个思想的变化发展过程了。

毛泽东同志曾指出"人民"这个概念的变化。他说："人民这个概念在不同的国家和各个国家的不同的历史时期，有着不同的内容。拿我国的情况来说，在抗日战争时期，一切抗日的阶级、阶层和社会集团都属于人民的范围，……（中略。——引者）在解放战争时期，美帝国主义和它的走狗即官僚资产阶级、地主阶级以及代表这些阶级的国民党反动派，都是人民的敌人；一切反对这些敌人的阶级、阶层和社会集团，都属于人民的范围。在现阶段，在建设社会主义的时期，一切赞成、拥护和参加社会主义建设事业的阶级、阶层和社会集团，都属于人民的范围；……"（《毛泽东文集》第七卷，第205页）"人民"这个概念，在不同国家和各个国家的不同时期，有不同的内容（指不同的对象）。"人民"这个概念随着各国阶级情况的变化而变化，这是一方面。但是，另一方面，在每一国家的一定时期内，"人民"这个概念又必须有确定的内容，它所指的对象必须是确定的。同时“人民”这个概念的变化发展，也必须有一个确定的变化发展的内容，即是说，它先指哪些阶级、阶层和社会集团，后来又指哪些阶级、阶层和社会集团，这些都是确定的。因此，我们必须一方面承认思想的变化发展，另一方面又承认思想的确定性。否认思想在不同的时间、条件、地点随着事物的变化而变化，就会使思想僵化，就会陷入形而上学的泥坑。否认某一确定的时间内的思想有确定性，就会导致思想混乱，陷入诡辩。同一律是反对诡辩的有力武器。

第三节　矛盾律

矛盾律可以表示为：任何思想不能既反映某客观对象而又不反映这个客观对象。矛盾律也可以表示为：任何思想不能既是真实的又是虚假的。

在概念方面，矛盾律要求，一个概念不能既反映某类事物而又不反映这类事物。例如，“人”这个概念不能既反映人这类事物，而同时又不反映人这类事物(或同时又反映非人这类事物)。我们也可以这样说，对于在同一时间同一对象的同一方面，我们不能同时用两个互相矛盾的概念“a”与“非 a”去表示它。例如：我们不能同时用“等速运动”和“不等速运动”表示物体的同一种运动；不能同时用“金属”和“非金属”表示同一种化学元素；不能用“鱼类”和“非鱼类”表示同一种动物等等。我们不能说“不等速的等速运动”，“非金属的金属”，“非鱼类的鱼类”等等，因为这些概念都是自相矛盾的，都是没有确定内容的。

在日常思维中，“a”和“非 a”必须是同一论域中的概念。加上同一论域的限制，是为了使“非 a”这个概念确定起来，使它具有确定的内涵和外延。例如，“非金属”这个概念，在化学元素这个论域中,它所指的对象是完全确定的。它是指氢、硼、碳、氮、氧、氟、氦等不是金属的元素,它们是可以一一列举出来的。在别的论域中,它还可以指木材、玻璃、塑料、橡胶等等。

在判断方面,矛盾律要求:一个判断不能既断定某一事物情况,而同时又不断定这一事物情况。例如:“东周是封建社会”这一判断,断定了东周是封建社会这一事物情况,它就不能同时又不断定东周是封建社会这一事物情况(或者它就不能同时又断定东周不是封建社会这一事物情况)。

根据矛盾律,两个互相矛盾的判断(即有矛盾关系的判断)不能都是真的,其中必有一个是假的。例如,下面各对判断都是互相矛盾的判断:

汉水是长江最大的支流(形式为“这个 S 是 P”),汉水不是长江最大的支流(形式为“这个 S 不是 P”);

所有年满十八岁的公民都有选举权(形式为“所有 S 都是 P”),有些年满十八岁的公民没有选举权(形式为“有的 S 不是 P”);

所有行星都不是发光体(形式为“所有 S 都不是 P”),有些行星是发光体(形式为“有的 S 是 P”);

如果气体流动的速度增高,则它的压力要减少(形式为“如果 p 那么 q”);气体流动的速度增高,而它的压力不减少(形式为“p 并且非 q”);

这个三角形或者是直角三角形,或者是钝角三角形,或者是锐角三角形(形式为“p 或 q 或 r”);这个三角形不是直角三角形,不是钝角三角形,也不是锐角三角形(形式为“非 p 并且非 q 并且非 r”)。

在上面各对判断中,不能两个判断都是真的,其中必有一个是假的。

矛盾律不允许任何思想中同时断定两个互相矛盾的判断。遵守了矛盾律的要求,就能保证思想的无矛盾性,即:不会陷入自相矛盾。

矛盾律要求一个思想不自相矛盾,其实也就是要求思想有确定性。因为如果一个思想既断定某个事物是如此又不断定这个事物是如此,或者既断定某个事物是如此而又断定这个事物不是如此,那么,这个思想就没有确定的内容,就没有确定性。

如果一个思想包含了逻辑矛盾(即同时断定了两个互相矛盾的判断,也就是自相矛盾),那么,由于在两个互相矛盾的判断中必有一个是假的,因而这个思想就必然是假的。

列宁指出:"'逻辑矛盾'——当然在正确的逻辑思维的条件下,——无论在经济分析中或在政治分析中都是不应当有的。"(《列宁全集》第23卷,第33页)

在归谬法中,由一个假设的判断推出逻辑矛盾,从而否定了这个判断,这是应用了矛盾律。在间接反驳中,由证明对方的论题的矛盾论题是真的,就驳倒了对方的论题,这也是应用了矛盾律。

悖论是一种特别的逻辑矛盾。悖论是这样的一种判断,由它是真的,就可推出它是假的,并且,由它是假的,就可推出它是真的。

在古希腊的诡辩中,就已经有人提出了悖论,虽然还不是十分严格的悖论。假如有人说:"我正在说谎",这就是一个悖论。因为,如果他所说的"我正在说谎"这句话是真的,那么他就是正在说谎话,那么他所说的这句话即"我正在说谎"就是假话。如果他所说的"我正在说谎"这句话是假的,那么他就没有说谎,那么他所说的"我正在说谎"这句话就是真话。

悖论之所以产生,有时是由于一句话牵涉到这句话本身。"说谎者"这个悖论的产生,就是由于"我正在说谎"这句话牵涉到这句话本身。为了避免悖论,应设法避免“涉及自身”这种情况。

悖论长期以来被认为是一种无聊的诡辩伎俩。但是,在现代逻辑中,它却越来越引起人们的注意。对各种悖论及其产生根源的深入研究,就有助于我们在理论体系中避免产生悖论。

矛盾律的客观基础和同一律的客观基础一样,也是客观事物的确实性,只不过着重点有所不同而已。

矛盾律要求排除思想的逻辑矛盾,但并不否认事物有现实矛盾。逻辑矛盾是和现实矛盾根本不同的。现实矛盾是事物中的对立面的互相联系与互相斗争。例如,资产阶级和无产阶级的矛盾,生产力和生产关系的矛盾,经济基础和上层建筑的矛盾,苏美两霸和第三世界的矛盾,等等,都是事物的现实矛盾。客观事物的现实矛盾是不能否认的,矛盾律也不否认它。矛盾律只是指出:两个互相矛盾的判断不能都是真的。例如:“任何事物都有内部矛盾”与“有的事物没有内部矛盾”这两个互相矛盾的判断,就不能都是真的,其中必有一个是假的。如果同时主张上述两种说法都是真的,思想就陷入自相矛盾。正确地反映了现实矛盾的思想,是不会形成逻辑矛盾的。相反地,歪曲现实矛盾的思想,常常会产生逻辑矛盾。说老实话决不会产生逻辑矛盾,而说谎常常不能自圆其说,就是这个道理。

不同的阶级有不同的意识形态和思想体系,它们分别地反映了不同阶级的根本利益,它们总会在某些根本问题上具有相反的看法,从而它们之间总会有逻辑矛盾。例如,马克思主义的理论反映了无产阶级的根本利益,现代修正主义的谬论则反映了资产阶级的根本利益。这两种理论体系在逻辑上也是互相矛盾的。马克思主义的理论是完全正确的,而现代修正主义的谬论则是根本错误的。

逻辑矛盾是同时断定了一个思想及其否定都是真实的。但是,关于在不同时间的同一事物的两个不同的判断,并不构成逻辑矛盾。因为它们不是同时断定一个思想及其否定,不是两个互相矛盾的判断。例如:马克思和恩格斯在资本主义自由竞争的条件下断定:社会主义革命在单独某一个国家内不可能胜利,它只有在所有的或大多数的文明国家里进行共同的攻击才能胜利。这个判断在当时是真的。后来,列宁在帝国主义条件下又断定:社会主义革命在单独一个国家内完全可能胜利;社会主义革命在一切国家或大多数文明国家内同时胜利是不可能的。这个判断也是真的。这两个判断是在不同时期和不同条件下提出来的。后者不是前者的逻辑否定。因而,这两者之间并不构成逻辑矛盾。相反地,前者与后者都是无产阶级革命理论中的不可少的有机成分。(参阅斯大林:《马克思主义和语言学问题》,第36—37页)

关于同一对象的不同方面所作的两个判断,也不是同时断定一个思想及其否定,也不是两个互相矛盾的判断。例如:"帝国主义是纸老虎"和"帝国主义是真老虎"这两个判断,就是就同一对象的不同方面说的,前者是就帝国主义的实质方面说的,后者是就帝国主义的现象方面说的。毛泽东同志对帝国主义不同方面的分析,是运用唯物辩证法的科学典范,深刻地全面地揭示了帝国主义外强中干的本质。这两个判断已为各国人民的革命实践完全证实,并且还要为今后各国人民的革命实践继续证实。上述两个判断不但不是互相矛盾的,而且还是对帝国主义力量的正确估计中的两个有机成分。

思想的发展是一个不断否定的辩证过程,后一阶段的思想会否定前一阶段的思想,后一阶段的思想又会被更后阶段的思想所否定。这里所说的否定,是辩证法的否定,而不是形式逻辑的否定。在整个辩证发展过程以及其中各阶段,思想仍然必须有确定性。因此,作为保证思想的确定性的规律矛盾律,仍然是起作用的。

第四节　排　中　律

排中律的内容是：任何思想或者反映某客观对象，或者不反映这个客观对象。就思想的真假方面来说，排中律也可以表示为：任何思想或者是真实的，或者是虚假的。

思想是现实事物的反映。如实地反映现实事物的思想，是真实的思想；没有如实地反映现实事物的思想，是虚假的思想。一个思想只能或者如实地反映了现实事物，或者没有如实地反映现实事物。因此，一个思想，只能或者是真实的，或者是虚假的。

就概念方面说，排中律的内容是：在一特定的论域中，任何一个事物或者属于一个概念"a"所表示的范围，或者属于"非a"所表示的范围。也可以这样说：对于同一论域中的某事物，我们或者用"a"去表示它，或者用"非a"去表示它。例如，在动物这个论域中，任何一个事物或者属于"人"所表示的范围，或者属于"非人"所表示的范围。也可以说：在动物这个论域中，任何事物，我们或者用"人"去表示它，或者用"非人"去表示它。我们不能说，这个动物既不是人，又不是非人。

在判断方面，排中律的内容是：两个互相矛盾的判断不能都是假的，其中必有一个是真的。例如："所有恒星都有行星"与"有的恒星没有行星"就是两个互相矛盾的判断。它们不能都是假的，其中必有一个是真的。"新陈代谢现象或者与神经系统有关或者与内分泌有关"与"新陈代谢现象既不与神经系统有关也不与内分泌有关"，就是两个互相矛盾的判断。它们不能都是假的，其中必有一个是真的。

排中律要求在两个互相矛盾的判断中必须承认一个是真的，

这也就是要求思想有确定性。在关于一个事物的某一方面的两个矛盾判断之间，如果既不承认这个，也不承认那个，那么，对这一事物的这一方面的思想就没有确定的内容，就是没有确定性。

违反排中律要求的错误，常常表现为对于问题不作出确定的回答。列宁指出："谈到和机会主义作斗争的时候，决不应该忘记整个现代机会主义在各个方面所表现出来的特征：模棱两可，含糊不清，不可捉摸。机会主义者按其本性来说总是回避明确地肯定地提出问题，企图找出一种合力，在两种互相排斥的观点之间像游蛇一样回旋，……"（《列宁选集》第1卷，第499页。）

两不可是一种诡辩手法，它常被用来回避对讨论的问题作出确定的回答。例如，1905年，在俄国，当布尔什维克与孟什维克就"应不应该把社会主义意识灌输到工人运动中去"这个问题进行争论时，布尔什维克主张：社会主义意识不是一种从斗争中自发产生出来的东西，而是由先进的知识分子在科学基础上创造出来的。所以，应该把科学社会主义的学说传播给工人群众，从外面灌输给无产阶级，教育他们，使其成为一个自觉的革命阶级。对于布尔什维克这个正确的主张，孟什维克却表示反对。他们认为，"应该把社会主义意识从外面灌输到工人运动中去"这个说法是错误的，因为社会主义意识是从无产阶级中间产生出来的。但是，同时他们又认为，"不应该把社会主义意识从外面灌输到工人运动中去"这个说法也是错误的，因为考茨基曾经说过"社会主义意识是一种从外面灌输到无产阶级的阶级斗争中去的东西"。孟什维克由于不敢承认科学真理，只好执两不可之说，他们只好用这种诡辩手法来回避对问题作出确定的回答。（参阅《斯大林全集》第1卷，第144—148页。）

排中律要求我们对问题作出确定的回答。要明确地回答问题，就必须先对问题进行分析，必须分析问题是怎样提出来的，问题的具体内容是甚么等等。对问题作了具体分析之后,肯定与否定的回答就是不可避免的。

排中律只适用于两个互相矛盾的判断,而不适用于两个互相反对的判断。因为,在两个互相反对的判断中,却不必有一个是真的,因而也不必承认其中的一个。例如,"他的工作是很好的"和"他的工作是很糟的"是两个互相反对的判断。在这两个判断中,不一定有一个是真的,可能两个都是假的。究竟是否有一个是真的,这要由事实来决定,而不是能由排中律决定的。把排中律应用到两个互相反对的判断上,是一种逻辑错误。

有些判断,表面上看来像是具有互相矛盾的形式,但实际上却不是两个互相矛盾的判断。对于这样两个判断应用排中律,就是错误的。例如,"所有的神都是仁慈的"与"有的神不是仁慈的"这两个判断,看起来具有互相矛盾的形式。但是,由于主项"神"所表示的事物事实上是不存在的,这两个判断都是假的。因此,如果我们根据排中律认为其中必有一个是真的,那就是排中律的误用。

有一种不正当的问语,逻辑上叫做**复杂问语**。对于这种问题,我们既不能简单地回答"是",也不能简单地回答"否",即既不能简单地作出肯定的判断,也不能简单地作出否定的判断。应当注意,回答复杂问语所作出的肯定判断或否定判断,不是两个互相矛盾的判断。例如,对于"你现在戒烟了吗"这个复杂问语,肯定的回答是"我现在戒烟了",否定的回答是"我现在没有戒烟"。初看起来,肯定的回答是一个单称肯定判断,而否定的回答是一个单称否定判断,因而它们是互相矛盾的两个判断。但是,如果我们深入地分析一下,就会发现,肯定的回答实际上是:"我过去抽烟而现在不抽烟了";否定的回答实际上是:"我过去抽烟而现在还抽烟"。前者具有"p 并且非 q"的形式,而后者具有"p 并且 q"的形式。具有这两种形式的判断,不是互相矛盾的判断,而是互相反对的判断。由此可见,对于一个复杂问语,我们可以既拒绝作出肯定的回答,也拒绝作出否定的回答。这丝毫也不违反排中律的要求。而要求别人对这样的问题作出肯定的回答或否定的回答,倒是误用了排中律。

有些语句是无意义的,它们不表达任何判断。例如:“道德是绿的”和“理论是方的”都是无意义的语句,因为道德无所谓绿不绿,理论无所谓方不方。两个无意义的语句也可以具有互相矛盾的语言形式。例如,“所有理论都是方的”与“有的理论不是方的”这两个无意义的语句,就具有全称肯定与特称否定的语言形式。但是,对于这样两句话,我们就不能应用排中律,不能断定其中必有一个语句是真的。这是因为排中律只是对于互相矛盾的判断说的,而无意义的语句却根本不表达判断。

和同一律与矛盾律一样,排中律的客观基础也是客观事物的确实性,只不过侧重点有所不同而已。

同一律、矛盾律和排中律这三条形式逻辑基本规律之间的关系是特别密切的。同一律的内容是:如果一个思想是真实的,那么它就是真实的;矛盾律的内容是:任何思想不能既是真实的又是虚假的;排中律的内容是:任何思想或者是真的或者是虚假的。同一律可以运用一个假言判断(“如果 p,那么 p”)来陈述;矛盾律可以用一个联言判断的负判断(“并非(p 并且非 p)”)来陈述;排中律可以用一个选言判断(“p 或者非 p”)来陈述。根据《判断》那章所讲的复合判断之间的关系,我们可以看出,“如果 p,那么 p”,“并非(p 并且非 p)”,“p 或者非 p”之间都是等值的。

矛盾律和排中律是亚里士多德在《形而上学》一书中首先提出来的。亚里士多德虽然没有明确地提出同一律,但在他的逻辑著作中也隐含了同一律的思想。上述诸规律的提出,对于正确地进行思考,避免逻辑矛盾,保证思想的确定性与反对诡辩论,都有积极的意义。但是亚里士多德在一些地方,不自觉地把存在与思维看作是同一的东西。在他讨论矛盾律和排中律时,没有能够明确区别逻辑矛盾和现实矛盾。从而在正确地反对诡辩论的同时,他也在一定程度上错误地反对了赫拉克利特的辩证法。

康德正确地区分了现实矛盾和逻辑矛盾。但是,他从唯心主义的先验论出发,却否认了排斥逻辑矛盾的思维规律是事物规律在思想中的反映;他竟认为事物规律是思维规律投射到外界事物上去的结果。这是十分荒谬的。

只有根据辩证唯物主义的反映论,我们才能对形式逻辑的规律的实质作出科学的说明,从而才能正确理解形式逻辑的基本规律与辩证唯物主义的辩证规律这二者的联系与区别。

【习　　题】

5.01　说明同一律、矛盾律、排中律的内容以及它们三者之间的关系。

5.02　试根据形式逻辑的基本规律,指出下列各个议论中所包含的逻辑错误。

(1)我国的无轨电车行驶在各城市里,所以,北京市 111 路无轨电车行驶在我国各城市里。

(2)对于同一个问题,有些人这样说,另一些人那样说,这两种人之间是没有共同语言的。由此可见,语言是有阶级性的,没有什么全民族通用的共同语言。

5.03　"新年画展"可能产生歧义吗?为什么?

5.04　指出下列各个议论中所包含的逻辑错误:

(1)解放前,有个资产阶级"学者"针对当时的中国曾说:"中国不是一个平等无阶级的社会,但却可以说阶级不存在。"

(2)某人说:"我是有信心把这件工作做好的;但我却没有把握。"

(3)甲:"你完成了任务没有?"

乙:"谁说我没有完成任务?"

甲:"那么,你是说你已经完成任务了?"

乙:"我并不是说,我完成了任务。"

(4)甲:“照你说来,就没有什么信念之类的东西了。”

乙:“没有,根本没有!”

甲:“你就是这样确信吗?”

乙:“对!”

5.05 下列各段话是否违反矛盾律或排中律的要求?为什么?

(1)南极沿岸地带鸟的种类很少,但鸟却很多。

(2)古人说:“或问文章有体乎?曰:无。又问无体乎?曰:有。然则果如何?曰:定体则无;大体则有。”

(3)世有伯乐然后有千里马,千里马常有而伯乐不常有。

5.06 以形式逻辑的角度看,下列概念有什么问题?

(1)圆方。

(2)本世纪出生,又在本世纪里活了一百多岁的老人。

5.07 讨论逻辑矛盾和现实矛盾的区别。

5.08 讨论形式逻辑基本规律的客观基础问题。

第七章 论　　证

第一节 论证及其作用

人们在实践活动中,获得了各种各样的认识,又要通过实践来验证这些认识是否真实,是否符合客观实际。例如,我们发现某地区有煤矿。要验证这个认识是否真实,我们就得在这个地区进行钻探。如果钻探出煤矿,我们的这个认识就是真实的;反之,就是虚假的。又例如,我们对动物小脑的功能有这样的判断:“小脑是管动作协调的。”要验证这个认识是否真实,我们通过实验,把狗的小脑切除,如果发现狗的小脑被切除以后,它的动作就不协调了,而在切除之前,它的动作是协调的,那么,我们关于小脑功能的那个认识就是真实的。所以,实践不仅是认识产生的泉源,而且也是认识验证的标准。正确的认识不仅要从实践中产生,而且要进一步受实践的检验。毛泽东同志说:“许多自然科学理论之所以被称为真理,不但在于自然科学家们创立这些学说的时候,而且在于为尔后的科学实践所证实的时候。马克思列宁主义之所以被称为真理,也不但在于马克思、恩格斯、列宁、斯大林等人科学地构成这些学说的时候,而且在于为尔后革命的阶级斗争和民族斗争的实践所证实的时候。”(《毛泽东选集》第 269 页。)

马克思主义认为,实践是认识产生的泉源和检验真理的惟一标准,但这并不是说,人们要得到或验证一个新的认识,每次都必须直接通过实践。人们在实践活动中积累了许多真实可靠的知识，根据这些真实可靠的知识，也可以通过论证这种思维活动得到一个新的认识。例如，我们根据“一切反动派都是纸老虎”与“社会帝国主义是反动派”这两个真实的判断，通过论证就得到“社会帝国主义是纸老虎”这样一个新的认识。又例如，我们根据“情况各不相同的许多人严重缺乏维生素甲时都患了夜盲症”与“这些人服了大量维生素甲以后，夜盲症消除了”这两个真实的判断，通过论证得到“这些人患夜盲症是由于严重缺乏维生素甲”这个新的认识。

由断定一个或一些判断的真实性，进而断定另一个判断的真实性，这就是论证。上面举的那两个例子，就是两个论证。

论证在发现真理的思维活动中起着重要作用。英国人威廉·哈维关于血液循环的理论，就是通过论证发现的。从前，医学界一直认为，血液通过心脏、动脉遍流全身后就消耗净尽，然后又由身体产生新的血液。哈维认为这种看法是错误的。他总结了前人有关的研究成果，对血液循环作出了科学的论证。这个论证的要点是：在半小时内，通过心脏的血液量已经等于人体的全部血量。在这样短的时间内，人体决不能产生这么多的血液。所以，只有认为血液是在一个封闭的系统内循环流动，才能解释这种现象。哈维血液循环的理论，由于当时科学技术水平的限制，还不能得到实验上的验证。六十年后，勒父哈克制造了强度大的显微镜，能够观察到血液由动脉毛细血管进入静脉这一事实，就完全证实了血液循环的理论。

牛顿的“地球是椭圆的”这一理论，也是通过论证得到的。牛顿根据已有的科学原理，通过复杂的论证，提出了这一理论。后来，卡辛尼与几个法国科学家，根据实际的测量，果然证实了牛顿理论的正确性。在数学中，根据公理和定义，通过复杂的演绎推理发现和证明新的定理，更是人所共知的事情。

论证在宣传、教育方面也起着重要作用。我们想使别人接受判断 p 的真实性，就另外提出许多真实性已十分明显的判断 p_1，p_2，……，p_n，用 p_1，p_2，……，p_n 作为前提，通过正确的推理得出判断 p。由于判断 p_1，p_2，……，p_n 的真实性已经十分明显，推理的过程又是正确的，别人就容易接受并且必须接受 p 的真实性。

毛泽东同志 1946 年 8 月和美国记者安娜·路易斯·斯特朗谈话中，论证了“一切反动派都是纸老虎”。他说：“一切反动派都是纸老虎。看起来，反动派的样子是可怕的，但是实际上并没有什么了不起的力量。从长远的观点看问题，真正强大的力量不是属于反动派，而是属于人民。在一九一七年俄国二月革命以前，俄国国内究竟哪一方面拥有真正的力量呢？从表面上看，当时的沙皇是有力量的；但是二月革命的一阵风，就把沙皇吹走了。归根结蒂，俄国的力量是在工农兵苏维埃这方面。沙皇不过是一只纸老虎。希特勒不是曾经被人们看作很有力量的吗？但是历史证明了他是一只纸老虎。墨索里尼也是如此，日本帝国主义也是如此。”（《毛泽东选集》第 1091 页。）

通过列举明显的历史事实：“沙皇是纸老虎”，“希特勒是纸老虎”，“墨索里尼是纸老虎”，“日本帝国主义是纸老虎”，令人信服地论证了“一切反动派都是纸老虎”这样一个科学的论断，鼓舞人民充满胜利信心，向反动派进行坚决的斗争。

论证在认识过程中虽然具有重要作用，但是，和实践相比，论证仍然是第二位的。想通过论证得到一个正确的认识，就要求论证所根据的那些判断是真实的；这些真实的判断，最后必定是从实践中得来的，而且还要靠实践来验证。同时，在论证中要用正确的推理形式，这些正确的推理形式，归根到底也是人们通过长期实践获得的。由此可见，论证依赖于实践，实践是认识产生的最后泉源和认识验证的最后标准。

第二节　论证的组成

论证是由论题、论据通过论证方式组成的。我们先来看一个简单的几何证题,因为几何证题一般说来既简短又严密,可以把它看作是论证的一种典型形态。

例如几何学中关于"三角形的内角之和等于180°"的证明如下:

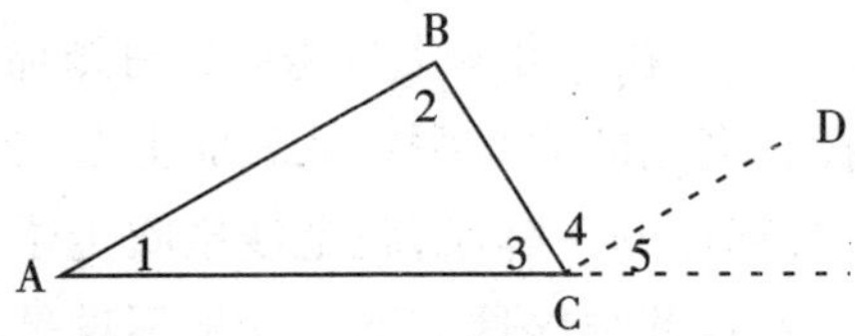

〔已知〕△ABC(见上图)

〔求证〕∠1+∠2+∠3=180°

〔证明〕①延长直线AC　　(直线可以无限延长)

②从C点作CD∥AB　　(过线外一点可作一条平行线)

③∠1=∠5　　(同位角相等)

④∠2=∠4　　(内错角相等)

⑤∠3+∠4+∠5=180°　　(180°角的定义)

⑥∠1+∠2+∠3=∠5+∠4+∠3(由③和④,等量代换)

⑦∠1+∠2+∠3=180°(由⑤和⑥,等量代换)

上面这个几何定理的证明就是一个论证,它是由论题、论据通过论证方式组成的。

论题就是其真实性需要加以确认的那个判断。在上面那个论证中，定理“三角形的内角之和等于180°”就是论题。

论据就是确认论题的真实性时所根据的判断。在上面那个论证中，被引用过的那些定义、公理、定理，即①、②、③、④、⑤、⑥都是论据。

论证方式就是由论据到论题的联系方式，即推理形式。在上面的论证中，由被引用的那些定义、公理、定理，即①、②、③、④、⑤、⑥，到被证明的那个定理⑦的推理形式，就是该论证的论证方式。

论题在论证过程中，既是开端又是终结。作为论证的开端，论题就是提出所要解决的问题；作为论证的终结，论题就是问题的解决，就是结论。

论题可以是科学上已经被确认为真的判断，也可以是科学上尚未确认为真的判断。论题如果是已被确认为真的判断，那么，论证是侧重在表述方面。例如，教师在课堂上传授的各种知识，绝大部分都是已被确认为真的判断。这时教师所作的各种论证，主要是用简练、概括的方式把科学所达到的成果合乎逻辑地表述出来。如果被论证的论题是一个未经确认为真的判断，那么，论证的重点，就在于探求，即在于为这个判断寻找理论的和事实的根据。由于论题有已经确认为真和尚未确认为真的分别，论证的性质可以是很不相同的。

一些论题，对某些人来说，是已经确认了的；但是，对另外一些人来说，又可以是尚未确认的。例如，我们当前的理论宣传的许多内容，是马列主义经典作家早已确认过的。但是为了使马列主义的真理为更多的人民群众所掌握，我们仍然要经常重复地论证这些真理。又例如，一个专门科学领域的判断，对那个部门的科学工作者来说，是已经确认了的，但对其他人来说，却是尚未确认的。

一个论题，只有当它如实地反映了现实，才可能被论证为真。

人们不可能通过正确的论证把本来是假的说成真的，也不可能把本来真的说成假的。各种各样的唯心主义者制造了许多复杂冗长的论证，企图论证他们的观点是正确的。但是，在事实与科学面前，他们的论证却完全破产了。曾经有过，现在也还有不少的人制造了许多论证，拚命地反对马克思主义。但是，放之四海而皆准的马克思主义却是驳不倒的。实践和科学已经证明了，并且还将继续证明马克思主义的正确性。

论据的真实性，是论题真实性的根据。要断定论题的真实性，论证者就必须断定论据的真实性。但是，断定论据是真实的，却不同于论据事实上是真实的。因为，一个人可以断定一个判断是真实的，而事实上这个判断却可能是不真实的。仅仅断定论据是真实的，并不能保证论据事实上是真实的，因而也不能保证论证是正确的。正确的论证，其论据不仅被断定为真，而且论据必须事实上也是真实的。

在一个论证中，可以有许多论据。有些论据不是由其他论据推出来的，有些论据却是由其他论据推出来的。前一种论据叫做基本论据，后一种论据叫做非基本论据或推出论据。例如，假设有这样的论证：

所有 a 都是 b　　①
所有 b 都是 c　　②
所以，所有 a 都是 c　　③
所有 c 都是 d　　④
所以，所有 a 都是 d　　⑤
所有 d 都是 e　　⑥
所以，所有 a 都是 e　　⑦

在上面这个论证中，判断⑦是论题，判断①至⑥是论据，其中判断①、②、④、⑥是基本论据，判断③和⑤是非基本论据。

在一个繁长的论证中，为了简便起见，论证者常常把一些他认为真实性十分明显的论据省略掉。但是，论证的错误也常常发生在这些被省略的论据上。论证者认为真实性十分明显的论据，不一定事实上就是真实的。同时，又由于它被省略了，人们就不容易发现它的错误。因此，我们在研究一个论证时，应当特别注意哪些论据被省略了，它们是不是真实的。

作为基本论据的判断，可以有以下几种：已被证实的关于个别事实的判断；哲学和各门科学中的一般原理；科学中的基本定义和公理。

已被证实的关于个别事实的判断，是科学上常用的一种论据。一个论题所涉及的个别事实常常是很多的，而且这些个别事实之间又往往有密切的联系。我们在论证某一论题时，应当全面地考虑这些有关的事实，而不应当从这些互相联系的有关事实中片面地选取某些个别事实，忽略其他有关的个别事实。取其一点不计其余地进行论证是不对的。列宁说："如果从事实的全部总和、从事实的联系去掌握事实，那末，事实不仅是'胜于雄辩的东西'，而且是证据确凿的东西。如果不是从全部总和，不是从联系中去掌握事实，而是片断的和随便挑出来的，那末事实就只能是一种儿戏，或者甚至连儿戏也不如。"(《列宁全集》第23卷，第279页。)

科学原理是论证的重要根据，因为，科学原理是人们已经从理论上和实践上都确立了的普遍性的规律，人们可以而且应当充分利用它们。例如，对某一新的物种变异现象作论证时，就应当充分利用生物科学中有关的科学成果，即有关物种变异和遗传的普遍规律。但是，在运用已有的科学原理作为论据时，我们又应当注意到已有的科学原理的局限性。已有的科学原理总是在一定的历史条件下提出的，它受当时的实践和认识发展水平的限制。同时，科学发展，特别是重大的科学发展，常常是推翻了人们普遍认为是科学原理的东西，而提出新的原理。因此，在科学的论证中，既要重视已有的科学原理，又不能死抱住已有的科学原理而停步不前。马克思对于政治经济学的研究，是我们最好的榜样。他充分利用英国古典政治经济学中有价值的东西，同时，也批判了其中错误的东西，在完全新的基础上，创造出真正科学的政治经济学。

各门科学中的定义和原理，是科学论证中广泛使用的论据。在运用公理方法的科学中，定义和公理尤其重要。公理方法是现代科学中（特别在数学中）使用着的一种特殊的证明方法（所谓“证明”，即演绎论证，参阅本章第三节）。这种方法可以简述如下：从某一学科的许多原理中，分出一部分概念和判断（或命题）作为基本概念和基本判断（或命题），这些基本概念不是以该学科系统中的其他概念来下定义的；这些基本命题（即公理）也不是以该系统中的其他命题来证明的。由这些基本概念和基本命题构成一个公理系统。在公理系统中，一切非基本的概念，都要用基本概念加以定义；一切非基本的命题，都要用演绎推理从基本命题推演出来。

一个公理系统中的基本概念，虽然是在该系统中不加定义的，一个公理系统中的公理，虽然是在该系统中不加证明的，但是，我们却把它们当作正确的概念与判断加以应用。这是因为一门学科在按照公理方法建立起体系之前，它已经在理论上发展得相当成熟了，它的许多概念和原理已为实践所证实。例如欧几里德几何学，在它还未按公理方法建立起完整体系之前，它的许多定理就已经为实践所证实。所以，某个公理系统的基本概念与公理，从该公理系统说，是认识的起点；但从科学发展的过程说，又是认识的结果。

有了论题和论据，并不等于已作出了论证。论证还必须有一个从论据到论题的推理过程，这个推理过程中所用的推理形式就是论证方式。如果论证只包含一个推理，那末论证的方式也就是这个推理的形式。例如,如果论题的形式是 SAP,论据的形式是 MAP 和 SAM,那末在这里论证方式就是三段论的第一格中的 AAA 式。论证过程通常是包含了一连串的推理。在整个论证过程中,除了基本论据和论题之外,还有一系列的过渡性的判断(即非基本论据)。每个过渡性的判断,既是前面推理的结论,又是后面推理的前提。一个论证的论证方式,就是论证过程中所有的推理形式的有机总和。

论证方式是把论题和论据联系起来的一种方式或程序。这种方式或程序常常需要通过不断地思考和探索才能得到。常有这样的情形,有些学生虽然知道证明某个几何定理所要用的全部定义和公理,但却不能作出这个定理的证明。这说明他们还不善于探求论证的程序,即缺乏推理的能力。

在科学中,对于同一个原理常常可以有几种不同的论证,常常可以有几种不同的论证方式。当遇到能够用几种不同的论证与论证方法去论证同一论题时,我们往往采用其中最简明的论证与论证方式。

论证是一种复杂的富有创造性的思维活动。这种创造性的思维活动能力,可以通过学习逻辑、数学或其他科学而逐渐得到提高。

前面我们已经讲过论证的性质和论证的组成,现在我们要来谈谈论证和推理的关系。

论证和推理是不同的。推理是根据一个或几个判断(即前提),而得出另一个判断(即结论)。论证是由断定一个或几个判断(即论据)的真实性,进而断定另一个判断(即论题)的真实性。推理只是断定前提与结论之间有必然关系(演绎推理)或者有或然关系(归纳推理)。推理并不一定断定前提的真实性。推理有时断定了前提的真实性,有时又没有断定前提的真实性而只假定前提的真实性。但是,论证却不只是断定了论据和论题之间有必然关系或者或然关系,而且还由断定论据的真实性,进而断定论题的真实性。因此,论证比推理要求的条件更多。一个论证必然同时是一个推理,但是,一个推理却不必同时是一个论证。当一个推理的前提被断定了的时候,这个推理就同时是一个论证;当一个推理的前提没有被断定的时候,这个推理就不是一个论证。

论证和推理又是有密切联系的。一个论证必然具有一个论证方式,而论证方式就是一个推理形式或几个推理形式的总和。论证是必须应用推理的,推理总是为论证服务的。论证的论据相当于推理的前提,论证的论题相当于推理的结论,而论证方式相当于推理形式。

第三节　论证的种类

形式逻辑可以根据不同的标准来对论证进行分类。

演绎论证和归纳论证

我们可以根据论据与论题之间的关系,来对论证进行分类。在有些论证中,论据和论题之间有必然关系。当另一些论证中,论据和论题之间却只有或然关系。根据论据与论题之间的关系,可以把论证分为演绎论证与归纳论证两种。

演绎论证就是论据与论题之间有必然关系的论证。也就是说,其论证方式为演绎推理形式的论证。

演绎论证在许多逻辑书中把它叫做证明。

本章第二节中关于三角形的内角之和等于 180°的论证,就是演绎论证的典型例子。

演绎论证的特点在于:它的论据往往是一般的原理,而论题往往是特殊的场合。我们在进行演绎论证时,应该注意是否把一般原理正确地应用到特殊场合。如果我们把一般原理应用到不适合这一原理的特殊场合,尽管一般原理是对的,那也不能必然地确立论题的真实性,即不能达到论证的目的。

归纳论证就是论据与论题之间有或然关系的论证。也就是说,其论证方式为归纳推理形式的论证。例如:

> 铜加热之后,体积增大;铝加热之后,体积增大;铁加热之后,体积增大;铜、铝、铁都是金属;所以,金属加热之后,体积就膨胀。

归纳论证的特点在于它的论据是某些特殊的场合,而论题是一般的原理。归纳论证要得到可靠的结论,必须根据精确的观察和实验,必须根据已有的科学知识对现象作出正确的分析,必须与演绎相结合。归纳论证如果离开了这些条件,就不能确立论题的真实性。

前面举的归纳论证的例子,论据和论题虽然事实上都是真实的,但论题的真实性尚未建立起来。因为人们并没有对所有金属毫无遗漏地进行观察,而这种观察是很难做到的。如果我们对金属体积膨胀的原因加以分析,知道金属体积的大小取决于该物体分子之间距离的大小。加热于金属会引起金属分子之间凝聚力减弱,相应地分子之间的距离就会增加,金属的体积就会膨胀。经过对金属体积膨胀原因的科学分析,经过演绎推理,得出结论是:对任何金属加热,体积都要膨胀。这样,论据与论题之间就具有必然关系了。

直接论证和间接论证

对于某些论题,我们要直接论证它的真实性是比较困难的。在这种情况下,我们就可以先论证这个论题的矛盾判断(即矛盾论题)的虚假性,从而论证论题的真实性。但是,对于另一些论题,我们又可以不通过论证矛盾论题的虚假性,而直接论证论题的真实性。根据论证的这一特点,我们可以把论证分为间接论证与直接论证两种。

直接论证就是不经过对矛盾论题的虚假性的论证,而直接论证论题的真实性的论证。

间接论证就是通过论证矛盾论题的虚假性,进而确立论题的真实性的论证。

前面举过的几个论证的例子,都是直接论证。在这些论证中,没有出现过矛盾论题。下面我们来看看一个间接论证的例子:

直角三角形斜边上的中线等于斜边的一半。

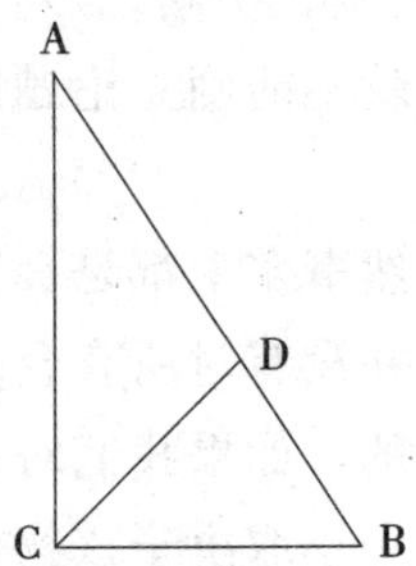

〔已知〕在△ABC 中(见左图)

∠C = 90°

DA = DB

〔求证〕DC = DA

〔证明〕①假设 DC > DA

②DC > DB(由①与已知条件)

③∠A > ∠ACD(三角形的大边对大角)

∠B > ∠BCD(同理)

④∠A + ∠B > ∠ACD + ∠BCD(③,同号不等式两端相加,不等式仍成立)即∠A + ∠B > ∠C

⑤∠A + ∠B + ∠C = 180°(三角形内角之和等于 180°)

⑥∠A + ∠B = 180° − ∠C(⑤的两端同时减去∠C)

⑦180° − ∠C > ∠C(由④,⑥等量代换)

⑧180° > 2∠C(由⑦,不等式两端同时加∠C)

⑨90° > ∠C(由⑧,不等式两端同时除以 2,不等式仍成

立)即$\angle C < 90°$

⑩⑨与已知条件$\angle C = 90°$矛盾

⑪ $\therefore DC \ngtr DA$

⑫同理可证 $DC \nless DA$

⑬ $\therefore DC = DA$(由⑪与⑫)

这个论证不是直接地论证论题的真实性,而是通过论证矛盾论题的虚假性来确立论题的真实性。这个矛盾论题是:“直角三角形斜边上的中线不等于斜边的一半”。它包括两种情形:或者大于斜边的一半,或者小于斜边的一半。就是:

$DC > DA$ 或 $DC < DA$

如同上述例子所表明的那样,先由“$DC > DA$”推演出逻辑矛盾来,知道“$DC > DA$”不能成立;又由“$DC < DA$”推演出逻辑矛盾,知道“$DC < DA$”也不能成立。由“$DC > DA$”是假的与“$DC < DA$”是假的,就可以推导出“$DC > DA$ 或 $DC < DA$”是假的,即推导出矛盾论题是假的。所以,论题“$DC = DA$”是真的。

关于间接论证要注意以下两点:

第一,只有论题的矛盾判断才能作为矛盾论题。论题的反对判断不能作为矛盾论题。因为,我们由一个判断的反对判断是假的,不能必然推出这个判断是真的。

第二,在利用充分条件假言推理,从否定后件“q”进而否定前件(矛盾论题)“p”时,必须注意,“如果 p 则 q”是否真正成立。只有在“如果 p 则 q”真时,才能由否定“q”进而否定矛盾论题“p”。

很多逻辑读物讲到反证法。所谓反证法就是间接论证。因为反证法就是由证明矛盾论题是假的,进而证明论题是真的。

在《演绎推理》章,我们讲到归谬法,在那里我们是着重说明归谬法所表现的推理形式。但是,归谬法实质上也是一种间接论证。不过,归谬法更具体地指出了证明矛盾论题虚假的方法。归谬法是用由矛盾论题推出逻辑矛盾的方法，来证明矛盾论题是假的。关于直角三角形斜边上的中线等于斜边的一半的论证，就是用了归谬法。

间接论证是根据排中律（即两个互相矛盾的判断不能都是假的）进行的。论题与矛盾论题是两个互相矛盾的判断。根据排中律，既然矛盾论题是假的，那么论题必然是真的。

间接论证也可以看作应用了选言推理。由论题“p”与矛盾论题“非 p”组成的选言判断“p 或非 p”总是真的。应用选言推理：

p 或非 p，
并非（非 p），
所以，p。

就可由矛盾论题之假，推出论题之真。

我们把论证分为演绎论证和归纳论证，直接论证和间接论证；但在实际运用中，在一个具体的论证中，往往既用到演绎论证，又用到归纳论证；既用到直接论证，又用到间接论证。

第四节 论证的规则

论证有论题、论据、论证方式三个因素；论证的规则，也就是关于论题、论据与论证方式的规则。论证有正确的，也有错误的。论证的规则是一个正确的论证所必须遵守的；不遵守论证规则的论证，是不正确的论证。

关于论题的规则

（1）论题必须明确。

论题明确，是论证的先决条件。一个论证中的论题，就是我们需要确认其为真的那个判断。如果我们对需要确认为真的那个判断并不明确，就无法找出适当的论据与正确的论证方式来论证它，也就是说，就无法进行论证。假如糊里糊涂地进行论证，结果必然是文不对题，已经论证的却不是我们所要论证的，而需要论证的却根本没有论证。

在辩论中，由于论题不明确，常会引起无意义的争论。辩论双方有时把毫不相干的问题硬扯到一起，把并不互相冲突的意见当成互相冲突的意见，争论了半天，才发现彼此之间原来没有什么分歧，白白地浪费了宝贵的时间和精力。

论题是一个判断。为了使论题明确，我们就应当了解：论题的判断形式是什么，论题中所包括的概念的内涵与外延是什么，论题的真假条件是什么。要使论题明确，我们需要有逻辑知识和论题所涉及的具体科学知识。

(2)**不能转移或偷换论题**。

在论证过程中，把原来需要论证的那个判断无意地或有意地换成另一个判断，这就是转移或偷换论题。转移或偷换论题是一种逻辑错误。把原来需要论证的那个判断换成了另一个判断，其结果就是没有论证我们需要论证的那个判断。

转移论题常常是由论题不明确引起的。由于论题不明确，就会把几个不同但又近似的判断混淆起来。于是，在论证过程中，有时是在论证这个判断，有时又是在论证另一个判断，也就是说，有时是在论证这个论题，有时又是在论证另一个论题。

例如，有人对于“个人主义”这个概念不够明确，把“个人主义”同“个人志愿”混同了，从而把“有个人主义是错误的”这个判断和另一个判断“有个人志愿是错误的”混淆起来。在论证前一个判断的过程中，他们竟错误地去论证后一个判断；或者在论证后一个判断的过程中，他们竟错误地去论证前一个判断。结果是根本没有论证他们所要论证的论题。

在一个比较复杂的论证中,我们由基本论据推出一些非基本论据,又由这些非基本论据推出另一些非基本论据。这样,由于论证过程较长,就容易把原来所要论证的那个判断不知不觉地换成另一个判断。在整个论证过程中,论题应该始终是同一的。不管论证过程多么长,我们都要紧紧地围绕着论题,注意避免走题现象的发生。

虚假的论题,是无法通过论证使它变成真实的。论证者为了论证一个虚假的论题,有时就会转移或偷换论题。例如,有人企图论证"在社会主义条件下,人们可以改造经济规律"这一假判断。但是,他们却举出社会主义国家所制定的各种经济政策、经济计划对经济发展的巨大作用等事实作为论据。这时,论证者实际论证的,已经不是原来提出的那个判断(即"在社会主义条件下,人们可以改造经济规律"),而是另外一个判断(即"在社会主义条件下,人们可以限制和利用经济规律")。在这里是转移或偷换了原来的论题。虽然后一个判断是一个真实的判断,是可以正确地论证的。但是,他们的原论题,却是一个虚假的判断,是一个不能正确论证的判断。

论证者把原来提出的论题换成另一个完全不相干的论题,这种情形是比较少的。常见的情形是,把原来的论题换成另一个近似的论题。有时论证者把原来的论题换成另一个断定更多的判断,这叫做"过多证明"。有时论证者又把原来的论题换成另一个断定较少的判断,这叫做"过少证明"。

例如,原来要证明的论题是:"如果伤寒病人服了大量剧烈泻药,那么,伤寒病人就一定会死亡。"但是,有人不去证明这个论题,而去证明另一个论题:"伤寒病人一定会死亡。"这就是"过多证明"的错误。前一个论题是一个断定较少的判断,后一个论题是一个断定较多的判断;设后者为"q",则前者为"如果 p,那么 q"。

又例如，原来要证明的论题是："伟大的作家都是歌颂无产阶级的"，但是有人不去证明这个论题，而去证明另一个论题："伟大的无产阶级作家都是歌颂无产阶级的"。这就是"过少证明"的错误。前一个论题是一个断定较多的判断，而后一个论题是一个断定较少的判断。前一个论题的形式是"所有 S 都是 P"，而后一个论题的形式是"所有 QS 都是 P"，而 QS 只是 S 中的一部分。

关于论据的规则

(1)论据应当是已确知为真的判断。

论题的真实性是由论据的真实性推出来的。如果一个判断是不真实的，或者一个判断虽然事实上是真实的，但却不是人们确知为真的判断，那么我们就不能用它来作论据。

用虚假判断作论据是一种重大的错误。例如，法国古生物学家居维叶关于生物物种起源的"突变论"的论证，就是以虚假判断作为论据的。居维叶在研究地层时，发现许多生物化石，在不同的地层中有不同的化石，地层越深，化石与现代生物越不相同。这些事实，如果从科学观点出发，本来是可以作出正确解释的。但居维叶却坚持"生物形态是由造物主创造的"这种错误观点。以这种错误观点作论据，他认为：从远古以来，地球上发生过许多周期性的大突变；每次突变后，生物全部灭绝了，造物主又重新造出另一些新的生物来。他还进一步认为：地球上现有的生物物种，是五六千年前的一次大突变后，由上帝创造出来的。后来拉马克、达尔文证明，生物物种根本不是什么上帝创造的，而是生物长期进化的结果，现有的多种生物形态是由古生物发展、演变而来的。突变论的上述基本论据被科学完全驳倒了，从而突变论以及根据于突变论的一切论证也被科学完全驳倒了。

在一个论证中，论据是虚假的，并不因此论题也一定是虚假的。我们知道，由一个虚假判断推导出来的判断，并不一定是虚假的，有时可以是真实的。但是，论据虚假，却表明了论证是不正确的，表明了论题没有得到证明。

真实的判断与已确知为真的判断是有分别的。由于实践和科学水平的限制，有许多真实的判断，人们一时还不能确知其为真。正确的论证，不只要求论据是真实的判断，而且要求论据是已确知为真的判断。因为由尚未确知为真的论据，人们是不能证明论题的真实性的。

亚里士多德认为，不可能一切判断都是通过论证来证明的。企图通过论证来证明一切判断，其结果必然导致下面要讲的循环论证；而循环论证是一种错误的论证。因此，总有一些非常基本的判断不是通过论证来证明的，而是通过论证以外的方法来证明的。人们通过实践来证明这些非常基本的判断的真实性，再以这些确知为真的非常基本的判断作为论据来证明其他判断的真实性。由此可以看出论证对于实践的依赖关系以及论证的局限性。

(2)论据的真实性不能是依赖于论题的真实性来证明的。

论题是一个尚未确知为真的判断，因而人们才需要通过论证来证明它是真实的。如果在一个论证中，论据的真实性又是依赖于论题的真实性，即是说，论据的真实性又是根据论题的真实性来证明的，那么，这样的论据本身就是一个尚未确知为真的判断。用尚未确知为真的判断作为论据，是根本不能证明论题的真实性的。犯这种错误的论证可以分为两种：窃取论题与循环论证。

窃取论题可以用下面的例子来说明。例如有人说："整体大于构成它的部分，因为，部分小于它的构成的整体"。在这段话中，如果把后一句话看作前一句的说明，那是允许的，而且有时还是必要的。但是，如果把这一段话作为一个论证，把前一句话作为论题，把后一句话作为论据，那就犯了窃取论题的错误。因为，前一句话的意义与后一句话的意义是等同的;用后一句话(作为论据)来证明前一句话(作为论题),实际上是应用论题的真实性来证明论题的真实性,也就是窃取了论题的真实性。

关于循环论证的错误,我们可以用对欧氏几何第五公设的一些证明为例。从公元前一世纪到十八世纪,许多数学家用“三角形的内角之和等于 180°”,“四边形的四角之和等于四直角”等原理作为论据来进行论证。但这些论据都是从第五公设加上其他公理推出来的结论,它们的真实性都依赖于第五公设的真实性。因此,所有这些论证都是错误的,都犯了循环论证的错误。

窃取论题与循环论证的区别在于:前者,论据的真实性是直接由论题的真实性推出来的;后者,论据的真实性是由论题的真实性和一些中间环节推出来的。但是,无论窃取论题还是循环论证,都是应用论题的真实性来证明论题的真实性,或者说,都是应用尚未确知的论据来进行论证,因而都是错误的论证。

关于论证方式的规则

论据必须能正确地推出论题。

正确的论证方式,必须是一个或一些正确的推理形式,必须遵守正确推理的规则。如果一个论证所采用的论证方式是演绎推理,那么它就应遵守演绎推理的规则;如果一个论证所采用的论证方式是归纳推理,那么它就应遵守归纳推理的规则。

论证方式违反了推理规则的错误,叫做推不出的错误。推不出的错误可以分为两种。一种是:论证者把论据与论题通过论证方式联系起来,但是,这种联系方式是违反推理规则的。

例如,有人断定说:“这块矿石是金属”。他的论据是:“金属都有光泽,而这块矿石有光泽”。这个论证所用的论证方式是一个第二格的三段论。我们知道,第二格的三段论必须有一个前提是否定判断,结论也必须是否定判断。但是,上面的论证中的两个前提(即论据)都是肯定判断,结论(即论题)也是肯定判断。这个论证方式是违反三段论规则的。因此,由论据不能正确地推出论题。

另一种推不出的错误是:论证者虽然遵守推理规则,由论据推出一个判断,但是,这个推出的判断却不是论证者所要证明的论题。

例如,有人想证明“有个人志愿是错误的”这一个论题。但是,他却提出下面这样一个论证:“正确的态度是把人民的利益,革命的利益放在第一位,而个人主义却把个人利益放在第一位。所以,个人主义是错误的”。这个论证的论证方式是正确的,它是三段论第二格 AEE 式。前提也是正确的。但是,这个论证的结论却不是原来所要证明的论题。就是说,这个论证所推出的结论,只是“个人主义是错误的”,而不是“有个人志愿是错误的”。

又例如,人们要证明大地是球体,常举下面的论据:在海岸上看船进港时,总是先见桅竿,后见船身;人们站得越高,见得越广。这样的论据虽然是真的,并且运用的推理形式也是正确的,也还不能推出大地是球体来。要证明大地是球体,还要加上下面两个论据:

一、在地球表面无论什么地方,地平线都是圆形,而且所见远近,各处都一致。

二、每一次月蚀时,投射在月球上的地球影子都是圆形。

第二种推不出的错误,从另一个角度看,实质上也就是第一种推不出的错误。因为,如果把犯了第二种推不出错误的论证中的论据,同原来所要证明的论题联系起来,它就是一个不正确的推理形式,它就是违反推理规则的。

推不出的错误,特别是第二种推不出的错误,常常是由于论题不明确引起的。由于论证者对论题不明确,他就会把一个本来不同于论题的判断当作论题加以证明。例如，在上面那个例子中，论证者对于“有个人志愿是错误的”这个论题了解得不明确，就把另一个判断“个人主义是错误的”当作论题来加以证明。

第五节　反　　驳

反驳是破斥别人的论证的一种方法。

我们知道，论证是由三种因素（即论题、论据和论证方式）构成的，因此，要破斥一个论证，也可以从这三个方面着手。

(1)反驳对方的论题。

针对对方的论题进行反驳，有两种方法，即直接反驳和间接反驳。

直接反驳又有两种，第一种是提出相反的事实，以证明对方的论题是假的。例如，对方的论题是：“哺乳动物都是胎生的”。我们反驳这个论题，可以直接提出相反的事实，鸭嘴兽虽然是哺乳动物，却不是胎生的。所以说“哺乳动物都是胎生的”是不能成立的。

直接反驳的第二种方式，是由对方的论题推出一个（或一些）结论来，而这个或这些结论是与事理相违背的，是荒谬的。由否定一个或一些结论就能够否定对方的论题。例如，所反驳的论题是 p，我们由 p 推出 p_1、p_2、p_3 等结论，然后根据事实或已知为真的判断，来否定结论 p_1 或 p_2 或 p_3。根据充分条件假言推理的规则，就可以否定论题 p。

毛泽东同志在《唯心历史观的破产》一文中，直接反驳了帝国主义分子散布的谬论：“革命的发生是由于人口太多的缘故。”他说：

“革命的发生是由于人口太多的缘故么？古今中外有过很多的革命，都是由于人口太多么？中国几千年以来的很多次的革命，也是由于人口太多么？美国一百七十四年以前的反英革命，也是由于人口太多么？艾奇逊的历史知识等于零，他连美国独立宣言也没有读过。华盛顿杰佛逊们之所以举行反英革命，是因为英国人压迫和剥削美国人，而不是什么美国人口过剩。中国人民历次推翻自己的封建朝廷，是因为这些封建朝廷压迫和剥削人民，而不是什么人口过剩。俄国人所以举行二月革命和十月革命，是因为俄皇和俄国资产阶级的压迫和剥削，而不是什么人口过剩，俄国至今还是土地多人口少的国家。蒙古土地那么广大，人口那么稀少，照艾奇逊的道理是不能设想会发生革命的，但是却早已发生了。”（《毛泽东选集》第1399—1400页。）

在这里，毛泽东同志根据“革命的发生是由于人口太多的缘故”引申出“中国几千年以来的很多次的革命”、“美国的反英革命”、“俄国的二月革命和十月革命”、“蒙古的革命”也都是“由于人口太多”。可是，所有这些革命发生的原因都不是人口太多，而是由于统治阶级的压迫和剥削。根据充分条件假言推理的规则，由否定后件，就可以否定前件。即否定了“革命的发生是由于人口太多的缘故”。从而驳倒了帝国主义分子的这一反动谬论。

间接反驳：先证明对方论题的矛盾论题是真实的，然后根据矛盾律，就推出对方的论题是虚假的。

例如，所要反驳的对方的论题是“语言是社会经济基础上面的上层建筑。”

这个论题的矛盾论题是“语言不是社会经济基础上面的上层建筑。”

我们先证明矛盾论题是真实的：一切社会经济基础上面的上层建筑都随着某种社会经济基础的消失而消失，但语言并不随着某种社会经济基础以及与之相适应的上层建筑的消失而消失；语言没有阶级性，它对各阶级一视同仁，而上层建筑则有阶级性，它为统治阶级服务；语言与人们的生产活动及其他任何活动都有直接联系,上层建筑则与这些活动没有直接联系;语言的变化不是通过突变的形式,上层建筑则是通过突变、革命的形式。由此可知:语言不是社会经济基础上面的上层建筑。

所以,论题“语言是上层建筑”是假的。

从上述例子中可以看出,在间接反驳中有证明,正如在间接论证中有反驳一样。间接反驳是通过证明矛盾论题的真实性进行的,间接论证是通过证明矛盾论题的虚假性进行的。反驳和论证两者是相辅相成的。

(2)反驳对方的论据。

直接反驳与间接反驳这两种方法,既可以用来反驳对方的论题,也可以用来反驳对方的论据。在反驳对方的论据时,是把这些论据作为反驳的对象。

在反驳论据时,应该注意,驳倒了对方的论据,并不等于已经驳倒了对方的论题。驳倒了对方的论据,这只证明对方关于该论题所作的论证不能成立。在对方还未提出关于该论题的新的论证之前,该论题尚未得到证明。例如,有人提出了这样一个论证:“木星有卫星,因为凡行星都有卫星,因而木星是行星”。我们在反驳这个论证时,可指出这个论证的论据“凡行星都有卫星”是虚假的,因为,例如金星这个行星就没有卫星。这样,虽然驳倒了对方的论据,但并不能由此就断定对方的论题也是虚假的。在这里,论题:“木星有卫星”恰好是一个真实判断,天文观察早已证实了这一点。驳倒论据,只是否定了前提,不能由此就否定结论。这也就是说,否定了论据,并不能由此就否定论题。所以,如果要证明对方的论题是虚假的,那么就必须直接对对方的论题进行反驳。

我们还应该注意到,驳倒了对方的论题,不等于驳倒了对方的论据。显然,在一个归纳论证中,由论题(作为归纳推理的结论)是虚假的,并不能得出论据(作为归纳推理的前提)也是虚假的。在一个演绎论证中,即使假定论证方法是正确的,由论题(作为演绎推理的结论)是虚假的,也不能得出所有论据(作为演绎推理的前提)都是虚假的。

(3)反驳对方的论证方式。

反驳论证方式,就是指明从对方的论据不能正确地推出所要证明的论题来。例如,有人提出这样一个论证:"因为偶数都能被2整除,而7不是偶数,所以,7不能被2整除"。要反驳这个论证的论证方式,我们可以直接地指出它违反推理规则,即大项在前提中是不周延的,而在结论中却是周延的。我们也可以举出一个应用同样的论证方式的具体例子,而前提是真的,结论却是假的。为了要反驳上面那个论证的论证方式,我们举出这样的具体例子:"因为偶数都是整数,而7不是偶数,所以,7不是整数"由于这个例子中的前提是真的,结论显然是假的,所以,它的论证方式就是不正确的。而这个论证方式又正是所要反驳的那个论证的论证方式。因此,所要反驳的那个论证的论证方式也是不正确的。

驳倒了对方的论证方式,并不等于就驳倒了对方的论题。例如,在上面例子中,论证方式被驳倒了,但是它的论题:"7不能被2整除"却是一个真实的判断。同样,驳倒了对方的论证方式,也不等于就证明对方的论据是虚假的。例如上面例子中的论据:"偶数都能被2整除"、"7不是偶数"都是真实的判断。驳倒论证方式,只是证明了对方所采用的论证方式是错误的,是违反逻辑规则的,由对方的论据不能正确地推出论题,因而论题没有得到证明。有时,对方的论题、论据都是真的,但其论证方式却是不正确的。这样,我们就需要仅仅针对对方的论证方式进行反驳。

第六节　几种不正当的论证和反驳的手法

在本章的《论证的规则》一节，我们介绍了一些有关论证与反驳的逻辑错误。现在我们还要指出论证和反驳中的几种不正当手法：

(1)利用语言方面的某些类似，把自己论证中的某个或某些概念偷偷地换成另外的概念来加以证明，或者把别人论证中的某个或某些概念偷偷地换成另外的概念来加以反驳，这就是偷换概念。

例如，在论证中，一个人把他本来的主张“不应当有个人志愿”偷换成“不应当有个人主义”；或者，在反驳中，把别人本来的主张“不应当有个人主义”偷换成“不应当有个人志愿”。

(2)一个人不去证明自己的论题的真实性或别人论题的虚假性，却采用一些激动感情的手法，使听众同情和相信自己，憎恶和不相信别人，这就是诉诸感情。

例如，在探求科学真理的过程中，当一个人提出了一个看法，他不是去论证他自己的看法而是去吹嘘自己的什么“光荣历史”；当他不赞成别人的看法时，他不是反驳别人的看法，而是对别人进行人身攻击。

(3)不加鉴别地胡乱引用权威人士的话，作为不可置疑的论据来支持自己的看法，这就是滥用权威。

例如，有的人喜欢抬出亚里士多德的《工具论》作为逻辑方面的绝对真理来支持自己的错误论点。

权威只能是某个或某些方面的权威，而不可能是一切方面的权威。即使在某个或某些方面，权威人士的话也并非句句都是真理。权威人士的话不是真理的标准，实践也只有实践才是真理的最后标准。权威人士的话,是我们应当尊重的和很好地考虑的;权威人士提出的正确看法用来作为论据是正当的并且是很有说服力的。但是,滥用权威则是错误的和有害的。

林彪、"四人帮"这些阴谋家野心家,在玩弄论证和反驳的各种不正当手法方面,真是不可多得的反面教员。

例如,他们把在他们煽动下新出现的破坏和捣乱活动说成是什么"新生事物";他们把人们提出的正确主张"学生要学好文化课,要重视智育"歪曲为"智育第一"。

他们一方面吹嘘自己是什么无产阶级革命派,是什么文化革命的旗手;另一方面污蔑敢于出来反对他们的革命干部和革命群众是走资派、叛徒、特务和反革命。他们妄图利用广大人民群众热爱党和热爱社会主义的感情,来达到宣传他们的反革命谬论和压制革命理论的罪恶目的。

他们滥用革命导师的片言只语,歪曲、篡改甚至伪造经典作家的话,来装潢自己吓唬群众,为他们的反革命言行作理论根据。

通过与林彪、"四人帮"的斗争,应当认识到,我们不但必须学会应用论证和反驳的正确方法,而且还必须学会识别论证和反驳的各种不正当手法。这对于我们探求真理与批判谬误是十分有益的。

【习　　题】

6.01　说明论证的特征和作用。

6.02　使论证正确,要注意哪些问题?

6.03　使反驳正确,要注意哪些问题?

6.04　驳倒了对方的论据或论证方式,是否一定就驳倒了对方的论题,为什么?

6.05　分析下列论证的论题、论据和论证方式:

(1)马克思主义者认为人类社会的生产活动,一步又一步地由低级向高级发展,因此,人们的认识,不论对于自然界方面,还是对于社会方面,也都一步又一步地由低级向高级发展,即由浅入深,由片面到更多的方面。

(2)同样,社会的发展,主要地不是由于外因而是由于内因。许多国家在差不多一样的地理和气候的条件下,它们发展的差异性和不平衡性,非常之大。同一个国家吧,在地理和气候并没有变化的情形下,社会的变化却是很大的。帝国主义的俄国变为社会主义的苏联,封建的闭关锁国的日本变为帝国主义的日本,这些国家的地理和气候并没有变化。长期地被封建制度统治的中国,近百年来发生了很大的变化,现在正在变化到一个自由解放的新中国的方向去,中国的地理和气候并没有变化。整个地球及地球各部分的地理和气候也是变化着的,但以它们的变化和社会的变化相比较,则显得很微小,前者是以若干万年为单位而显现其变化的,后者则在几千年、几百年、几十年、甚至几年或几个月(在革命时期)内就显现其变化了。

6.06 下列各论证是否正确,为什么?

(1)甲:"今天的讨论有些混乱,因为大家对所讨论的题目有着两种不同的了解。"

乙:"我不同意你的看法,对这个题目只应该有一种了解。"

(2)甲:"历史剧作为文艺作品,应该有艺术虚构。"

乙:"我不同意你的话,我们怎能像你那样地把历史剧当成主要是艺术虚构呢?"

(3)某人说:"地球是球体可以从这样的事实得到证明,我们站在高处看海中帆船驶来,总是先见桅杆后见船身。所以这样,就因为地球是球体。而且,如果地球不是球体,为什么叫做地球呢?"

6.07 下列各段反驳是怎样进行的?

(1)古希腊的无神论者论证说,世界上灾难和丑恶的存在就否定了神的存在。伊壁鸠鲁用下面这样一段机智的话表达了这个思想。他说:我们应该承认,神或是愿意但不能除掉世间的丑恶,或是能够但不愿除掉世间的丑恶,或是能够又愿意除掉世间的丑恶。如果神愿意而不能除掉世间的丑恶,那么它就不算是万能的,这种无能为力是与神的本性相矛盾的。如果神能够而不愿意除掉世间的丑恶,那么就证明了神的恶意,而这种恶意也同样是与神的本性相矛盾的。如果神愿意而又能够除掉世间的丑恶(这是惟一可能适合于神的一个假定),那么,何以在这种情况下世间还有丑恶呢?

(2)斯大林同志在批判地理环境决定论时说,地理环境无疑是社会发展的经常的和必要的条件之一,它当然影响到社会的发展,——加速或者延缓社会发展进程。但是它的影响并不是决定的影响,因为社会的变化和发展比地理环境的变化和发展快得不可比拟。欧洲在三千年内已经更换过三种不同的社会制度:原始公社制度、奴隶占有制度、封建制度;而在欧洲东部,即在苏联,甚至更换了四种社会制度。可是,在同一时期内,欧洲的地理条件不是完全没有变化,便是变化极小,连地理学也不愿提到它。这是很明显的。地理环境稍微重大一些的变化都需要几百万年,而人们的社会制度的变化,甚至是极其重大的变化,只需要几百年或一两千年也就够了。

由此应该得出结论:地理环境不可能成为社会发展的主要的原因,决定的原因,因为在几万年间几乎保持不变的现象,决不能成为在几百年间就发生根本变化的现象发展的主要原因。

6.08 指出下列议论中的错误:

(1)甲:“某人工作做得不好。”

乙:“你去做还不如他呢!”

(2)甲:“你不信教了吗?”

从来不信教的乙:“是,我不信了。”

6.09 已知:如果演绎推理的前提是真的,推理形式是正确的;那末,结论是真的。

求证:如果演绎推理的前提是真的;那末,推理形式是不正确的,或者,结论是真的。

并分析你的证明的论题、论据和论证方式。

(提示:利用反三段论和假言易位推理等。)

附　录

逻 辑 史 资 料

第一节　引　言

形式逻辑是一门有着两千多年历史的学科，长期以来本是哲学的一个部门，因之在一些基本理论问题上从来是唯物主义和唯心主义进行斗争的一个场所。它的发展既与辩论术和语法有关，也与当时的数学以及其他自然科学的发展(特别是科学方法论的发展)有关。

欧洲的逻辑学(以下所说的“逻辑学”均指形式逻辑)是在古希腊时期产生的。当时的希腊是奴隶主贵族专政的国家，存在着严重的阶级斗争。有一个时期在政治生活中，演讲和辩论很受重视，于是发展了辩论术。同时由于生产和航海的发展，也产生了萌芽时期的数学和其他自然科学。辩论术、数学和自然科学的发展对逻辑学的产生是有决定性的影响的。这从古希腊时期主要的逻辑著作——亚里士多德的《工具论》中可以清楚地看出来。《工具论》中的《论辩篇》被认为是亚里士多德的早期著作，其中包含有辩论术的内容；而被认为是后期著作的《分析后篇》则是专门讨论科学证明的，在这篇著作中他显然是以几何学的证明作为一切科学证明的典范，其中关于科学证明的一些论断看来是由当时几何学的证明中抽象出来的。

亚里士多德是欧洲古代逻辑学的奠基人。《工具论》一书对逻辑的各个方面，即概念、判断和推理(主要是三段论)、证明以及逻辑谬误等都作了系统的论述。此外，他在《形而上学》一书中提出了矛盾律和排中律,并作了详尽的讨论。

后来斯多阿派发展了关于假言推理与选言推理的理论。伊壁鸠鲁则发展了科学方法即归纳逻辑的理论。伊壁鸠鲁派曾就归纳法问题与斯多阿派展开过激烈的论争,这在一定意义上是唯物主义与唯心主义的斗争。

在欧洲的封建主义时期,即中世纪时期,哲学上占统治地位的是为教会服务的经院哲学。当时哲学上两条路线斗争的一种表现是唯名论与唯实论(或实在论)的斗争,唯名论在当时是代表唯物主义倾向的。在中世纪的有些时期,逻辑学曾有过一些发展,特别是十二世纪至十四世纪这段时间,唯名论者作过一些发展。但是在中世纪的大部分时间内,逻辑学家只是在对古代的逻辑著作作注释和进行一些烦琐的讨论。

欧洲近代资本主义时期开始后,生产技术有了新的发展。随之而来的是数学与实验科学的发展。于是作为实验科学方法论的归纳逻辑也得到了发展。亚里士多德的著作中已讨论到了归纳法,但讲的不多;后来伊壁鸠鲁派曾有过一些发展。近代归纳逻辑是应实验科学的需要而发展起来的。它的奠基人是英国唯物主义哲学家培根。后来,在十九世纪,又由英国的尤厄尔、赫色尔与穆勒等人加以发展。

演绎逻辑在近代也有了新的发展。十七世纪中叶笛卡儿学派的阿诺德与尼柯合写的《波尔罗亚尔逻辑》一书是在当时以及后来有较大影响的一部逻辑教科书。从莱布尼茨到布尔建立起来的数理逻辑则是逻辑学中用了数学方法而发展起来的一个学科。

中国古代在与古希腊差不多同时产生了逻辑学。这方面的研究和当时关于名词(名)与其所代表的事物(实)的关系(即所谓"名实关系")问题的讨论有关。通称为名家的惠施、公孙龙等人和墨翟一派后学(或称后期墨家)以及先秦最大的唯物主义哲学家荀况等人都对于逻辑问题作过比较系统的研究。特别是后期墨家提出了更加完整的理论。魏晋玄学中有些问题的讨论,如言意之辩,也是与逻辑学的深入研究有关的。隋唐时印度的逻辑学(即因明)传入中国。当时的著名佛教学者玄奘和他的弟子窥基等人曾加以发展,并影响到日本、朝鲜等东方国家。明末西方逻辑学随天主教传入中国,但没有产生多大的影响。清代末年资产阶级启蒙思想家严复等人翻译了一些英国哲学家的逻辑著作,使西方的逻辑学再度传入中国,推动了我国近代逻辑学的发展。以上是从古希腊到马克思主义产生以前西方的形式逻辑发展史以及中国逻辑思想的一个简单轮廓。

本章不是一个完整的逻辑简史而只是部分资料的汇编,范围限于马克思主义产生以前的欧洲形式逻辑以及中国的逻辑思想(这里限于春秋战国时期。秦汉以后这方面的史料有一些尚待进一步发掘与整理。另外,如因明学,则系专门学问,我们限于水平未能系统介绍。所以只描绘了一个简单的轮廓)。计分:一、古希腊奴隶社会时期的逻辑学说。在这一节主要介绍了亚里士多德以及斯多阿派与伊壁鸠鲁派的逻辑学说;二、欧洲中世纪封建主义时期的逻辑学说。这里主要介绍了六世纪的波底乌斯和十二世纪至十四世纪时一些逻辑学家作出的贡献;三、欧洲近代资本主义时期的逻辑学说。这一节介绍了培根的归纳法理论,《波尔罗亚尔逻辑》,康德与穆勒的逻辑学说以及数理逻辑的早期发展;四、中国逻辑思想的发展。

古代印度曾发展了独立的逻辑学体系。中世纪后期西亚与北非的阿拉伯学者曾研究了古希腊哲学特别是亚里士多德的著作,进行了大量的翻译和注释工作,并作了发展,其中包含了逻辑学的研究。他们的著作后来曾对欧洲学者有较大的影响。本章限于篇幅,均从略。

第二节　古希腊奴隶社会时期的逻辑学说

亚里士多德的逻辑学说

亚里士多德(前384—前322)是古希腊最博学的哲学家。他的著作涉及当时的一切知识部门。他的逻辑著作是《工具论》,此书有六部分:(1)《范畴篇》,(2)《解释篇》,(3)《分析前篇》,(4)《分析后篇》,(5)《论辩篇》和(6)《诡辩篇》;分别对于概念(主要是一些范畴)、判断和命题、三段论、证明和逻辑谬误等进行了论述。这是古代一部最完备的逻辑著作,而且两千年来有着历久不衰的影响。

这部书看来不是成于一时,在有些观点上和倾向上各篇之间不是完全一致的。大致可以说,成书较早的部分,受柏拉图的影响要多一些。亚里士多德对逻辑的看法,愈到后来愈注重形式方面,这由一般认为成书较晚的《分析前篇》可以看出。我们现在就《工具论》中较重要的部分以及《形而上学》中有关思维规律部分,作一些简单的评述。

(1)范畴　范畴就是最普遍的谓项。亚里士多德把各种各样的判断的谓项分为十个大类,这就是亚里士多德的十范畴。第一个范畴是:实体(如人、马)。第二个范畴是:数量(如两尺长,一百斤重)。第三个范畴是:性质(如白的,通晓语法的)。第四个范畴是:关系(如二倍,较大的)。第五个范畴是:活动(如说话,思考)。第六个范畴是:遭受(如被打,被骂)。第七个范畴是:地点(如在市场里,在雅典)。第八个范畴是:时间(如昨天,去年)。第九个范畴是:姿态(如坐着,躺着)。第十个范畴是:状况(如穿鞋的,有武装的)。

(2)命题　亚里士多德认为,只有或真或假的句子才是命题。

一个祈使句，就不是命题，因为它没有真假问题。他在《解释篇》第四章中说“因此，让我们撇开所有其他类型的句子，而只谈命题，因为命题才是与我们目前的研究有关的，而对于其他类型句子的探讨，不如说是属于修辞学或诗学的范围。”（17a5.）

亚里士多德把命题首先分为简单的与复合的，他说：“再回头说一遍：在命题中间，有一种是简单的命题，即那种对于某事物断定了或否定了某些东西的命题；另一种命题是复合命题，即那些由简单命题合成的命题。”（同上 17a20.）

他把简单命题又分为肯定的与否定的。他说：“一个肯定命题是关于某一事物正面地断定了某些东西，一个否定命题是关于某一事物作了一种反面的断定。”（同上 17a25.）他接着说，那些具有同一的主项和谓项的肯定命题和否定命题，就称为矛盾命题。

他又指出命题有时涉及一个全称的主项（例如“人”），有时涉及一个单称的主项（例如“卡里亚斯”）。他接着说：“如果有人关于一个全称主项作了一个一般性的肯定命题和一个一般性的否定命题，则这两个命题乃是‘反对’命题”。（同上 17b2.）

亚里士多德指出：“在有关现存事物或已发生的事物的场合，命题不论其为肯定的或否定的，都必须或为正确的，或为错误的。至于一对矛盾命题，则正如上面所已指出的，不论主项是全称的并且命题乃是有一般性的，抑或主项是单称的，两个命题之中其一必定为正确的而其他必定为错误的；反之，当主项虽是全称的，但命题却并非有一般性的时候，就没有这种必然性。”（同上 18b27.）

他接着说“不过当主项是单称的，而被用来述说它的东西是属于将来的东西的时候，情形就不同了。”（同上 18a32.）

亚里士多德对模态命题也作了较详尽的讨论，我们现在把他的一张表列在下面：

“我们必须把下列各对命题视为矛盾命题：

可能有这件事。	不可能有这件事。
偶然有这件事。	并非偶然有这件事。
不可能有这件事。	并非不可能有这件事。
必然有这件事。	并非必然有这件事。
真的有这件事。	并非真的有这件事。"(同上 22a

11—14.)

(3)三段论　亚里士多德关于三段论的理论对后来形式逻辑的发展曾有很大的影响。但后人也曾有不少的误解。如下列三段论曾长期被看作亚里士多德三段论的一个例子:

所有的人都是会死的,
苏格拉底是人,
所以,苏格拉底是会死的。

但正如有些现代注释家指出的,这一例子在好几点上是与亚里士多德所讲的三段论不同的。首先"苏格拉底是人"是一个单称命题,而亚里士多德的三段论中是不用单称命题作前提的。其次,亚里士多德的三段论中,前提与结论是表示为蕴涵关系的。下面是《工具论》中原有的一个例子:

如果所有阔叶植物都是落叶的,
并且所有葡萄树都是阔叶植物,
则所有葡萄树都是落叶的。(《分析后篇》98b5—10.)

亚里士多德在讨论三段论时还有一个特点,就是他很少举具体的例子。关于正确的形式,他多数时候都是举的包含字母的图式。他举出的图式是像下面这种样子的:

如果所有 B 是 A,
并且所有 C 是 B,
则所有 C 是 A。

并且多数时候,他并不说"所有 B 是 A",而是说"A 对于所有 B 有所述说"或"A 属于所有 B"。下面是他举出的一个正确的形式：

如果 R 属于所有 S，

并且 P 属于有些 S，

则 P 属于有些 R。(《分析前篇》28b7.)

现在我们来讨论一个问题，即亚里士多德是否曾主张一切推理都可以还原为三段论。亚里士多德曾说，如果一个推理是正确的，那么它必定是采取三段论的形式。他把有的归纳推理也还原为三段论。

但亚里士多德也认为，有此推理是正确的，但却不具有三段论的形式，他举出了下列的例子：本体是不因非本体的东西被消灭而消灭的，但如果组成某一事物的元素被消灭了，那么由它们组成的事物也被破坏了。所以本体的任何一部分必定也是本体。他并且说，"必然的东西比三段论的范围广；因为每一个三段论都是必然的，但并非每一必然的都是三段论。"(《分析前篇》47a32—35.)

(4)模态三段论　这一部分理论包含在《分析前篇》第一卷第三章以及第八章至第二十二章中。模态三段论在亚里士多德以后，很少有人讨论，直到本世纪才有人又开始研究模态逻辑。

亚里士多德制定了有关模态三段论的规则。值得注意的是他认为在必然三段论中，一个必然前提与非模态的前提的某些组合可以得出必然结论。他为第一格立下的规则是：必然的大前提与非模态的小前提能够产生必然的结论，而非模态的大前提和必然的小前提则不能。其他两格的规则则是由第一格的规则推出的。依照这一规则，下列的推理形式是正确的。

所有 B 必然是 A，

所有 C 是 B，

所以，所有 C 必然是 A。

看来亚里士多德认为，因为 B 必然是 A，而 C 是 B 中的一个，所以

C 必然是 A。

这一类形式在古希腊时曾有人怀疑。提奥弗瑞斯塔斯等人认为:在模态三段论中,如果一个前提是必然的,另一个是非模态的,则结论应与较弱的前提一致,即应是非模态的。现代有的亚里士多德学者如英国的罗斯也认为亚里士多德提出的这一形式是错误的。但近年来有人从数理逻辑的模态逻辑观点来说明这一形式并没有错误,如卢卡西维奇在《亚里士多德的三段论理论》的第二版(1956)中所作的。这一问题尚待进一步的研究。

亚里士多德也讨论了或然三段论的各种形式。关于或然三段论的正确形式,他差不多都举出来了。在这里亚里士多德对于前提中的“可能”一词是理解为“既非不可能也非必然”。

他认为一个必然前提与另一个或然前提的有些组合可以得出一个非模态的结论。在第一格中,他提出了下列的规则,由一个否定的必然大前提与一个肯定的或然小前提,可以得出一个否定的非模态的结论。例如:

所有 B 必然不是 A,

所有 C 可能是 B,

所以没有 C 是 A。

(5)证明　亚里士多德在《分析前篇》中主要陈述了关于三段论的理论,而在《分析后篇》中则陈述了关于科学知识的理论,即关于证明的理论。他首先指出要通过推理获得知识就必须由已有的知识出发。关于已有的原始知识,亚里士多德认为可以分为关于事实的知识和关于字的意义的知识。他举排中律作为第一种的例子。关于字的意义的,他举了“三角形”的意义为例。

亚里士多德的证明理论主要是以当时的数学为典范,这是因为当时只有数学是发展得较完整的。在数十年后出现的欧几里德《几何原本》中,可以发现有些地方是与亚里士多德的理论一样的,可能是受了他的影响。

亚里士多德认为,当我们知道了一个事实的真正原因并且知道了这个事实本身是必然的以后,才算是有了关于这一事实的科学知识。在这里前提必须是真的。这使得科学的三段论与一般的三段论不同。

亚里士多德讨论了科学的证明所需要的各种不同的前提。第一种是对一切事物都真的规律,他举出了矛盾律,排中律以及"相等的减相等的其差必等"等等。他称这些为公理。第二种是一门科学所特有的一些设定,他称之为"设定"。这又分为两种:关于某些事物存在的设定和定义。这里的定义是指语词定义。

亚里士多德认为,一门科学中用到的专门名词的意义以及这门科学的原始对象的存在必须事先设定。而非原始的东西的存在,则必须加以证明。

后来欧几里德的《几何原本》中有许多地方与亚氏的说法相似。如欧氏的公理与亚氏的公理是相近的。欧氏的"定义"即亚氏的"定义",都是指专门名词的语词定义。但欧氏并没有列举关于存在的设定。还有欧氏的"公设"(这里所说的"公设"指任何可以证明而未加证明即行设定的东西),在亚氏书中并无相当的东西。亚氏曾用过这一名词,但并不是作为科学的必要的设定。

亚里士多德指出,证明必须有出发点,这些出发点是不需要也不可能加以证明的。他驳斥了希腊当时流行的一种见解,认为一切知识都要经过证明。他也讨论了在科学证明中可能出现的几种错误。第一种错误是前提不真。例如在几何学的证明中,假定了一个三角形的内角之和不等于二直角。第二种错误是推理形式不正确。第三种错误是违反了关于一门科学中的证明必须从本门科学中的前提出发的原则。例如在几何学的证明中利用非几何学的前提。

(6)思维的基本规律　亚里士多德没有明确地陈述过同一律。关于矛盾律和排中律，则他在《形而上学》中有整整一卷加以论述。他对于这两条规律有时是作为关于事物的规律加以陈述的，有时则是作为关于思维的规律来陈述的。

在下面这些陈述中，亚里士多德把矛盾律看作关于事物的规律：

1."在同一时间和同一方面，同一事物不能既具有又不具有某一属性。"(《形而上学》1005b18—21)

2."任何事物不能同时既是又不是。"(《形而上学》1006a3.)

3."同一事物不能同时既是又不是，或者不能同时具有任何其他的两个相反的属性。"(《形而上学》1061b35—1062a1)

而在下面另一些陈述中，亚里士多德则是把矛盾律看作关于思维的规律：

4."两个互相矛盾的命题不能同时都是真的。"(《形而上学》1011b13—14)

5."因为关于同一事物的矛盾命题不能同时都是真的，关于同一事物的反对命题显然地也不能同时都真。"(《形而上学》1011b15—16)

6."对于同一事物，两个互相矛盾的命题不能同时都是真的，两个反对命题也是如此。"(《形而上学》1063b15—18)

下面关于排中律亚氏也是作为思维的规律加以陈述的。

7."另一方面在互相矛盾的谓项之间没有第三者，对于一个主项我们必须或者肯定或者否定某一谓项。"(《形而上学》1011b24—25)

8."如果对于任何事物，我们必须或者肯定它，或者否定它，那么，肯定与否定就不可能都是假的。"(《形而上学》1012b11—13)

亚里士多德似乎是由同一事物不能在同一时间同一方面具有

相反的属性这一事实,进而推论到关于同一事物的相矛盾的命题不能同时都真。(《形而上学》第四卷第三章中有一节,陈述了这一思想)

亚里士多德没有企图去证明这些规律。他认为这些规律是一切证明的出发点。但他在《形而上学》第四卷中用了很多篇幅来驳斥否认矛盾律和排中律的人。他认为那些否认矛盾律的人实际上已假定了矛盾律。他说否认矛盾律的人必须要说话。比如说,这个人说了一个字"人"。他显然是用这个字来表达一定的意义。他已经断定了"是人"是某一确定的东西,而不是"不是人"。所以在"人"的同一意义下,是人的就不是非人。这样,他已经承认了矛盾律。

亚里士多德还认为,如果否认了矛盾律,就抹杀了客观世界中一切事物的差别。他说假使矛盾律失效,那么一个人就可以是非人,因之也可以是一条船、一堵墙或其他事物。亚里士多德总的论点是,对于矛盾律的否定已经蕴涵了对于矛盾律的肯定。在《形而上学》中,他也提出了许多论证来驳斥否认排中律的人。

(7)归纳法　亚里士多德关于归纳法的说法是不一致的。在《工具论》中有的地方讲的归纳是指简单枚举法,而另一些地方讲的却是完全归纳法。大致说来,在一般认为写成较早的《论辩篇》中,他讲的主要是简单枚举法,而在后来写成的《分析前篇》中所讲的归纳则主要是完全归纳法。《分析后篇》中所讲的多数可以认为是指简单枚举法,但有的却是指所谓"直观归纳法"。看来他早期所讲的归纳主要是简单枚举法,后来在创立了关于三段论的理论后,则又提出归纳法可以还原为三段论的说法。

他在《论辩篇》中说:"在作出了这些定义以后,我们必须分别有多少种辩证的论辩。一方面有归纳,另一方面有推论。什么是推论,前面已经说过。归纳是由个别到一般的过渡。例如假定熟练的掌舵者是最有效率的,同样地,熟练的御车者也是一样,于是断定,一般说来熟练的人能把他的专业工作做得最好。"(105a10—16)

从所举的例子可以看出,这里所说的归纳是指简单枚举法。

他又说,"如果一个人已经以若干情形为根据,作出了归纳,而答辩者拒绝承认这一个一般的命题,则要求他提出反驳的意见是公平的。但在一个人自己没有先陈述在哪些情形中这是如此,而要求答辩者说,在哪些情形中这不是如此,则是不公平的,因为一个人应该先作出归纳,然后再要求别人提出反驳。"(《论辩篇》157a33—39)这也无疑是指简单枚举法说的。

但是,在《分析前篇》中则有下列这一段话:"归纳,或者说归纳产生的三段论,是在一个项和中项之间,通过另一项建立一种三段论的关系。例如,如果B是A与C之间的中项,它就是通过C来证明A属于B。因为这是我们进行归纳的方式。……但我们必须将C理解为包括所有的个别。因为归纳是通过枚举所有的情形而进行的。"(68b15—29)亚里士多德在这里明白提出"归纳是通过枚举所有的情形而进行的"。这个说法与《论辩篇》中所讲的是明显地不一致的。

他在《分析后篇》中最后一段则又把通过感知直接形成共相的过程称作归纳。他说:"显然我们必须通过归纳来得知原始前提;因为由感知生成共相的方法就是归纳的。"(《分析后篇》100b3—5)值得注意,亚里士多德在这里提出了原始前提必须由归纳得来。这说明他对于归纳还是很重视的。

以上是对于亚里士多德的逻辑学说的一个简单介绍。从他的整个哲学来看,在认识论上,亚里士多德和柏拉图不同,他主张知识起源于感觉,因此他接近唯物主义。列宁在《哲学笔记》中曾说,亚里士多德对柏拉图的"理念"的批评是对唯心主义的批评。总的说来，他的哲学既动摇于唯物主义与唯心主义之间，也包含着不少的积极因素。

他的关于演绎逻辑的理论，特别是关于三段论的部分，直到今天来看，还是有价值的，例如关于模态三段论的理论虽然其中可能有一些错误，但还是值得进一步加以研究的。

斯多阿派与伊壁鸠鲁派的逻辑学说

斯多阿派的克利西普斯(Chrysippus)等人曾对逻辑学的发展作出了贡献。他们的主要贡献在于发展了命题的逻辑。

他们将复合命题分为假言的、选言的与联言的。他们认为一个假言命题是由"如果，则"把两个命题联结起来而成的复合命题，而"如果，则"这一联结词的作用在于指出，第二个命题是由第一个命题得出的。他们对于假言命题的意义有着几种说法，一种是费洛(Philo)的说法。他认为，一个假言命题是真的，当且仅当并非前件真而后件假。这也就是说，一个假言命题只要不是前件真而后件假，就算是真的。因而当前件真后件真、前件假后件真或前后件都假时，一个假言命题都是真的。另一种是提奥多洛斯(Diodorus)的说法。他认为，在一个真的假言命题中不可能前件真而后件假。

他们所说的选言命题有两种，一种是不相容的选言，另一种是较弱的。

他们也曾研究了各种复合命题中间的关系。克利西普斯曾指出"如果 p 则 q"与"并非(p 而且非 q)"相等。

斯多阿派曾提出一些重要的推理规则。就现存材料看来有下列五种：

1. 由"如果 p 则 q"与"p"，推出"q"。

2. 由"如果 p 则 q"与"非 q"，推出"非 p"。

3. 由"并非(p 而且 q)"与"p"，推出"非 q"。

4. 由“p 或 q”与“p”，推出“非 q”。

5. 由“p 或 q”与“非 p”，推出“q”。

古希腊的逻辑看来有两种不同的倾向，一种是演绎的，另一种是归纳的。亚里士多德与斯多阿派代表前一种倾向，而伊壁鸠鲁派则代表后一种倾向。

我们现在简单介绍一些包含在费洛德摩斯(Philodemos)的《论符号与归纳推理》这一篇著作中的一些材料。(费洛德摩斯大约生活于公元前110年至前39年之间。他的这篇著作在所谓《赫尔克拉尼姆卷子》(《Herculan eum Roll》)之中。这一卷子中的材料目前已读通的大约有三十篇。)

伊壁鸠鲁派曾与斯多阿派进行争论。这一论争值得注意，因为这实际是唯物主义与唯心主义的斗争，即前者代表唯物主义而后者代表唯心主义。伊壁鸠鲁派认为自然规律应该利用归纳法来获得。伊壁鸠鲁派这方面的理论是与当时希腊的医学有关的。从一些医学著作中可以看出来，在当时的医学中，广泛地应用了归纳方法如契合法等。

伊壁鸠鲁派主张“根据类似进行的推理”，即归纳法，是惟一的科学方法。而斯多阿派则对伊壁鸠鲁派提出了下列的批评：

1. 伊壁鸠鲁派的归纳方法是在形式上不正确的。

2. 伊壁鸠鲁派的方法允许由人类经验范围内某些对象的存在或不存在，推论出经验范围外这些事物的存在或不存在。

3. 例外的存在使归纳推理成为不可能，因为这些例外随时能推翻由归纳得来的结论。

4. 归纳推理的正确性要依靠下列的基本前提，即不明显的事物是与明显的事物类似的。但这样，归纳推理就成为演绎推理了。(所谓“明显的事物”就是可以依靠感知来认识而不必依靠推理的东西。)

5. 归纳推理是不可能的，因为部分的枚举是不充分的，而完全的枚举是不可能的。

伊壁鸠鲁派则提出了下列几点作为答复：

1. 归纳方法是以下列事实为基础的，即明显的事物与不明显的事物之间有类似之处。

2. 推理不能以偶然的类似性为基础，而是以固定的类似性为基础。

3. 例外事件并不使归纳方法失效，相反地支持了它。

4. 归纳方法并不是以限于我们实际经验范围以内的事物为根据，而是以可以证明为不产生矛盾的事实为根据。

5. 穷尽的列举是不必要的，检查一些相同的和不同的事实就足够了。一个归纳推理有时可以根据一件或两件事实作出来。

这一争论是很有意义的。斯多阿派对归纳法的批评在近代有些逻辑著作中还在重复。而从伊壁鸠鲁派提出的论点中(特别是上面的5.)可以看出，他们所主张的归纳法已经不是简单枚举法，而是一种确定因果联系的方法。

第三节　欧洲中世纪封建主义时期的逻辑学说

欧洲在中世纪封建主义时期，占统治地位的哲学是为教会服务的经院哲学。经院哲学中有着各种派别，它们之间存在着冲突，这反映了正在发展中的封建主义制度内部的阶级斗争。十世纪和十一世纪出现的唯名论与唯实论的斗争是关于共相性质问题的争论，这是与逻辑学有密切关系的。唯实论者认为共相是可以脱离个别事物而客观存在的，唯名论者则否认共相可以有这种客观实在性，而认为共相只是名字。马克思在《神圣家族》中曾指出，唯名论是中世纪唯物主义的最初表现。

在形式逻辑的基本内容方面,这一时期的发展不多。在演绎逻辑方面,六世纪时的波底乌斯(Boethius)和十二世纪至十四世纪时的一些逻辑学家曾有一些发展。但这些结果曾长期被遗忘,直至近代才重新被发现。归纳逻辑则没有什么发展。

本节将仅对波底乌斯和十二世纪至十四世纪时一些逻辑学家的理论作一些简单的介绍。

六世纪时的波底乌斯曾发展了关于假言推理和选言推理的理论。他的结果主要包含在《论假言三段论》(《de Syllogismo Hypothetico》)一书中。他使用了逻辑公式,并用字母代表命题,有时也用"这个"("hoc")和:"那个"("illud")来代表命题。他所用的逻辑联结词有下列这几个:

1."非"

2."如果,则"

3."或者,或者"

4."并且","但"

5."所以"

例如在波底乌斯的书中有下列关于推理规则的陈述:

"如果 a 成立,则 b 成立,

但 a 成立,

所以 b 成立。"(《论假言三段论》第 615 页。)

波底乌斯举出了假言推理的各种推理图式,其中除去有"肯定方式"与"否定方式"外还有像下列的图式:

由"如果 a,则 b"并且"如果 b,则 c"推出"如果 a,则 c"。

由"如果 a,则 b"并且"如果 b,则 c"推出"如果非 c,则非 a"。

波底乌斯所发展的命题逻辑已经是相当完整的。但这些结果在六世纪至十一世纪这几百年间没有被人注意。

十二世纪至十四世纪这一段时间内，又有一些人在形式逻辑方面作出了一些值得注意的发展。

我们将只介绍一下布里丹(Buridan)等人关于演绎推理的理论。他们将推理称作“推演”(conseguentiae)，布里丹关于“推演”作了下列的说明：“一个推演是一个假言命题，因为它是由若干命题，通过联结词‘如果，则’或‘所以’或者与之相等的字联结而成的。这些字指出，在它们所联结起来的命题之中，其中一个是由其他命题得出的。它们的区别乃在于‘如果，则’表示紧接在它后面的是前件，再下面一个是后件；‘所以’所表示的则恰好相反。”(《论推演》第1编，第3章。)布里丹在这里实际上将推出关系定义为“如果，则”所表示的关系，而关于“如果，则”布里丹有下列的定义：“一个命题称作另一个命题的前件，如果当这两个命题给定时，不管这两个命题的意义是什么，不可能第一个是真的，而第二个是假的。”

布里丹认为推演可分为“形式推演”与“实质推演”。关于二者的区别，布里丹说：“一个推演称作是形式的，如果当它保持同一形式时，对于任何项而言，都是成立的；或者如果你喜欢精确的语言，那么可以说，一个形式推演是这样的一个推演，每一个具有这一形式的语句都是一个有效的推演。……但一个实质推演则是这样的一个推演，并非每一具有相似形式的语句都是一个有效的推演，或者像通常所说的，当它保持同一形式时，不一定对所有的项都成立。”(《论推演》第1编，第4章。)

这一时期还有些人对悖论进行了研究。曾有人提出了下列的悖论：

(a)：(b)是真的，

(b)：(a)是假的。

这是“说谎者”悖论的一个新的形式。

这一时期的逻辑在思维形式的研究方面有不少是值得重视的结果。过去一些逻辑史著作对之注意不够,还有待进一步的研究。

第四节　欧洲近代资本主义时期的逻辑学说

培根的归纳逻辑

培根(F. Bacon 1561—1626)是近代重要的唯物主义哲学家。他的逻辑著作《新工具论》一书是1620年出版的。在这书的开端,培根指出了当时科学发展上的缺点以及那时流行的逻辑的无用,他说:“现在流行的逻辑与其说是帮助人们寻求真理,不如说是把植根于一般人接受的观念中的错误固定下来。所以它的坏作用多于好作用。”

“三段论不是应用于科学的基本原理,而是徒劳无益地应用于中间的公理;它是不足以穷自然之奥秘的。所以它只是强人同意一个命题,但没有把握事物。”

“三段论是由命题组成的,命题是由字组成的,而字是观念的符号。所以如果观念本身(这是根本的东西)是混乱的并且是由事实就地抽象出来的,则在其上层建筑中不可能有确定性。我们惟一的希望在于真正的归纳。”(第1卷,第12节至第14节)

培根对比了两种获得知识的方法,即对于自然的预测和对于自然的解释。在前一方法中,人们由特殊直接过渡到最高一级的一般,于是由此演绎出所有中间的命题。在后一方法中,人们借助于归纳逐步上升,先由特殊上升到最低一级的公理,再到中间的公理,最后上升到最高一级。培根认为这是真正可靠的方法,而过去还没有应用过。

培根接着提出了关于“偶像”的理论。“偶像”这个词,培根是用来指科学方法中的谬误。他从来没有用过这个词的普通意义(即“假神”),他曾说关于偶像的理论与解释自然的关系,正像逻辑谬误的理论与普通逻辑的关系一样。所谓偶像就是科学方法中可能产生的谬误。

他把偶像分四种,即:1. 种族偶像;2. 洞穴偶像;3. 市场偶像;4. 剧场偶像。所谓种族偶像是指人类共同有的可能发生错误的倾向。洞穴偶像是指来源于个别人的心理状态和教育习惯等的谬误(“洞穴”一词看来是借用了柏拉图《共和国》第7卷开首的隐喻)。所谓市场偶像是指由于语言影响产生的谬误。所谓剧场偶像则是指由于错误的哲学理论和歪曲的论证的影响而产生的错误。培根也把这一种谬误称作系统偶像。如果换成现代的用语,我们可以将这四种谬误称作:1. 源于生理的;2. 源于个别心理的;3. 源于语言的;4. 源于错误理论的。

他也讨论了妨碍科学进步的各种原因。他认为第一个原因是:历史上真正适合于科学发展的时代是比较短的。其次,在适合于科学发展的时代中,与科学最有关系的自然哲学常常被忽视。在希腊罗马时期人们注重道德哲学而中世纪则长期从事于神学。

培根认为另一个原因是:科学真正的目的,即增进人类福利,一直被忘却了。还有一个原因是对于以往的成就过分重视。但他认为最大的障碍是对于科学进步的可能性缺乏信心。他于是论证了这种可能性,提出了他认为真正有效的科学方法。他说:“在建立公理的时候,必须设计一种与以往所用的不同的归纳,必须不仅用它来证明和发现所谓的基本原理,也用来证明和发现范围较小的公理,以及中间的和一切的公理。因为简单枚举的归纳是幼稚的,它的结论是脆弱的,有遇到反例的危险;并且它取决于太少的事实,和仅仅是手头的事实。用在科学和技术的发现和证明中的归纳必须借助于正确的拒斥和排除的方法来分析自然;并且在有了充分的反面的例子以后,得出关于正面的例子的结论。这是还没有做过和尝试过的,除了柏拉图为了讨论定义和观念,曾在一定程度上应用了这种形式的归纳。但为了使这种归纳或论证很好地进行工作,要做许多事情而这是从来没有人想到过的。因此在这方面今后应付出比过去用在三段论方面更大的劳动。并且这种归纳必须不仅用来发现公理,而且用来形成观念。我们的主要希望寄托于这种归纳。"(第1卷,第105节)

在第2卷中,培根具体地讨论了各种科学方法。他提出了借消去不相干的因素以确定因果联系的方法。他说:"所以真正的归纳的第一项工作(就发现形式而言)是排除下列的性质,即在有的场合中,给定的性质出现,而这一性质却不出现者;或在有的场合中,给定的性质不出现,而这一性质却出现者;或在有的场合中,给定的性质减少,而这一性质却在增多,或当给定的性质增多时,这一性质却在减少者。"(第2卷,第16节)

至于什么是"形式"呢?培根解释说:"当我说形式的时候,我是指的绝对现实的规律和规定性,这些规律和规定性统辖和组成每一种物质的简单性质,如热、光、重量。所以热的形式或光的形式就是热的规律或光的规律。"(第2卷,第17节)培根在这里清楚地说明了他所说的"形式"就是规律。他以研究"热的形式"为例,说明了三种确定因果联系的方法。(即列出"出现表"、"不出现表"与"比较表"等)

由上面所说的可以看出来,现代归纳逻辑中所讲的那些确定因果联系的方法,许多在培根的著作中已经讲到。他在归纳逻辑的发展方面是有重要贡献的。

培根是英国唯物主义与实验科学的始祖,他尖锐地批评了中世纪的哲学。

但他的哲学有其时代的局限性。这种局限性也反映到他的逻辑学说中。这就是他有着专凭经验轻视思维的倾向。恩格斯曾说:“当我们要寻找极端的幻想、盲从和迷信时,如果不到那种像德国自然哲学一样竭力把客观世界嵌入自己主观思维的框子里的自然科学派别中去寻找,而到那种单凭经验、非常蔑视思维、实际上走到了极端缺乏思想的地步的相反的派别中去寻找,那末我们就大致不会犯什么错误。后一个学派是在英国占统治地位的。它的始祖,备受称颂的弗兰西斯·培根,曾经渴望应用他的新的经验归纳法来首先达到延年益寿,某种程度上的返老还童,改容换貌,脱胎换骨,创造新种,呼风唤雨。”(《自然辩证法》,人民出版社 1971 年版,第 34 页)

培根学说中的这种局限性,到了十九世纪英国一些经验主义哲学家的手中就更趋于极端,而产生了错误的归纳万能论。

《波尔罗亚尔逻辑》

《波尔罗亚尔逻辑》(《Port - Royal Logic》)原名《思维的艺术》。是笛卡儿学派的亚诺德(A. Arnauld 1612—1694)与尼柯(P. Nicole 1625—1695)合著的,原书在 1662 年出版。是在欧洲影响颇大的一本逻辑教本。

这部书分为四部分,分别讨论观念(即概念)、命题、推理与方法。

在有关观念的一部分中,关于内涵与外延的讨论是值得注意的。因为这一区别在中世纪长期被忽略,直到这一书中才重新被提出。

这书中关于内涵与外延的定义如下:“在普遍观念中,有两个东西需要加以区别,即内涵与外延。包含在一个观念之中,并且一旦失去即不再成为这一观念的那些属性,我称之为一个观念的内涵;例如三角形这一观念的内涵包括大小,形状,三条线,三个角,三内角等于二直角等等。”“一个观念所适用的那些对象,我称之为一个观念的外延;它们也叫作一个普遍项的较低的类,而这一普遍项对于它们来说,则称作较高的类。例如三角形这一观念,一般说来,包括所有不同的三角形。”(英译本,第49页)在另一处,他们说:“同样地,在这里我们必须记得我们已经说过的,在观念中必须区别内涵与外延,内涵指被包含在一个观念中的属性,外延指包含这一观念的事物。”(英译本,第168页)这里还有一点值得注意,就是按照这一书中的定义,内涵是指被包含在概念中的那些属性。

在概念这一部分中,他们也着重讨论了语词定义与实质定义的区别。他们说:“这是所谓一个语词的定义(definitio nominio),几何学家曾加以很好地利用,并且必须把它与一个事物的定义(definitorei)区别开来,例如‘人是理性动物’‘时间是运动的尺度’。这里我们认为‘人’与‘时间’等观念包含着‘理性动物’或‘运动的尺度’等观念。而在一个名词的定义中,则像我们已经说过的,我们只考虑一种声音,而在以后,我们规定那一个声音是一个观念的符号,而用其他字来指示这一概念。”(英译本,第79页)

在关于命题那一部分中,他们首先讨论了字与命题的关系,比较详细地讨论了名词、代名词与动词等。

在命题的分类方面,这书把命题首先分为简单与复合,然后把复合的又分为明显复合与隐含复合两种。前者再分为联言与选言,条件与因果,相关与不相关六种。后者再分为,独有或只有式、除非式、比较式、先后式等四种。他们在命题的分类方面是尽量结合语言的特点的。

此外,他们也把命题分为“真命题”、“假命题”、“可能真的命题”与“可能程度较小的命题”等。他们说:“命题又依照它们的实质而分为‘真’与‘假’。并很明显,没有既不真也不假的命题。因为当一个代表我们对事物所作的判断符合真理时,它是真的;当它不符合时，就是假的。由于我们时常缺乏辨别真与假的能力，除去那些就我们看来确定真或确定假的命题以外，还有一些看来是真的，但它们的真理性并不十分明显可以使我们不必担心它们是假的，或者对它们的虚假性不能十分确定。这些我们称之为'可能真的'，而后者则称之为'可能较小的'"。(英译本，第111页)

他们把模态命题分为：(1)可能；(2)偶然；(3)不可能；(4)必然。

这书中关于三段论的理论也是值得注意的。他们认为所有推理都可以还原为三段论。他们把三段论首先分为：(1)简单的；(2)联言的。所谓联言的三段论，实际上即假言推理、选言推理等，而简单的三段论则又分为非复合的与复合的。前者即通常的三段论，而后者则就他们所给出的例子来看，实际上是一些关系推理。他们给出了下列的例子：

"神的法律要求我们尊敬国王，
路易十四是国王，
所以神的法律要求我们尊敬路易十四。"(英译本，第204页。)

关于这一类推理，这书中还有下列的例子：

"每一个好的牧羊人都是准备为他的羊献出生命的，
今天很少有准备为他的羊献出生命的牧羊人，
所以今天很少有好的牧羊人。"(英译本，第205页。)

在最后一部分讨论"方法"时，他们首先讨论了有关认识论的一些问题，然后讨论了分析与综合。在这一部分，简单地涉及了归纳方法。他们说："有两种方法，一种是用来发现真理的，称为'分析'或'分解方法'或'发明方法'；另一种则是当我们发现了某种真理时，用来向别人说明的方法，称为'综合'或'合成方法'，也可以称作'理论的方法'。……

“关于事物的问题可以归结为四种：

“第一种是由果求因。例如当我们知道磁铁的各种效果后，我们探讨它们的原因。在知道了通常归之于‘自然惧怕真空’的各种效果后，我们探讨这是不是真正的原因，而且已经发现它不是。我们在知道了海的涨落潮以后，我们探究这一巨大而规则的运动的原因是什么。

“第二种是由因求果。例如早已知道风和水对于物体的运动具有巨大的力量，但古人由于没有充分研究这些原因可能产生的效果，没有像后来那样，利用风车把它们用到对社会十分有用的目的方面。……

“第三种是由部分求全体。例如，在已有许多数目时，我们把它们加起来，求出它们的总和：或者在有两个数时，我们把它们乘起来，求它们的乘积。

“第四种是由全体和某一部分求另一部分，例如在有两个数时，从一个之中减去另一个。”（英译本，第303—304页）

这里的前两种显然是讨论归纳方法，但他们并不称之为归纳。这书有两处明确讲到了归纳，都是在讨论逻辑谬误的那一部分中。一处是在第3编第19章中。在那里，他们说：“在考察了许多特殊事物以后，我们上升到关于一般真理的知识——这称作归纳。当我们考察了许多海，发现其中的水都是咸的，考察了许多河，发现其中的水都是淡水时，我们就一般地作出结论说，海水是咸的，河水是淡的。使我们发现黄金在火中不会减损的各种实验使得我们作出判断说，对于所有的黄金来说，都是如此。因为没有发现过不能说话的人，我们就确信，所有的人都会说话，也就是说，都能用声音表达他们的思想。我们所有的知识都是这样开始的，因为个别的事物比共相先呈现出来，虽然到了后来，共相帮助我们来了解个别事物。

“但归纳单独使用,永远不能成为获得完全知识的可靠的方法,这一点我们将在另一处加以说明。”(英译本,第 260 页)

还有一段是在第 3 编第 20 章中。

其中有一段说:

“由某些特殊经验推出一般命题的错误归纳是人们的错误推理的最普通的来源。三四个例子就形成一条格言,而被他们用来作为判定一切事物的一条原理。

“有许多病是最好的医生也没有能够发现的,各种疗法时常无效,于是不慎重的人就由此作出结论说,医学是绝对无用的,只是一种骗人的东西。”(英译本,第 282—283 页)

这里讨论了归纳法中可能发生的轻率概括的错误。这书仅仅在这几处讲到了归纳法。所以可以说,在这部书中,归纳法讲得极少。作者对归纳法是不重视的,像前面所引的,他们曾说,归纳法单独作用,永远不能成为获得知识的可靠方法。

关于方法这一部分还比较详细地讨论了几何学家常用的几种方法。他们列举了有关几何学证明的五条规则,这是值得注意的。这五条规则如下:

定义的规则:

1. 对于稍有不清楚或歧义的词,只有经过下定义后,才能使用。

2. 在定义中仅用已知或已完全解释过的词。

公理的规则:

3. 仅以完全自明的作公理。

证明的规则:

4. 应证明一切稍有不清楚的命题,在证明中只用到前面的定义,或已建立的公理,或已证明的命题,或所讨论的对象的构造(当可以施加某种运算时)。

5. 对于含混的词必须在思想中,用限制和解释它们的词来代替。

关于同一律等思维规律,这本书里只在第四部分标题为"关于一些重要的并且可用作重大真理的原理的公理"的第七章中,在讨论公理时提到了一次,用作重大真理的原理的公理。作者在这一章的第一段中说:"但那些通常给出的(公理)用处极少,以至不值得去知道它们。被称作知识的第一原理的那一条——同一事物既存在又不存在是不可能的——是非常清楚确定的,但我看不出它能供给我们任何知识。"(英译本,第326页)由这段话可以看出,他们显然对于同一律、矛盾律等是不重视的。

亚诺德与尼柯这部著作中的大部分内容只是汇集了当时逻辑学中已有的成果,独创的东西是不多的。并且在哲学理论方面采用了笛卡儿派的说法,还有一些错误的地方。但这书流传较广,并由它可以看出十七世纪与十八世纪时欧洲形式逻辑教科书的面貌,因之我们在这里作了较详细的介绍。

康德的逻辑学说

康德(1724—1804)是十八世纪德国唯心主义的代表人物。耶希受康德的委托,用康德的讲义笔记为基础在1800年以简易手册形式出版了《逻辑》这本书。这是康德惟一的完整的逻辑著作。此外可以在他的手稿片断中找到一些关于逻辑的材料。他的主要著作《纯粹理性批判》中也包含有一些对于逻辑的看法。康德对逻辑的一些看法,对后来是有影响的,因此我们要讲到他。

康德对于逻辑的看法,可以分下列几点:

第一,康德认为逻辑应分为一般逻辑与先验逻辑。他所说的先验逻辑是关于人类认识的来源以及科学知识(特别是数学与物理的知识)何以可靠等问题,实际上就是认识论。他所说的一般逻辑则相当于形式逻辑。他认为一般逻辑可以分为“纯粹的”与“应用的”。纯粹的一般逻辑只研究思维的先验原则,并且只研究形式的原则,而不考虑内容。而应用的一般逻辑则讨论具体思维的经验条件,并且需要心理学的帮助。(康德的学生们后来不用“应用逻辑”这一名称,而只谈经验的逻辑。)

耶希所编的手册中,有些看来不一贯的地方。有时康德说,逻辑既从形式方面又从内容方面研究思维;有时又说,逻辑仅仅限于研究纯粹的形式(康德著作的编者哈尔登斯坦等人曾对此作了修改)。

在已发表的关于逻辑问题的康德手稿中,也是这样的情形。在有些地方说,逻辑仅仅研究形式,而在另一些地方却说,既研究形式,也研究内容。

看来问题的解答是:当康德说逻辑既研究形式又研究内容时,他所指的是先验逻辑,而当他说,逻辑仅仅研究形式时,他指的是形式逻辑。

康德在《手稿片断》第 1627 号中写道:“一般逻辑所展示的只是思维的形式,而不是素材。它撇开认识的一切内容。”

在《手稿片断》第 1619 号中写道:“理智是规则的能力。关于理智的一般科学,只提出思维的必然规律……理智的必然规则是一般规则,而理智在一切方面的一般规则只是形式规则。”

在《手稿片断》第 2162 号中又写道:“我们在逻辑中只能指出真理的形式标准。也就是知识——即与对象(素材)无关的知识——一致的条件;这些标准是消极的形式的正确性。如果一般地谈知识,那么所谈的只能是形式而已。”

这些都是明确地说,逻辑只研究形式。但康德在《手稿片断》第 1629 号中说:“名称。逻辑。关于理性的科学。不仅就形式来说,而且就对象来说都是理性的科学。”在《逻辑》一书中也有着下列的一段："无论就素材或形式来说，都是关于理性的科学，因为它的规则不是从经验中汲取的，同时又因为它以理性为对象。因此逻辑是理智和理性的自我认识……。"

康德对于判断的分类，对于以后逻辑学的影响也是很大的。康德以判断的量、质、关系与模态为标准，对判断作了四次分类。从量方面，判断可分为：全称判断、特称判断与单称判断。从质方面，判断可分为：肯定判断，否定判断与无限判断。从关系方面，判断可分为：直言判断、假言判断与选言判断。从模态方面，判断可以分为：或然判断、实然判断与确然判断。

康德的看法对后来逻辑学有影响的另一点，是分析判断与综合判断的区分。根据康德的说法，分析判断是这样的判断，在其中谓项 B 属于主项 A，而且包含在概念 A 之中。综合判断则是这样的一种判断，在其中谓项 B 与主项 A 通过这一判断联系起来，但 B 却完全在 A 之外。在分析判断中，这一联结可以看作是同一关系，而在综合判断中则不是。

康德还曾经强调，形式逻辑是研究思维的纯粹形式的。（"形式逻辑"这一名词不是康德最先提出的，但是在康德以后才广泛地被采用。）

关于康德哲学的特点，列宁在《唯物主义和经验批判主义》一书中，曾作了极其扼要的说明，他说："康德哲学的基本特征是调和唯物主义和唯心主义，使二者妥协，使各种相互对立的哲学派别结合在一个体系中。当康德承认我们以外的某种东西、某种自在之物和我们表象相符合的时候，他是唯物主义者；当康德宣称这个自在之物是不可认识的、超验的、彼岸的时候，他是唯心主义者。在康德承认经验、感觉是我们知识的惟一泉源时，他是在把自己的哲学引向感觉论，并且在一定的条件下通过感觉论而引向唯物主义。在康德承认空间、时间、因果性等等的先天性时，他就把自己的哲

学引向唯心主义。”(《列宁全集》,第 14 卷,第 203 页)

正是他的哲学的唯心主义的部分,使他的逻辑理论中包含了一些错误的论点。他由先验主义的立场出发,认为思维规律没有客观基础,而客观事物的规律反倒是主观的思维规律投射出去的结果。这显然是错误的。他认为逻辑形式不是由具体内容抽象得来的,而是先于经验的。这也是错误的。因为虽然在形式逻辑中陈述一些命题与推理的形式时需要暂时撇开其具体内容,但却不能因此就说这些形式是先于经验的东西。

穆勒的归纳逻辑

穆勒(J.S.Mill 1806—1873)是十九世纪英国经验主义哲学家,也是培根,惠威尔,赫色尔等人以后,对归纳逻辑有所发展的人。他的主要逻辑著作是《逻辑体系》(《System of Logic》1843)。这书分六卷:1. 名与命题;2. 推理;3. 归纳;4. 属于归纳的一些方法;5. 谬误;6. 道德科学的逻辑。

在引论中,穆勒提出了他的逻辑定义。他先提出了下述定义:“逻辑是研究人类知性在追求真理时的活动的科学。”(“引论”第 3 节)然后他指出,需要对范围再加以限制。他说“逻辑的领域应限于我们由已知真理作出推论所构成的那一部分知识。”(同上)他又说:“逻辑是有关属于估计证据的知性活动的科学,包括由已知真理推出未知的过程的本身以及所有附属的理智活动。”(“引论”第 7 节)

在名与命题这一部分,关于名,穆勒采用了霍布斯的定义。他说:“一个名是一个任意选取作为记号的字,这个记号能够在我们心中引起一个与我们过去曾有过的某种思想相同的思想,并且当我们把它说给其他人听时,它将成为说话的人所具有的思想的符号。”(第 1 卷,第 2 章,第 1 节)

关于命题，穆勒说："一个命题，我们前面已经说过，是论辩的一部分，在其中一个谓项对一个主项有所肯定或有所否定。"（第1卷，第4章，第1节）

关于命题的分类，他说："由于命题是一个论辩的一部分，在其中有的东西对其他东西有所肯定或有所否定，命题的第一种分类是肯定与否定。"（第1卷，第4章，第2节）他接着说："命题的第二种分类是分为简单与复合。一个简单命题是一个命题，在其中一个谓项对一个主项有所肯定或有所否定。一个复杂命题是一个命题，在其中有着一个以上的主项或谓项，或二者都不止一个。"（第1卷，第4章，第3节）他又说，构成所谓复合命题的两个或多个命题都是无条件的，实际不是一个单一的命题而是一些命题。但另外有一种命题，虽然其中的主项和谓项也不止一个，却可以看作是构成一个单一的命题。他说："例子之一是简单命题用'或'联结起来，例如'或者A是B或者C是D'；或用'如果'联结起来，例如'A是B如果C是D'。前者称作'选言的'，后者称作'条件的'，'假言'一词原用以兼指二者。正如惠特莱以及其他一些人指出的，选言的形式可以还原为条件的，每一个选言命题与两个或多个条件命题等值。'或者A是B或者C是D'的意思是说如果A不是B，则C是D；并且如果C不是D，则A是B。所以，所有假言命题，虽然在形式上是选言的，而在意义上是条件的。假言的和条件的可以用作同义词。用逻辑学家的语言来说，包含的断定不依赖于一个条件的命题称作'直言的'。"（同上）

穆勒最后把命题分为"全称"、"特称"、"不定"与"单称"四种。他举出下列的例子：

"所有人都是会死的	全称
有些人是会死的	特称
人是会死的	不定

凯撒是会死的　　　　单称。”(第1卷,第4章,第4节。)

在关于推理那一部分中,穆勒首先讨论了归纳与演绎的区别,他说:“推论在我使用这一名词的推广意义之下,并且是与推理同义的情形之下,一般认为分为两种,即由特殊到一般的推论,和由一般到特殊的推论。”(第2卷,第1章,第3节)他也指出,由特殊到一般,和由一般到特殊的说法是一种简单的说法,并不十分精确。他说这种说法的真正的意义应该是说,归纳是由一些命题推出一个一般性较大的命题,而演绎则是由一些命题推出一个一般性较小或者相等的命题。

在穆勒的有关三段论的理论中,值得注意的是他的关于三段论的作用与价值的讨论。他说,在一个三段论中,如果结论里出现了一些前提中没有包含的东西,则这一个三段论是错误的;这是公认的事实。他接着说,对此有两种不同的意见,一种是认为虽然三段论有着上述的特点,三段论仍然是一种正确的推理;另一种意见,则认为由于三段论中包含有“窃题”,它是没有价值的。而他说:“我相信这两种意见都是根本错误的。”(第2卷,第3章,第1节)

穆勒认为一个三段论的结论确是提供了新知识的,但它却不是从具有全称命题形式的大前提推出的,而是从一些关于特殊事实的前提推出的。他说:“所有推理都是从特殊到特殊:全称命题只是已经作出的这种推理的记录,和为了作出更多这类推理用的简短公式。一个三段论的大前提就是这样的一个公式,并且结论不是由这一公式作出的推理,而是依照这一公式作出的推理;真正逻辑上的前件或前提是我们利用归纳由之得出那个全称命题的那些特殊事实。”(第2卷,第3章,第4节。重点是引者加的)穆勒在这里提出了所有推理都是从特殊到特殊的说法,而把表示事物规律的全称命题说成是一些表示特殊事实的特殊命题的记录。这是由他的经验主义哲学导出的理论，是十分错误的。

穆勒在讲归纳的那一卷中，首先把归纳定义为发现和证明一般性命题的活动。他接着举出了一些不应该算作归纳法的，如完全归纳法以及数学中分情形的证明等。于是他说真正的归纳可以定义为由经验作出概括。他反驳了归纳是演绎的一种特殊情形的说法，并且说："并非归纳可还原为演绎，我们认为演绎可还原为归纳。"(第2卷，第3章，第5节)

他讨论了实验中应用的四种方法(第3卷第8章的题目是"关于实验研究中的四种方法"，但他实际上讲了五种，即契合法、差异法、契合差异并用法、剩余法和共变法)。他也讨论了所谓"演绎方法"。他说："在不能应用观察和实验的地方，使我们能够获得有关较复杂的现象的条件和表现规律的知识的方式称作演绎方法；它包含三种活动：第一是直接归纳，第二是推理，第三是证实。"(第3卷，第11章，第1节)在第3卷中有专门一章(第14章)讨论假说，他说："一个假说是我们所作的任一设定(或者没有真正的根据，或者根据不充分)，为的是从它推演出符合某些已知事实的结论；并且规定，如果由这一假说导出的结论是已知的真理，则这一假说本身是真的或至少可能是真的。"(第3卷，第14章，第1节)

在这一卷中，还有一部分值得注意的，就是穆勒用两章的篇幅，讨论了有关概率的问题(第17章《关于机遇及其消去》与第18章《机遇的计算》)。穆勒十分重视归纳法与概率的关系，他指出契合法之所以不能得出绝对可靠的结论是由于事物的多因性。但随着事例的增多，这一方法的不确定性将逐渐减少。现在需要确定，经验积累到何种程度时，即可认为已接近完全确定性。换句话说，也就是问，要有多少事例，才能确定两个现象的相合不是由于机遇产生的？他说："对于'机遇'有一个清楚的概念，并且了解一下日常语言中归之于机遇的那些现象是如何产生的，对于了解归纳逻辑是极端重要的。”(第3卷,第17章,第1节。)

关于概率的意义,他在第一版中曾批评拉普拉斯的理论,认为在确定各种事件的出现是否具有同等可能性时,需要利用实验。但在第二版中,他放弃了这一看法,而认为概率是属于认识方面的,他说:“我们必须记住,一个事件的概率不是这一事件本身的一种性质,而是用来表示我们或其他一些人期待它出现的一种性质,而是用来表示我们或其他一些人期待它出现的理由的程度的一个名字。”(第3卷,第18章,第1节。)

穆勒在归纳逻辑的发展中是有过一定作用的,但他片面地夸大了归纳法,不恰当地贬低了演绎法的作用。恩格斯说:“我们用世界上的一切归纳法都永远不能把归纳过程弄清楚。只有这个过程的分析才能做到这一点。——归纳和演绎,正如分析和综合一样,是必然相互联系着的。不应当牺牲一个而把另一个捧到天上去,应当把每一个都用到该用的地方,而要做到这一点,就只有注意它们的相互联系、它们的相互补充。”(《自然辩证法》,人民出版社1971年版,第206页。着重点是原有的。——引者)穆勒正是由于不能正确地理解演绎与归纳的辩证关系,而陷入了错误的归纳万能论。

莱布尼兹到布尔的数理逻辑

数理逻辑的产生是在逻辑中应用数学方法(主要是代数方法)的结果。它的产生是与十六世纪至十八世纪这段时期数学的发展有关的。这是资本主义的上升时期,生产技术有着较大的发展。为了适应生产技术的需要,数学和力学有了迅速的发展。就在这一时期中出现了在逻辑中应用数学方法的思想。十七世纪时英国的唯物主义哲学家霍布斯首先提出了这一想法。他认为一切思维“不过是计算(即加与减)”(《利维坦》第1编,第5章)。他说:“正如算术学者教人数目的加与减;几何学家教人在线,形,角,比例,快速程度,力等方面进行加与减;逻辑学家则教人在字的推论方面进行加与减;将两个名词相加得到一个断定,将两个断定相加得到一个三段论,将若干个三段论相加得到一个证明,并且由三段论的结论中减去一个命题,以得到另一命题。"(《利维坦》第1编,第5章)与霍布斯同时,笛卡儿认为可以有一种普遍适用的方法来解决各种科学问题,他把这种方法叫作"普遍的数学"。但霍布斯与笛卡儿都没有尝试去建立新的逻辑。首先作这尝试的是德国的数学家和哲学家莱布尼兹(1646—1716)。

莱布尼兹自己说在这方面是受了十四世纪时的学者鲁勒斯(Lullus)的影响。他的早年著作《论组合术》(1666)是直接受了鲁勒斯的影响的。他和鲁勒斯一样,也企图找到一种方法,由少数基本概念通过组合得出一切概念。在莱布尼兹的逻辑思想中,下列几点是基本的:

1. 所有概念可以还原为少数的原始概念,这些原始概念构成"思想的字母表"。

2. 复合概念可以由原始概念通过逻辑乘法得出。

3. 原始概念彼此之间是没有矛盾的。

4. 任何命题都是谓项性的,也就是说,可以还原为一个谓项对于一个主项有所述说的命题。

5. 任何真的肯定命题都是分析命题,也就是说,谓项包含在主项之中。

莱布尼兹企图在这个基础上建立一个逻辑演算。他最初用数目来代表原始概念,而逻辑运算则是算术中的乘法、除法以及去括号。后来改进为用素数代表原始概念,这样我们就可以通过分解因数的方法,将复合概念分解为原始概念。例如用"3"代表"能思维的","7"代表"动物",则"人"(能思维的动物)就可以用"21"来代表。设以“m”表示“人”，“a”表示“动物”，“t”表示“能思维的”，则“人”这一名词的定义可用方程式表示如下：

$$m = a \cdot t \quad 或 \quad 21 = 3 \cdot 7$$

利用这种表示方法，我们可以说如果一个全称肯定命题的主项是可以被谓项除尽的，它就是真的，因此全称肯定命题可以表示如下：

$$\frac{S}{P} = Y \quad 或 \quad S = P \cdot Y$$

用类似的方法可以写出表示全称否定、特称肯定与特称否定等三种命题的式子。

由于莱布尼兹仍旧保留了对逻辑的内涵的解释，他在应用数学方法的过程中不断遇到困难。直到十九世纪时布尔(G. Boole 1815—1864)完全采用了外延的解释，这问题才得到完全的解决。(所谓对于一个词的“内涵的解释”就是将该词看作表示一种性质。“外延的解释”就是将该词看作表示一个类。)

布尔是一个英国数学家。他企图把代数方法应用到逻辑中去，在1847年出版了《逻辑的数学分析》一书。布尔认为逻辑中最基本的东西是“类”，而逻辑可以看作类的演算。他发现对于类可以进行一些运算，例如可以从X与Y两个给定的类构造出第三个类Z，使得Z的分子恰好包含X与Y的分子，也可以从X与Y两个类构造出第三个类Z，使得Z恰好包含X与Y所共有的分子。这两种运算与代数的加法和乘法具有十分类似的性质。例如，设以“X + Y”代表第一种运算，“XY”代表第二种运算，则有

$$X + Y = Y + X$$

$$XY = YX$$

以及

$$X(Y + Z) = XY + XZ$$

布尔把古典逻辑中命题的四种形式写成下面的形式：

所有 X 是 Y	$X(1-Y)=0$
没有 X 是 Y	$XY=0$
有 X 是 Y	$XY=V$
有 X 不是 Y	$X(1-Y)=V$

这里“1”代表“论域”，“0”代表“空类”（即没有分子的类），“(1 - Y)”代表论域中除去 Y 以后的分子所组成的类，“V”则是一个包含有若干（但数目不固定）的分子的类。“X(1 - Y) = 0”表示 X 与 Y 以外的分子所组成的类之间没有共同部分，因此就是表示 X 包含在 Y 之中。“XY = 0”表示 X 和 Y 没有共同部分，这就是表示 X 与 Y 是全异的。“XY = V”表示 X 与 Y 有共同部分，“X(1 - Y) = V”表示 X 与 Y 以外的分子所组成的类之间有共同部分，因此这两个式子分别表示“有 X 是 Y”与“有 X 不是 Y”。

在布尔以前曾有一些人试图在逻辑中应用数学方法。布尔是第一个获得完全成功的人。他所建立的这种类的代数又称为“逻辑代数”。这种逻辑代数是数理逻辑的早期形式。

以上我们简单陈述了十九世纪中叶以前数理逻辑的发展。为了要说明数理逻辑与一般形式逻辑的关系，并说明数理逻辑只是形式逻辑的一个特殊分支，我们对于布尔以后数理逻辑的发展再简单说几句。

布尔以后，数理逻辑有了很大的发展。十九世纪八十年代以来，数理逻辑开始应用于数学基础问题的研究，而进入了一个新的阶段。它的研究对象逐渐着重于数学中特有的逻辑问题，如公理方法以及其他有关证明的问题等。本世纪三十年代以来，则又有了新的发展，应用范围也由数学基础扩大到数学的其他分支，以至于工程技术（如电子计算机的设计以及程序设计等）。这些已超出本章的范围，故均从略。

第五节　中国逻辑思想的发展

中国在春秋战国时期,逻辑学思想曾有很大的发展,即所谓名辩思想。这方面的研究在起初是由关于名词(名)与其所代表的事物(实)的关系(即所谓"名实关系")的讨论引起的。

名实关系的讨论其所以在当时成为一个重要问题,是有其社会根源的。春秋战国时期正是奴隶社会向封建社会过渡的时期。由于社会制度的变革,许多名词和它所代表的事物之间的关系发生了变化。出现了一些新的事物,而旧的名称不足以表明新的内容。例如"君"这个名词原来是指奴隶主,而到那时新兴的地主阶级的政治代表也称作"君"了。于是如何使名词与其所代表的事物相一致,就成了一个具有政治与社会意义的重要问题,从而产生了所谓"正名"的问题。

关于"正名"问题在早期主要是关于政治与伦理上的一些名词的讨论。孔丘所说的正名就是要做到所谓"君君,臣臣,父父,子子"。当时各派哲学都曾注意这类问题,到了后来才发展成为专门的逻辑学问题。

先秦的逻辑思想是丰富的,但有着较完整的理论的是公孙龙、后期墨家和荀况三家。其中公孙龙与荀况的著作中关于名词与概念的分析比较详细,而对于判断与推理讲得较为简略。后期墨家的著作中则对于概念,判断,推理与证明都进行了研究,有着不少重要成果。以下我们仅就这三家进行评述。先秦诸子中其他各家论及名实关系等问题者则将从略。

公孙龙的逻辑思想

公孙龙(约生于公元前 325—315,死于前 250?)。曾经是赵国平原君的门客。他的著作原有十四篇，现存六篇。其中《迹府》一篇是后人纂集的关于他的故事。其他五篇是《白马论》、《指物论》、《通变论》、《坚白论》与《名实论》。

公孙龙的逻辑思想，主要是关于概念的讨论。他的关于类的理论是有价值的。其次他还提出了可以看作同一律与矛盾律的雏形的说法。

他的"白马非马"的说法是有名的。仅仅就这一命题本身来看，确实含有诡辩的性质。但他在《白马论》中所作的关于类与类之间的关系的分析却并非都是错误的。这一点我们将在后面讲到。

他的关于名与实的关系的理论是建立在他的关于共相的唯心主义哲学理论之上的。他认为共相是一种独立存在。他的"坚白论"就是企图论证一块白石头的白色和坚硬性是可以独立存在的。他首先从关于"坚白石"的感觉来进行分析，企图说明，"坚"与"白"可以互相分离，然后再说明它们可以离开人们的意识而存在。他说："视不得其所坚而得其所白者，无坚也。拊不得其所白而得其所坚者，无白也。"(《坚白论》)又说："得其白，得其坚，见与不见离。不见离。一一不相盈故离，离也者藏也。"(同上)

这是说，看的时候感觉不到坚硬性，而只感觉到白色，这时候坚硬性等于没有。触的时候感觉不到白色，而只感觉到坚硬性，这时候白色等于没有。或者感觉到白色，或者感觉到坚硬性。感觉到的与感觉不到的是彼此分离的。彼此不联在一起，所以说是分离。而分离就是藏在自身之中。(公孙龙自己解释说"藏"是指"自藏"有相当于"潜存"之意)公孙龙的这两段话是说坚白石的白色和坚硬性是可以彼此分离而存在的。

他又说："且犹白，以目，以火见，而火不见；则火与目不见而神见。神不见，而见离。"(同上)这里所说的"神"即精神作用，也就是指意识;“火”就是光。这是说,例如白色是靠着眼睛和光看见的。但光本身没有见物的作用,那么光和眼睛合在一起也不能看见,只能是意识在看见,而意识本身也是没有见物作用的。所以白色是和视觉分离着的。公孙龙在这里是在说明白色等共相是可以离开人类的感觉而独立存在的。(公孙龙在这里犯了一些逻辑错误。因为由眼睛离开了光不能见物和光本身没有见物作用这样的前提,不能推出,眼睛和光合在一起也不能看见。)

由这一些话可以清楚地看出来,公孙龙主张像“白色”这一类共相是客观存在的,因之他是客观唯心主义者。

现在我们来看一下,公孙龙有名的“白马非马”的辩论。他在《白马论》一开头说:

“‘白马非马’可乎?曰:‘可’。曰:‘何哉?’曰:‘马者所以命形也;白者所以命色也。命色者非命形也,故曰白马非马’。”这是他的第一个论据。他说,“马”指形体,“白”指颜色。指颜色的与指形体的不同,所以白马非马。

他接着说:“曰:‘有白马,不可谓无马也。不可谓无马者;非马也?有白马为有马;白之非马何也?’曰:‘求马,黄黑马皆可致,求白马,黄黑马不可致。使白马乃马也;是所求一也。所求一者,白者不异马也。所求不异,如黄黑马有可有不可何也?可与不可,其相非明。故黄黑马一也,而可以应有马,而不可以应有白马;是白马之非马也审矣。’”这是他的第二个论据。这是说,如果有人要马,那么给他黄马或黑马都可以,而如果有人要白马,那么就不可以给他黄马或黑马了。由此可见,白马非马。

他又说:“曰:‘以马之有色为非马;天下非有无色之马也,天下无马,可乎?’曰‘马固有色,故有白马。使马无色,有马如已耳,安取白马?故白者非马也。白马者马与白也,白与马也(原作“马与白马也”依谭戒甫《形名发微》校改)。故曰白马非马。’”这是第三个论据。这里他把“白马”的“白”与“马”分开来,而说“白马”是马与白或白与马,由此得出结论说,白马非马。

他接下去又说:“曰:‘以有白马为有马;谓有马为有黄马,可乎?’曰:‘未可’。曰:‘以有马为异有黄马,是异黄马于马也。异黄马于马,是以黄马为非马。以黄马为非马,而以白马为有马;此飞者入池,而棺椁异处,此天下悖言乱辞也。’”这是第四个论据。那就是讲,如果说,有白马就是有马,而有马就是有黄马,显然是不可以的。既然有马和有黄马不同,足见黄马和马不同。也就是认为黄马非马。既然黄马非马,为何不能说,白马非马呢?

最后他说:“曰:‘白者不定所白,忘之而可也。白马者言白,定所白也。定所白者非白也。马者无去取于色,故黄黑皆所以应。白马者有去取于色,黄黑马皆以所色去;故惟白马独可以应耳。无去者非有去也,故曰白马非马。’”这是他的最后的一个论据。这里他说,马的颜色是不定的,所以黄色的马与黑色的马都可以算作马,而白马则在颜色这一属性方面是固定的,有固定颜色的与没有固定颜色的是不同的,所以白马非马。

从《白马论》中所举出的一些论据来看,公孙龙都是先论证白马与马不同。然后说,既然白马与马不同,因此白马非马。他说“异黄马于马,是以黄马为非马”。由此可以看出,他认为从“甲不同于乙”可以推出“甲非乙”。

从现代形式逻辑的观点来看,“白马”和“马”作为两个类确乎不是同一的。因为白马类包含在马类之中,而马类却不包含在白马类之中。在一种意义上说白马类与马类不是同一的,这是正确的。公孙龙在说明这一点时所用的论据也有一部分是正确的。但他更进一步推论说,白马不是马,这却是错误的。

此外他在《名实论》中讨论了名词(名)与其所指(实)的关系问题。他说:“故彼彼止于彼,此此止于此,可。彼此而彼且此,此彼而此且彼,不可。”(《名实论》)这是说,如果认为那个(彼)就是那个,这个(此)就是这个,是正确的。而如果认为那个也是这个,这个也是那个,则是不正确的。这里提出了名词的所指必须确定的规律。前者类似同一律,后者类似矛盾律。

后期墨家的逻辑思想

《墨子》一书中的《经上》、《经下》、《经说上》、《经说下》、《大取》、《小取》六篇统称《墨经》,其内容大部分是关于自然科学和逻辑的。这六篇看来并非墨翟自著,而是后期墨家的作品。因为其中有些批评其他流派的话,而这些流派是墨翟所不可能见到的。

《小取》篇说“以名举实,以辞抒意,以说出故。”“名”是“名词”,“辞”相当于“命题”,“说”等于是“推理”,《墨经》对这三者都曾加以论列。

他们把名分为“达”、“类”、“私”三种。《经说》中举例说“物”是达名,“马”是类名,“臧”是私名(私名就是专有名词)。在《大取》中还区分了具体名词与抽象名词。《大取》篇说:“以形貌命者必知是之某也,焉(乃)知某也。不可以形貌命者,唯(虽)不知是之某也,知某可也。”

关于判断,《小取》篇说“以辞抒意”,辞相当于命题,意接近于判断。《墨经》中区分了全称判断与特称判断。全称判断中表示数量的词在当时是用“尽”字。《经上》说“尽莫不然也”。例如《墨子·兼爱》中的“越国之宝尽在此”就是一个全称判断。

特称判断中表示数量的词在当时是用“或”字。《小取》篇说“或也者,不尽也。”《墨子·非命》上篇中的“今天下之士君子或以命为有”就是一个特称判断。又如《小取》篇的“马或白”就是说:“有些马是白的”。

《墨经》中也涉及了周延性问题。《小取》篇说:“乘马不待周乘马然后为乘马也。有乘于马,因为乘马矣。逮至不乘马,待周不乘马,而后为不乘马。此一周而一不周也。"这是说,乘某一匹马就算"乘马",而不乘任何马才能算作"不乘马"。这里实际上是在说明肯定判断的谓项不周延,否定判断的谓项周延。我们可以把"乘马"与"不乘马"补上主项,得到"某人乘马"与"某人不乘马"。由此可以得出"某人乘的是马"与"某人乘的不是马"。这样就很容易看出,前者的谓项是不周延的,后者是周延的。

关于推理,《小取》篇中举出了"辟"、"侔"、"援"、"推"四种,现在,我们根据原来的定义略加解释。

1. 辟——"辟也者,举也(他)物而以明之也。"辟就是"譬",即譬喻。

2. 侔——"侔也者,比辞而俱行也。""侔"约相当于现代逻辑中的"直接推理"。例如"白马马也,乘白马乘马也"。这就是两辞相比而俱行。

3. 援——"援也者,曰:子然,我奚独不可以然也?""援"是援引对方所说的话来作类比推理的前提。"援"与"譬"都是类比推理。区别在于"譬"所用的前提是众所公认的命题,而"援"所用的前提则是对方说过的话。

4. 推——"推也者,以其所不取之同于其所取者予之也。是犹谓也者同也。吾岂谓也者异也。""推"是一种特殊的类比推理。这一推理是利用对方所提出的某一命题作为前提,进行类比推理,推出一个对方也不可能接受的结论,从而反驳了对方原来提出的命题。"其所取"是对方提出的命题,"其所不取"是对方所不接受的命题。我们由对方提出的命题出发,应用类比,得出一个与之相类而却是对方所不接受的命题。在这种反驳方式中,常用"是犹"两字来表示两个命题类似。《墨子·耕柱》和《墨子·公孟》中有许多反驳的例子都是用"是犹"两字。例如"公孟子曰:'无鬼神'。又曰

'君子必学祭礼'。子墨子曰:'执无鬼而学祭礼,是犹无客而学客礼也,是犹无鱼而为鱼罟也'。"(《公孟》)

所以定义中说"是犹谓也者同也"。还有,为了回答"推"式的反驳,被反驳者可以指出,反驳者所认为类似的两个命题实际上并不类似。在这种时候可以用"吾岂谓"(用现代的话来说就是"我所说的不是这种意思"),"吾岂谓也者异也"就是说的是对"推"式的反驳的反驳。

《小取》中也讨论了"辟"、"侔"、"援"、"推"等可能产生的误用。《小取》篇说:"夫物有以同,而不必遂同。辞之侔也。有所至而正(止)。其然也,有所以然也。其然也同,其所以然不必同。其取之也有所以取之。其取之也同,其所以取不必同。是故辟侔援推之辞,行而异,转而危(诡),远而失,流而离本,则不可不慎也,不可常用也。"这里分别讨论了辟、侔、援、推四种形式可能产生的误用。"夫物有以同,而不必遂同"是说,两种事物可以有相同之点,而不一定完全相同。譬喻在这种场合可能误用。"辞之侔也有所至而正(止)"是说"侔"这种推理形式在应用时是有限度的。如果超过这一限度就会发生谬误。例如不能由"盗,人也"推出"多盗,多人也"。

"其然也,有所以然也。其然也同,其所以然不必同。"这是在讲"援"。可能有的误用。"援"是"子然也,我奚独不可以然也?"但如果"所以然"不同,这一援例就是错误的。

"其取之也,有所以取之。其取之也同,其所以取之不必同。"这是在讲"推"可能有的误用。这是说,设有甲乙两方进行辩论。甲乙双方虽然都接受某一命题,但接受的理由不同。这时一方就不能利用"推"的方式去反驳另一方。

《墨经》中也讨论了近似矛盾律的问题。《经上》中曾讲到两个互相矛盾的判断不能同时成立,必定有一个不能成立。这一段话的原文如下:“辩争彼也。辩胜当也。说曰辩或谓之牛。或谓之非牛是争彼也。是不俱当。不俱当必或不当。不当若犬。”这里说的是“这是牛”与“这不是牛”这两个互相矛盾的具体判断是不能同时成立的,而并没有明确地说,任何两个互相矛盾的判断都不能同时成立,但这一条可以看作是包含了矛盾律的雏形。

以上我们对于《墨经》中的逻辑思想作了简短的介绍。可以看出后期墨家曾对逻辑学作出重要贡献,不仅在中国而且在世界逻辑史中也是占有重要地位的。

荀况的逻辑思想

荀况,字卿(约公元前 298—前 238),战国时赵国人。他是战国时期最大的唯物主义哲学家。他批判地改造了以前的许多流派的观点,形成了一个比较完整的唯物主义哲学体系。他的关于逻辑的思想主要包含在所著《荀子》这部书的《正名》篇中。

荀况说明了名的构成因素。他认为,第一是客观的因素。他说:“制名以指实”。所谓“实”是客观的事物。第二是主观的因素。他说:“凡同类同情者,其天官之意物也同,故比方之疑(拟)似之而通,是以共其约名,以相期也。”(《正名》)第三是社会的因素。他说:“名无固宜,约之以命,约定俗成谓之宜。”(《正名》)在这里他指出了“名”是社会的产物。

他也曾经给名、辞、辩说作了下列的定义:“名也者,所以期累实也。辞也者,兼异实之名以论一意也。辩说也者,不异实名以喻动静之道也。”(《正名》)“期”是“约”的意思,即概括,“累实”就是许多事物。“名也者所以期累实也”就是说,名词是用来概括一类事物的。“辞”就是命题。“辞也者,兼异实之名以论一意也”。这里“论”就是“谕”即“说明”。这是说,命题是把两个不同的名连起来,说明一个完整的思想的。“辩说也者,不异实名以喻动静之道也”。

这里“动静”是指“是非”。这是说，辩说就是在同一问题上说明是与非。

荀况还讨论了几种诡辩。他认为诡辩有三种，他称之为“三惑”。第一种他称之为“用名以乱名”。他说：“‘见侮不辱。’‘圣人不爱己。’‘杀盗非杀人也。’——此惑于用名以乱名者也。验之所以为有名而观其孰行，则能禁之矣。”(《正名》)这里“见侮不辱”可能是宋钘提出来的，意思是说“被侮辱”和“有被侮辱的感觉”是两回事，一个人可以被侮辱而没有被侮辱的感觉。“圣人不爱己”与“杀盗非杀人”都可能出于墨家。前者是说，圣人爱人乃爱他人，“己”不应在内，所以可以说“圣人不爱己”。后者是《小取》中的话。《小取》说“盗，人也；杀盗，非杀人也。”荀况认为这些都是诡辩。他以为即使就名词本身来考察，“见侮”(被侮辱)和“辱”(有被侮辱的感觉)是相连的。圣人的“己”就包含在“人”之内，“盗”也包含在“人”之内。因之这些说法是荒谬的。他说“验之所以为有名而观其熟行”。这是说，就这些名词的本身检验一下，看他们是否行得通，就能够驳斥它们了。

第二种他称之为“用实以乱名”，他说：“‘山渊平’，‘情欲寡’，‘刍豢不加甘，大钟不加乐’；此惑于用实以乱名者也。验之以所缘无(‘无’字衍)以同异而观其孰调，则能禁之矣。”(同上)荀况认为这是用个别(实)错误地去代替一般(名)，也就是“以偏概全”的错误。荀况认为，在个别的地方，高处的渊也许和低处的山相平；就个别的人来说，也许情欲是寡的，但不能由此推论出，一般都是如此。如果作出这样的推论，就是混淆了个别与一般，他因此称这种诡辩为“用实以乱名”，荀况又说“验之以所缘无(‘无’字衍)以同异而观其孰调，则能禁之矣”。这里所说的“缘”是“感觉”的意思。这是说通过感官直接观察事物之间的相同和不同之处，就可以看出哪些是符合事实的。这种惑就可以禁止了。

第三种是“用名以乱实”。他说：“‘有牛马非马也。’此惑于用名以乱实者也。验之名约，以其所受，悖其所辞，则能禁之矣。”（同上）这一条见于《墨经》，意思是说牛马群不是马。荀况认为这是错误的。他以为牛马群中是有个别的马的。不能由于这个群称作“牛马群”而说这个群中没有马，“牛马群”是名，个别的马是实，所以他把这种谬误称作“用名以乱实”。荀况说：“验之以名约，以其所受，悖其所辞，则能禁之矣。”这是说，只要看“牛马群”这个名词的约定俗成的用法，用大家所接受的用法，指出这种诡辩的悖乱，这种惑就可以禁止了。

荀况所讨论的逻辑问题主要是关于概念的。在这方面他是有重要贡献的，联系他的哲学观点，值得更进一步的研究。

以上我们对中国先秦逻辑思想作了重点评述，下面我们简单地讲一下汉以后的发展。

汉以后逻辑思想的发展

东汉末年和三国时代论辩之风重新兴起，公孙龙等人的著作又有人研究。魏刘邵《赵都赋》里说：“论析坚白，辩臧三耳”（《太平御览》卷464引）《世说新语·文学》说，谢安曾请阮裕讲白马论，阮写了一篇文章给他看，谢安看不懂。于是阮叹息说“非但能言人不可得，正索解人亦不可得”。还有张湛的《列子仲尼篇》“白马非马”句下注解说：“此论现存，多有辩之者。辩之者皆不弘通，故阙而不论也”。这些都说明公孙龙的著作又受到一些人的注意。

魏晋时期有些玄学家讨论过一些有关逻辑的哲学问题。如“言（可）尽意”与“言不尽意”之争就是这方面的问题。欧阳建主张言可尽意。他在《言尽意论》中说：“诚以理得于心，非言不畅；物定于彼，非名不辨……欲辨其实，则殊其名；欲宣其志，则立其称。名逐物而迁，言因理而变，此犹声发响应，形存影附，不得相与为二矣。苟其不二，则无不尽。吾故以为尽矣。”(清代严可均辑《全晋文》)欧阳建在这里是说，心中的思想，非语言不能表达；客观存在的事物，非名字不能辨别。要辨别事物，就要有不同的名字；要表达意思，就要有名称。名字随着事物而不同，语言随着思想而改变。这正如声音和它的回声，物体和它的影子一样，不能是两样的。如果不是两样的，那么语言就可以完全表达思想。

这一时期的重要逻辑著作有鲁胜的《墨辨法》。可惜原书久佚，只有晋书《隐逸传》(卷94)中保存了这部书的序使我们可以窥见一些他的见解。鲁胜在序文中一开头就说：“名者所以别同异，明是非，道义之门，政化之准绳也”。他一开始就指出了逻辑思想与政治的关系。接着他叙述了先秦名辩思想的发展，他说：“孔子曰：必也正名，名不正则事不成。墨子著书作辩经以立名本。惠施公孙龙祖述其学，以正刑名显于世。孟子非墨子，其辩言正辞则与墨同。荀卿庄周皆非毁名家而不能易其论也。”接下去他就先秦时期几个论辩的题目作了简单的说明。他说：“名必有形，察形莫若别色，故有坚白之辩。名必有分，明分莫若有无，故有无序之辩。是有不是，可有不可，是名两可。同而有异，异而有同，是之谓辩同异。至同无不同，至异无不异，是谓辩同辩异。同异生是非，是非生吉凶，取辩于一物，而原数天下之污隆，名之至也。”这里鲁胜说明了“离坚白”与“无序”等辩论与名的关系，也说明了什么是“两可”和“辩同异”。他最后说：“自邓析至秦时名家者世有篇籍，率颇难知。后学莫复传习，至今五百余岁遂亡绝。墨辩有上下经，经各有说，凡四篇，与其书众篇连第，故独存。今引说就经，各附其章。疑者阙之。又采诸众杂集为刑名二篇。略解指归，以俟君子。其或兴微继绝者亦有乐乎此也。”从鲁胜这段话里可以知道，到了晋代，先秦名家的著作已经差不多都亡佚了。这里有一个小问题。就是他关于《墨经》只提到《经上》、《经下》、《经说上》、《经说下》这四篇。对于《大取》、《小取》完全没有提到，不知是什么原故。

隋唐间中国逻辑学史上的大事是古印度逻辑学——因明的传入中国，和中国佛教学者所作的注释与发展。在此以前，因明已片断地传来，到了这一时期才进行了系统的翻译和研究。唐代初年中国历史上著名的佛教学者玄奘从印度留学回国后，翻译了大量的佛教典籍。译出了陈那的《因明入理门论》、商羯罗主的《因明入正理论》。玄奘的弟子窥基写了《因明入正理论疏》。玄奘和窥基都对印度的因明作了发展。此外西藏也译出过一些法称等人的有关著作，而且印度早已失传，都是研究逻辑史的重要资料。

宋代唯心主义理学的集大成者朱熹曾主张"理在事先"。他曾说："理之一字不可以有无论，未有天地之时，便已如此了。"(《晦庵先生文集》，《答杨志仁》，四部丛刊本卷58。)"理"在一方面有共相的意义。主张理在事先就是认为共相是在事物之先。当时的唯物主义哲学家叶适、陈亮等人乃至后来许多进步思想家都曾对这一错误理论进行过批判。这是与欧洲中世纪时唯名论与唯实论的斗争十分相似的。

明末清初，欧洲的一部分自然科学著作介绍到中国来。李之藻翻译了《名理探》，这是第一部译成中文的欧洲逻辑学著作。清代前半叶(十七世纪至十八世纪)天文学与数学等相当发达。不少学者关心科学方法的应用。同时这一时期对古代文献的考证、注释和整理工作中所应用的方法也进行了讨论。如十七世纪时著名的学者戴震曾提出，在考证工作中，需要区别"十分之见"与"未至十分之见"。他这里实际上是在讨论有关假说与论证性质的问题。

十九世纪末中国在西方帝国主义的侵略下逐步沦为半封建半殖民地的国家。一些先进人物向西方寻找真理。欧洲逻辑学在这时再度传入中国。这一时期译出的书有严复翻译的《穆勒名学》和王国维翻译的耶方斯的著作等。在当时资产阶级的"新学"反对封建的“旧学”的斗争中都曾起过一定作用。

以上是中国逻辑思想从汉代到清末两千年间的发展的一个极其简单的轮廓。

补　　记

近日人民出版社找我商谈重印金岳霖主编的《形式逻辑》，并收入《中国文库》的事宜。我坦陈己见：本书内容早已陈旧，不能反映目前国内国际的先进文化水平，故不宜继续充当高校文科教材之用。如果说重印本书还有某种意义的话；我认为这仅仅在于从这本书的写作可以看出：中国的知识分子曾经抱着共产主义的伟大理想、为人民服务的无比热情，带着自身的种种弱点和局限，坚忍不拔地、乃至委曲求全地做着科学的逻辑知识的普及工作。

本书编写组的多位师长早已归道山。我和麻保安学长是编写组最年轻的师兄弟，现也都退休多年了。这次匆忙重印，不及与各位健在的作者交换意见，深以为歉。本书在1979年出版后，曾在礼全师的指导下不断有些小的修补，但我个人认为，它仍存在一些重大问题。我愿借这次重印的机会坦诚地作些自我批评，以免遗误读者。下面要谈的意见纯粹是我个人的想法，是非对错完全由我个人负责。

在中国，逻辑不好讲，这是有历史原因的。有两千年历史的西方逻辑发展到19世纪后期，创建了数理逻辑。数理逻辑就是现代形式逻辑，或称现代逻辑。在数理逻辑之前的逻辑，被称为传统逻辑。20世纪30年代数理逻辑已经成熟。数理逻辑百年来的成果，超出了以前两千年逻辑知识积累的总和。但是，20世纪30至40年代，苏联曾把形式逻辑当作形而上学来批判，并把辩证法当作唯一科学的逻辑。讲辩证法一定要批判形式逻辑。在此影响下，当时中国也有人说形式逻辑认为错误的恰恰是正确的，形式逻辑认为正确的恰恰是错误的。也有人"宣判"了形式逻辑的"死刑"。不过在1949年前这种全盘否定形式逻辑的思潮在中国还不属主流思想。1949年至1950年间这种思潮也成为中国的主流思想。斯大林在1938年出版的《联共党史》中讲辩证法时，却没有片言只语批判形式逻辑，这似乎并没有引起中国人的足够重视。苏联在20世纪40年代逐渐为形式逻辑解禁。此举也没有在中国产生较大的反响。1950年斯大林的《马克思主义和语言学问题》发表后，中国才为形式逻辑"平反"。然而"平反"并不彻底，跟苏联一样，形式逻辑仍带着"初等逻辑"的帽子，而"高等逻辑"自然非辩证法或辩证逻辑莫属。这里说的形式逻辑，实指马克思、恩格斯、列宁所见的形式逻辑，即传统逻辑。否定、贬低传统逻辑不仅阻碍了逻辑科学的发展，而且造成诡辩盛行的恶果。黑格尔曾十分轻蔑地评论过莱布尼兹的数理逻辑设想。马克思主义产生以后才冒出来的数理逻辑(第一个数理逻辑系统是弗雷格于1879年提出的)，在20世纪50年代初被视为帝国主义时代为垄断资产阶级服务的伪科学。1952年中国高等院校院系调整后，高校教材均以苏联教材为样板，这是当作阶级立场看待的。充满了偏见、错误的、"心有余悸"的苏联逻辑教材占领了中国的课堂。50年代末情况有了一个众所周知的大改变。不过极"左"思潮在中国是进一步泛滥了。

1961年开始编写的本书，在相当程度上突破了苏联20世纪50至60年代逻辑教材的某些框框，清除了苏联教材散布的种种常识性错误。但是，本书依然存在着苏联教材的负面影响。

"形式逻辑研究思维形式"这句话似乎没有错。但什么是思维形式？理解就可能不同。形式逻辑研究的思维形式主要是推理形式，而推理形式是由命题形式构成的。传统逻辑讲的命题形式有

“有 S 是 P”、“所有 S 是 P”等等。命题形式是由逻辑常项和变项组成的。本书有时把逻辑常项叫做思维因素，这是不确切的。人们也常把概念、判断、推理叫做思维形式。但它们不是形式逻辑研究的对象。本书力图把“思维形式”的这两种含义区别开来。但在论及辩证逻辑时，本书所谓思维形式实际上转为黑格尔哲学体系中的范畴。形式逻辑的性质接近数学和语法学，它是一门工具性科学。它与辩证法不是同一系列的学问。辩证法、认识论都是哲学、意识形态，不是工具性科学。

所谓辩证逻辑，除黑格尔的哲学体系外，没有国际国内公认的体系。本书作为入门教材可以不谈辩证逻辑，谈也谈不清楚。黑格尔的大小逻辑讲的是哲学，不讨论从形式上讲有什么样的前提可以得到什么样的结论这样的推理形式方面的问题。

关于辩证逻辑，有一点必须在此澄清。“辩证逻辑却要研究这些思维形式在认识发展过程中的联系和转化问题。……人们先认识到‘摩擦是热的一个源泉’，再进一步认识到‘一切机械运动都能借摩擦转化为热’，又再进一步认识到‘在每一情况的特定条件下，任何一种运动形式都能够而且不得不直接或间接地转变为其他任何运动形式’。……这个例子，说明了在认识发展过程中个别性的判断（又译单称判断——引者，下同）要转化为特殊性的判断（又译特称判断——引者，下同），进而再转化为普遍性的判断（又译全称判断——引者，下同）。……通过这个例子，说明了在认识发展过程中个别性的判断要转化为特殊性的判断，进而再转化为普遍性的判断。”（本书第一章第二节）这里举的三个判断的例子，从逻辑上看，没有相同的主项、谓项；而且第二个判断明明是全称判断，第三个判断显然包含有特称量项；因此它们绝对不能代表“这个 S 是 P”、“有 S 是 P”、“所有 S 是 P”这三种不同的思维形式在认识发展过程中的联系和转化。这里所说的联系和转化，仅仅是黑格尔哲学体系中“单称判断”、“特称判断”、“全称判断”三个范畴的联系和转化，这与形式逻辑研究的思维形式没有关系。

本书在有意无意间把形式逻辑等同于传统逻辑，这固然是权宜之计，但原则上讲是不对的。传统逻辑早已过时（它虽很有用，但到了 20 世纪就太不够用了）。数理逻辑就是现代形式逻辑。“工欲善其事，必先利其器。”放着先进的数理逻辑不用，留恋陈旧的传统逻辑，这种心态绝对不是与时俱进、开拓创新的。本书说：“如果把数理逻辑中的一套硬搬到形式逻辑中来，甚至用数理逻辑来代替形式逻辑，则是错误的。”（第一章第二节）这句违反历史潮流的话，是对天下莘莘学子的误导！

概念的外延究竟是类，还是事物？本书是不明确的。有的地方说概念的外延是事物（分举），有的地方又说概念的外延是一个类（合举）。本书既说概念有两个重要的方面即内涵和外延，又说虚假概念没有外延，在客观世界中没有一个相当于虚假概念的事物类。这样就造成了混乱。应该说概念的外延即所指是事物的类。虚假概念的外延是空类。空类是没有分子的类。客观世界没有与虚假概念相对应的事物（分举），但有其所指的类（合举）。“虚假概念”一词也有不妥之处，因为概念无所谓真假；它不妨译为“虚概念”、“空概念”。

本书编写时仍“心有余悸”，故只讲判断而不提命题。复合判断除联言判断外，它们的支命题都未必是断定了的，甚至是不会被断定的，例如负判断的支命题。未被断定的支命题仅仅是命题，不可能是判断，为什么还要叫支判断？形式逻辑不是不能讲判断，但要在对命题有了充分的说明后才能进而讲到判断。

本书说：“从事物情况的存在与不存在这个角度来看，条件可以分为三种。这就是充分不必要、必要不充分与充分必要。断定事物情况之间的条件关系的假言判断，也相应地分为三种。这就是充分条件假言判断、必要条件假言判断与充分必要条件假言判断。”(第三章第七节)条件为什么只能分为三种,而没有既不充分又不必要的条件？自然语言所说的充分条件、必要条件缺少严格的定义。人们一般不说既不充分又不必要的条件,而是说任意两种事物情况可以是没有关联的,例如“雪是白的”、“2 + 2 = 4”这两种事物情况是没有关联的。但从真值函项方面来看,有定理$(p\rightarrow q)\vee(q\rightarrow p)$。这可理解为任意两种事物情况都是有关联的。本来任一复合判断它是何种复合判断,唯一地决定于它的联结词。充分条件假言判断的联结词是“如果,则”,必要条件假言判断的联结词是“只有,才”,充分必要条件假言判断的联结词是“当且仅当”。“当且仅当”是数学家创立的英语“if and only if ”的汉译。

本书说:“纯粹关系推理,根据于关系的逻辑特性。”(第四章第五节)这个不确切的说法源自当时的苏联逻辑学界。纯粹性质命题(直言命题)的推理并不根据于性质、一元谓项的“逻辑特性”,为什么纯关系推理却根据于关系、多元谓项的“逻辑特性”？推理的根据并不在于性质、关系、谓项的什么“逻辑特性”。一般地说,形式逻辑也无需研究性质、关系、词项的“逻辑特性”。推理的根据在于逻辑常项(命题联结词、量词、模态词等)的“逻辑特性”;在于逻辑常项和各种变项及其排列的“逻辑特性”。

近年来有些逻辑教材已经根据数理逻辑循序渐进的原则先讲命题逻辑,再讲词项逻辑,这是合情合理的。本书墨守 20 世纪 50 年代苏联教材的成规,先讲词项逻辑,后讲命题逻辑,实在别扭之至。

本书显然与主编龙荪师一样持逻辑一元论的观点。在批驳全盘否定或故意贬低形式逻辑的诡辩时,人们往往容易陷入逻辑一元论而不自觉。我个人在 20 世纪里对逻辑一元论也深信不疑。事实上,20 世纪 30 年代以来各种异常逻辑,如直觉主义逻辑、多值逻辑、弗协调逻辑等等的兴起,充分表明了逻辑一元论在技术上是站不住脚的。世界是丰富多彩的,逻辑也是丰富多彩的。

长江后浪推前浪。应该有新的作者,来写新的逻辑教材,介绍新的逻辑观点和知识。否则,中国的逻辑学就谈不上发展!

本书的出版、重印,人民出版社的李连科同志、陈亚明同志多年来付出了大量心血,顺致谢意!

诸葛殷同

2004年12月12日

于北京坝河西岸

图书在版编目(CIP)数据

形式逻辑/金岳霖主编. -北京:人民出版社,1979.10
(2018.1 重印)
ISBN 978-7-01-000203-3

Ⅰ. 形… Ⅱ. 金… Ⅲ. 形式逻辑 Ⅳ. B812

中国版本图书馆 CIP 数据核字(97)第 02090 号

形 式 逻 辑

XINGSHI LUOJI

(重 版)

金 岳 霖 主 编

人民出版社 出版发行
(100706 北京市东城区隆福寺街 99 号)

北京新魏印刷厂印刷 新华书店经销

1979 年 10 月第 1 版 2006 年 6 月第 2 版
2018 年 1 月北京第 46 次印刷
开本:850 毫米×1168 毫米 1/32 印张:11.625
字数:270 千字 印数:637,501-647,500 册

ISBN 978-7-01-000203-3 定价:38.00 元

邮购地址 100706 北京市东城区隆福寺街 99 号
人民东方图书销售中心 电话 (010)65250042 65289539